河流泥沙均衡理论及其应用

陈绪坚 著

U0253058

黄河水利出版社

·郑州·

内容提要

本书通过理论研究、资料分析和数学模型计算,开展河流泥沙均衡理论及其应用研究。河流泥沙均衡理论包括河床演变均衡稳定和泥沙均衡配置相互关联的两个方面,一方面针对河床演变均衡稳定问题,提出了河流最小可用能耗率原理及其表达式,利用该表达式封闭河床演变方程组,建立了河床演变均衡稳定数学模型,计算了黄河下游的均衡稳定断面形态,并分析了黄河下游河道均衡形态变化及水沙调控指标;另一方面针对河流泥沙均衡配置问题,提出了泥沙均衡配置方法,建立了泥沙多目标均衡配置数学模型,应用该数学模型计算了黄河下游的泥沙均衡配置,并提出了黄河下游宽滩河段的泥沙均衡配置方案及其综合评价方法。

本书可供从事泥沙运动力学、河床演变、河道治理、工程泥沙、流域泥沙配置与利用等方面研究、规划、设计和管理的科技人员及高等院校相关专业的师生参考。

图书在版编目(CIP)数据

河流泥沙均衡理论及其应用/陈绪坚著. —郑州:黄河水
利出版社,2017.3
ISBN 978-7-5509-1704-0

I.①河… Ⅱ.①陈… Ⅲ.①河流泥沙-研究Ⅳ.①TV143

中国版本图书馆 CIP 数据核字(2017)第 054464 号

组稿编辑:李洪良   电话:0371-66026352   E-mail:hongliang0013@163.com

出 版 社:黄河水利出版社
    地址:河南省郑州市顺河路黄委会综合楼 14 层   邮政编码:450003
发行单位:黄河水利出版社
    发行部电话:0371-66026940、66020550、66028024、66022620(传真)
    E-mail:hhslcbs@126.com
承印单位:河南省瑞光印务股份有限公司
开本:787mm×1 092mm   1/16
印张:18.5
字数:320 千字   印数:1—1 000
版次:2017 年 3 月第 1 版   印次:2017 年 3 月第 1 次印刷

定价:80.00 元

作者简介

　　陈绪坚(1967—),男,湖北通山人,高级工程师(教授级),博士,主要从事河流泥沙及河床演变方面的研究工作。1988年获武汉水利电力大学工学学士学位,1996年获武汉水利电力大学工学硕士学位,2005年获中国水利水电科学研究院工学博士学位。先后承担国家大型工程、国家科技支撑计划、国家重点基础发展规划以及国家自然科学基金等科研项目20多项,先后4次获得大禹水利科学技术一等奖,出版专著1本,发表论文30余篇。

前　言

　　冲积河流河床演变研究有个基本理论问题:如何在数学上完整表达河床演变的基本原理——自动调整作用原理,这个问题也导致河床演变方程组在理论上是不封闭的。长期以来,国内外学者对河床演变基本理论问题进行了不懈的探索和研究,本书试图运用河床演变均衡稳定理论来回答该问题。

　　河槽淤积萎缩、"二级悬河"形成、水库迅速淤积、河道剧烈冲刷或淤积、河口快速淤伸或蚀退等都是河流泥沙分布不均衡的表现形式,河流输送适量泥沙对维护河道均衡稳定和生态环境健康起着重要作用。近些年来,由于自然气候条件的变化和人类活动的影响,我国很多河流的水沙条件出现明显变化,特别是大型水利工程的建设,显著改变了河流泥沙的时空分布,出现水库泥沙淤积、水库下游河槽冲刷、河口三角洲退蚀的现象。因此,河流泥沙均衡配置理论进一步探讨河流泥沙合理配置问题。

　　本书共分为10章,第1章介绍了研究背景和研究进展及理论基础;第2章论述了河床演变均衡稳定理论;第3章建立了河床演变均衡稳定数学模型;第4章开展了黄河下游河床演变均衡稳定数学模型计算;第5章分析了黄河下游河道均衡形态变化;第6章介绍了河流泥沙均衡配置方法和模型;第7章建立了黄河下游泥沙均衡配置数学模型;第8章进行了黄河下游泥沙均衡配置方案计算及其评价;第9章提出了黄河下游宽滩河段泥沙均衡配置方法;第10章为黄河下游宽滩河段泥沙均衡配置方案。

　　本书是作者近十年来关于河流泥沙均衡理论方面研究成果的汇总,其中河床演变均衡稳定理论的部分章节内容摘自作者的博士论文"流域水沙资源优化配置理论和数学模型",并做了补充修改,该论文得到了胡春宏院士的悉心指导,在此深表感谢!河流泥沙均衡配置理论的部分章节摘自"十二五"国家科技支撑计划项目专题"黄河下游滩槽水沙优化配置与宽滩区运用方式研究"报告的相关内容。

　　由于本书研究内容涉及水沙变化、河床演变、工程泥沙、河道治理等多个方面,限于作者水平,书中欠妥和疏漏之处在所难免,真诚欢迎读者批评指正。

作 者
2016 年 8 月 8 日于北京

目　录

第 1 章 绪 论

长江和黄河等大江大河的水沙条件出现显著变化,对河流泥沙分布及河床演变的影响逐步显现,本章介绍河流泥沙均衡配置及河床演变均衡稳定的有关研究进展,并介绍河床演变均衡稳定的理论基础,包括热力学熵和统计熵理论及耗散结构理论。

1.1 研究背景

由于气候干燥少雨、地质地貌条件变化、森林植被减少和人类活动频繁等因素的影响,许多流域的水土流失严重,产生大量的泥沙。据估算[1,2],全球大陆地表年平均侵蚀总量为 320 亿～510 亿 t,全球河流入海泥沙年平均总量为 130 亿～180 亿 t。我国北方的河流含沙量较高,在全球多年平均输沙量大于 1 亿 t 的 25 条河流中,我国就有 9 条。全国平均每年进入江河的泥沙量曾高达 35 亿 t[3],其中约 21 亿 t 输入海洋,有 12 亿 t 泥沙淤积在水库、河道、湖泊及灌区中。长期以来,河流的自然变迁,挟带泥沙塑造出了宽阔富饶的平原陆地,河流的开发利用,局限了泥沙淤积分布的范围,河道淤积引起泥沙灾害,也加剧了洪水灾害。为了解决洪水灾害,修建水库蓄水拦沙后,河流水沙条件发生显著变化,水库泥沙淤积,坝下游河道冲刷,水沙条件变化对河床演变的影响将逐步显现,这就要求河道治理及航道治理与之相适应。

以长江为例,长江的多年平均输沙量曾高达 5 亿 t,泥沙塑造了宽广肥沃的长江中下游平原,但随着长江流域的开发利用(水利工程和湖泊围垦等),泥沙淤积也造成长江中游河道和洞庭湖湖区的进一步萎缩,形成流量小、水位高、危害重、损失大的局面,一般洪水就引起荆江河段防洪紧张,并呈逐年加重的趋势[4],直到 2003 年三峡水库投入运用后这种趋势才有所改变。随着三峡水库及其长江上游梯级水库陆续投入运用,长江泥沙分布出现了新变化,水库泥沙淤积,坝下游河道冲刷,长江中下游的输沙量大幅度减少,如三峡水库蓄水后宜昌站 2003~2012 年平均年输沙量为 4 820 万 t,较三峡水库蓄水前平均值减少 90%,水沙条件显著变化对长江中下游河床演变、江湖关系及河口生态等的影响将逐步显现。

黄河是世界著名的多沙河流,输沙量居世界大江大河首位,多年平均输沙量曾高达 16 亿 t。在历史上,泥沙使黄河下游河道不断处于河口延伸—河床抬高—决堤—改道—再抬高—再决堤的循环中,塑造出约 20 万 km² 的华北大平原[5],黄河决堤改道也损失了无数财产和生命。黄河下游堤防工程巩固后,河床不断淤积抬高,使得黄河下游成为世界闻名的地上悬河,特别是 20 世纪 80 年代中期,黄河下游主河槽淤积萎缩,“二级悬河”发展迅速,小水即漫滩成灾,河道功能性断流,河口三角洲退蚀,生态恶化[6]。1999 年小浪底水库投入运用后,黄河下游的来沙量大幅减少,2000~2012 年小浪底站平均年输沙量为 0.66 亿 t,比小浪底水库运用前输沙量(1986~1999 年小浪底站平均年输沙量为 7.33 亿 t)减小了 91%,通过小浪底水库蓄水拦沙和“调水调沙”运用,黄河下游河道冲刷,下游河槽萎缩问题有所改善,但“二级悬河”严重的局面尚未根本改变,黄河入海沙量少于维持黄河口三角洲稳定的临界年沙量,河口三角洲整体处于退蚀状态,不利于河口造陆和湿地维护。水沙条件的显著变化对河床演变、河口生态等的影响也逐步显现,需要通过泥沙优化配置改善黄河泥沙的空间分布状况[7]。

在世界各国的流域综合治理开发实践中,虽然以水资源和水能开发为中心的治河模式使江河治理开发取得了巨大成就,但对江河治理开发引起水沙条件的变异导致河流系统调整的机制认识不足,引发了许多意想不到的河流水文活力消退、生态环境失衡等不良响应。例如,欧洲莱茵河采取渠化工程,在干支流上修建的一系列堰坝截断了泥沙供应,洪水期河道冲刷造成两岸地下水位下降和航道恶化,德国工程师只好花费大量人力物力进行人工喂沙,每年喂沙 20 万 t[1];非洲的尼罗河修建了世界著名的阿斯旺(Aswan)大坝后,虽然改善了灌溉和防洪条件,但建坝改变了下游的来水来沙条件,造成下游河床冲刷、河道蜿蜒摆动、河道断流、河口三角洲蚀退、海水入侵和海岸侵蚀等,随之带来河口湿地退化和生态环境破坏[8,9];美国的密西西比河修建了大量水坝及整治工程后,枯水径流的不足引起河口海岸侵蚀和湿地丧失等环境恶化问题,每年丧失土地约4 047 hm²,为了解决这些问题,密西西比河下游不得不实施调水工程,将浑水调到三角洲,以便提供泥沙和营养物质,维持河口生态[10]。在美国,由于恢复河流自然生态环境、保障人身安全及节约资金等,截至2013年,已经拆除了1 108座闸坝,在制订拆坝决策方案时,库区泥沙处置是其中最具挑战性的关键环节[11]。

随着社会经济发展对资源和环境的要求不断提高,水沙灾害和泥沙利用对社会经济发展的影响越来越突出,泥沙合理配置势在必行。水沙灾害(主要包括水土流失、水库与河道淤积、洪水泛滥、泥石流等)直接造成严重的经济损失,为了防治水沙灾害人们也付出了巨大的代价[12]。江河洪水灾害加剧的直接原因之一是泥沙灾害,最明显的表现为河道泥沙淤积引起洪水位上涨,导致小水大灾。传统上将泥沙作为灾害来考虑,直接或间接造成数亿经济损失,在技术发达而资源紧张的现代社会,如果采取一定措施合理利用泥沙,大自然产生的巨量泥沙也可以成为大自然带给人类的巨大财富。随着人们对社会环境需求和水沙资源认识的不断提高,流域水沙优化配置与泥沙的资源优化利用逐渐被认识和接受[13,14],泥沙在国民经济建设中已开始发挥一定的作用(如肥田改土造地、淤临淤背固堤、建筑材料等)。因此,通过深入研究泥沙均衡配置理论和模型,探讨水沙联合配置模式,使水沙灾害得到有效控制,泥沙作为资源得到充分利用,通过泥沙资源优化利用实现泥沙灾害治理,达到兴利除害和充分利用泥沙资源的目的,可以对社会经济发展产生深远的影响并带来巨大的效益。

对于水少沙多、水沙关系不协调的黄河下游而言,维护河床演变的均衡稳定和泥沙的均衡配置具有更为重要的现实意义,为了维护黄河下游河槽均衡稳定、治理"二级悬河",迫切需要掌握水库调度运用对下游河道稳定及泥沙合理配置的影响,探讨恢复和维持下游中水河槽的措施,结合河道及滩区综合治理、标准化大堤建设和河口生态治理,研究在新条件下改善黄河下游河道输水输沙能力和维持河道稳定的泥沙配置模式。因此,在研究泥沙均衡配置理论和数学模型的基础上,进一步探讨黄河下游泥沙合理配置的模式,对黄河的综合治理和泥沙资源的综合利用是十分必要的。

　　总之,河槽淤积萎缩、"二级悬河"形成、水库迅速淤积、河道剧烈冲刷或淤积、河口快速淤伸或蚀退等都是河流泥沙分布不均衡的表现形式,河流输送适量泥沙对维护河道均衡稳定和生态环境健康起着重要作用,由于自然气候条件的变化和人类活动的影响,很多河流的水沙条件出现明显变化,维护河床演变均衡稳定和泥沙均衡配置问题日益突出。本书通过理论研究、资料分析和数学模型计算,开展河流泥沙均衡理论及其应用研究,研究成果对黄河下游河道治理和泥沙利用具有重要的实际意义和应用价值,也对其他河流的河道治理和生态修复具有重要的参考价值,对于推动河床演变学及泥沙运动力学研究的发展也具有重要的科学意义。

1.2　河流泥沙均衡配置研究进展

　　河流泥沙均衡配置是通过水沙调控和泥沙合理配置改善河流的泥沙分布。水沙调控最早是在水沙灾害严重的黄河流域上提出的,钱宁等[15]提出通过水库调水调沙改造黄河下游河道,利用上游水库拦沙库容合理拦沙,拦粗排细,减少下游淤积,调水调沙运用人造洪峰,提高河道输沙能力,创造漫滩机会,改善泥沙淤积部位。在黄河治理开发中,始终把泥沙处理放在突出位置,经过长时期的探索,人们认识到解决泥沙问题的艰巨性、复杂性与长期性,必须采取多种措施来综合处理和利用黄河的泥沙,并逐步形成了采取"拦、排、调、放、挖"等措施综合处理和利用泥沙的方略[16,17],"拦"是通过中上游地区水土保持和干支流控制性骨干工程拦减泥沙;"排"是通过河道整治,规顺流路,形成窄深河槽,将拦不住的泥沙通过河道尽可能多地输送入海;"调"是利用干支流骨干工程调控水沙过程,使之适应河道的输沙特性,以减少河道淤积及节省输沙水量;"放"是利用河道滩地与两岸洼地处理和利用一部分泥沙;"挖"是在局部淤积严重的河段和河口河段挖河疏浚,结合淤背固堤和淤高低洼地面,增加可用土地,处理和利用泥沙。

　　20世纪80年代中期以来,进入黄河下游的水沙量大幅减少,水沙过程发生了质的变化,使得下游河槽淤积萎缩,"二级悬河"迅速发展,防洪形势日趋严峻,泥沙处理负担沉重,已成为新形势下黄河治理的关键问题之一[6]。为了实现黄河"堤防不决口,河道不断流,水质不超标,河床不抬高"的目标[18],将通过多条途径(水土保持、跨流域调水、水资源统一管理、水沙调控体系建设、下游河道及河口综合治理等)解决黄河"水少沙多"和"水沙不平衡"问题,促进以黄河为中心的河流生态系统良性发展。截至目前,在黄河流域及中上游河道上修建了大量的水利工程(淤地坝、水库、引水工程等),其主要目的之一是通过水利工程的拦水拦沙和调水调沙建立全河的水沙调控体系,使得泥沙在流域、水库、河道、滩区、灌区与河口等区域内有一个合理的分配,合理利用水沙资源,有效控制和解决黄河下游河道淤积萎缩、"二级悬河"、功能性断流、河口退蚀、生态恶化等问题,特别是小浪底水库的调水调沙运用[19,20],希望通过水库调控出库水沙过程,将进入黄河下游河道不平衡的水沙关系调节为协调的水沙关系,减轻黄河下游河道淤积,通过小浪底水库调水调沙运用,下游河槽的淤积萎缩状况有所改善。

在世界范围内,虽然有大量泥沙利用的研究成果和典型事例,如巴西的挖泥造地[21]、美国圣地亚哥河口恢复治理[22]、美国密西西比河的浑水灌溉[10]以及埃及尼罗河上的引洪改沙[8]等,又如我国黄河流域实行的淤改、泥沙造地、淤临淤背等[23-26],但这些泥沙利用仅局限于小范围或某个行业局部利益上,其数量很有限。泥沙的资源化及其优化配置的理论研究近年来有所加强,胡春宏[27]提出在江河治理中将泥沙作为一种资源与水资源一起优化配置和综合利用,水资源的统一调控必须与泥沙的统一调控相结合,特别是在多沙河流上更需如此;李义天等[13]分析了河流泥沙资源化的必要性并提出了开发利用措施;廖义伟[28]提出要对黄河进行水库群水沙资源化联合调度管理的理念和水沙一体化、"科学拦蓄、调排有序、挖放结合、分滞兼顾"的调度管理思想;胡春宏等[29,30]从流域水沙配置的角度,提出了上游拦沙(水土保持和水库拦沙)、中游用沙(水沙综合利用和优化配置)、库区治沙(挖泥疏浚)和下游排沙用沙等内容的流域水沙综合治理措施。

通常人们比较注重洪水灾害和水资源短缺,关于水资源配置的研究成果比较多[31,32],形成了一套相对完善的配置理论和技术[33],水资源系统的规划和运行问题,其最终目标都是求解模型得到一个最优或拟最优的规划方案或运行方案。通常这种模型由两部分组成:目标函数方程和约束条件方程。从最优的角度来求解这些方程组,数学上统称最优化技术或最优化方法[34],为了对水资源系统的规划运行推导一个最优方案,通常有三条途径:①应用分析技术,以线性规划和动态规划最为常用;②应用模拟技术,通常包括模拟和最优寻查技术;③前两种方法的综合。泥沙均衡配置采用多目标规划(MOP)的理论和方法[35],多目标规划也称多准则规划,从数学角度也可叫向量最优化(VOP),多目标规划和向量最优化方法的研究,在近二十几年来发展很快,迄今为止至少已有 30种不同的方法,包括权重法、约束法和目标规划法等,其关键是非劣解集的生成、效益交换比的计算和最佳协调解的寻求。

　　水沙联合优化配置数学模型研究,国内外主要集中于水库水沙联合调度运用问题,张玉新、冯尚友[36]运用多目标规划的思想方法,以计算期内发电量最大和库区泥沙淤泥量最少为目标,建立了水沙联调多目标动态规划模型;杜殿勖、朱厚生[37]以下游河道淤积量为基本目标,考虑发电、灌溉、供水和潼关高程影响,建立了水库水沙联调随机动态规划模型,研究了三门峡水库的水沙综合调节优化调度运用;刘素一[38]针对水库汛期排沙与发电之间的矛盾,采用水库冲淤计算与水库调度交替的方法对水库排沙进行了优化计算;彭杨等[39]以水库防洪、发电及航运调度计算为基础,采用多目标理论和方法,提出了水库水沙联合调度的多目标决策模型及其求解方法,并将该方法运用于三峡水库蓄水时机调度问题;国外也对水库水沙联合调度运用问题进行了类似的研究[40,41]。孙昭华[42]针对水库下游水沙调控优化河道冲淤分布的设想,提出将优化理论与水沙数学模型相结合,以水库运行、水沙运动及河床变形方程为约束条件构造非线性动态规划模型的构想,但以目前的数学和计算机水平尚难以准确求解,也难以计算流域面上的泥沙均衡配置。胡春宏、陈绪坚[43]构建了流域水沙资源联合多目标优化配置理论框架,建立了流域水沙资源优化配置数学模型,并利用该模型计算分析了黄河下游不同水沙条件的水沙资源优化配置方案,为进一步研究流域泥沙资源优化配置及其应用奠定了理论基础。

　　近年来对流域泥沙配置与利用开展了进一步研究,胡春宏等[7]采用实测资料分析、数学模型计算和理论研究分析等多种手段,围绕黄河干流泥沙优化配置的理论与模型、潜力与能力、技术与模式、方案与评价等进行了系统的研究,构建了黄河干流泥沙优化配置的总体框架,研发了黄河干流泥沙优化配置的数学模型,分析了各种配置方式的泥沙安置潜力与配置能力,提出了黄河干流泥沙优化配置方案的综合评价方法,并推荐了不同条件下黄河干流泥沙优化配置的方案及不同时期干流各河段的沙量配置比例。今后应在流域泥沙配置与利用的原理方法、配置措施、配置模型、配置技术方面继续开展深化研究,为泥沙资源的利用和合理配置提供更好的技术支持。

1.3 河床演变均衡稳定研究进展

冲积河流河床演变均衡稳定是指输沙相对平衡、河道相对稳定。国内外对于泥沙运动与河床演变规律方面的研究成果非常丰富[44-48],天然河流输水输沙过程通常是非平衡非饱和过程,符合冲积河流河床演变的基本原理——自动调整作用原理:针对不同的来水来沙条件和河床边界条件,河流通过不断调整河宽、水深、比降和床沙组成等物理量,力求达到输沙相对平衡。由输沙不平衡所引起的河床变形,在一定条件下朝着恢复输沙平衡、使变形停止的方向发展,但在数学上如何表达冲积河流河床演变的自动调整作用原理是河床演变研究的难题之一。河流在力求达到输沙相对平衡过程中,其物理量的调整不是随意的,而是遵循一定规律的,为了研究这一规律,前人进行了长期艰苦的研究,提出了很多理论和假说,主要包括:

(1)Leopold 等[49]提出河流能量沿程均匀分布的最大统计熵理论:相当于流速和比降的乘积 $UJ = $ 常数 。Leopold 最先提出应用熵理论来研究河床演变,由于河流沿程各河段的能量分布受地质地貌条件控制不能沿河自由调整,能量沿程分布不满足构造的统计熵的条件,因而河流能量难以达到沿程均匀分布。

(2)Langbein[50]提出最小方差假说:随着上游来水来沙条件的变化,当地的水力因子将发生调整以趋于平衡,与这种平衡状态对应的是使各水力因子变化的方差达到最小。Langbein 提出的最小方差假说在理论上符合物理统计熵的最概然分布定理,但选择什么变量来统计方差无法确定,各人构造的统计方差可能互不相同。

(3)窦国仁[51]提出最小河床活动性假说:在给定的来水来沙和河床边界条件下,不同的河床断面具有不同的稳定性或活动性,而河床在冲淤变化过程中力求建立活动性最小的断面形态。由于河床活动性指标为经验表达式,难以在理论上阐明,也缺乏实测资料进行严格的验证[52]。

(4)杨志达(Yang C. T.)[53,54]提出最小单位河流功理论:对于冲积河道缓流,河道将调整流速、坡降、糙率和河床形态,使输送一定水量和沙量的单位河流功率最小,最小值大小取决于河道约束条件,表达式为:$UJ = $最小值。杨志达对最小能耗理论进行研究取得较大的进展,基于最小单位河流功理论,杨志达等[55-58]对输沙率和河流动床形态等问题做了很有意义的研究工作,但河流功在物理概念上不明确,有河道给水流做功之嫌,挟沙水流只能损失自己的能量对运动中的泥沙做功,河床不能对水流做功,河床无能量传递给水流,但河道对水流的阻力分布和特性决定了水流能耗的分布和特性。

(5)张海燕(Chang H. H.)[59]提出河流系统的最小河流功假说:对于一定的水流流量和输沙量,当河道可能有几种稳定河床形态和坡降时,河床形态将沿河谷坡降进行调整,使河流系统的单位河长河流功最小($\gamma QJ = $最小值)。由于流量 Q 给定,$\gamma QJ = $最小值,即坡降 $J = $最小值;对于稳定的冲积河流,河流功 γQJ 与输沙率 Q_s 成正比,$\gamma QJ = $最小值,即 $Q_s = $最小值。张海燕利用 $J = $最小值,结合水流阻力公式和输沙率公式,建立数学模型,计算和分析平衡河流形态和河型成因[60,61],并用来设计稳定的冲积渠道[62]。张海燕提出的最小河流功假说认为冲积河流的调整是为了满足坡降最小是不全面的,钱宁指出河床演变不仅仅是调整比降[63],而且张海燕提出的最小河流功假说认为冲积河流的调整是为了满足输沙率最小,这与挟沙能力理论及冲积河流自动调整作用相矛盾。

(6)杨志达(Yang C. T.)等[64]提出单位河段最小能耗率理论:自然河流趋向于调整在一定约束条件下可以调整的变量,达到以最小的能耗率输送水和沙的目标。对于流量一定的单位河段:$\gamma QJ = $最小值。对于断面一定的均匀流河段:$\gamma UJ = $最小值。他从不可压缩流体的雷诺紊流平均运动方程出发,对于明渠恒定均匀缓流,忽略惯性项,借助层流变分理论证明只有能耗最小的流速分布满足水流运动方程,杨志达以此证明最小能耗原理存在于河流系统之中,并主张用变分极值方法研究河床演变问题。钱宁指出河床演变不仅仅是调整比降,而且认为 $\gamma QJ =$ 最小值和 $\gamma UJ =$ 最小值存在本质的差别[63]。

(7)杨志达[65]为了将最小能耗理论推向挟沙河流,提出输送流量 Q 和输沙率 Q_s 的总能耗率公式: $\gamma QJ + \gamma_s Q_s J =$ 最小值 。杨志达没有区分推移质和悬移质泥沙的输移能耗规律的差别,他主要将总能耗率公式应用于推移质输沙,由于推移质输沙的能量来自于水流, γQJ 项包含了 $\gamma_s Q_s J$ 项,有重复计算推移质输沙能耗之嫌。加之对杨志达关于河流最小能耗原理的数学证明存在异议[66],杨志达理论没有得到普遍认同,其根本原因是他通过计算孤立(或封闭)单位河长水体的水流功来计算水流能耗。

(8)黄万里[67]提出最大能量消散率理论: $\int_0^x \frac{U^2}{C^2 R} dx$ 或 $\gamma UJ =$ 最大值 。他根据热力学第二定律:孤立系统的熵总是趋向于一个最大值。他同样不恰当地将孤立系统的熵理论应用于开放系统的河流。

(9)White 等[68]根据冲积河流有趋向于达到饱和输沙的现象提出最大输沙率假说: $Q_s =$ 最大值 。该式只反映河流次饱和输沙的部分特性,无法回答河流超饱和输沙的河床演变问题,而且对于没有泥沙的水流失效。虽然 White 认为 Q_s 最大是 γQJ 最小的另一等价形式,杨志达认为其符合极值理论的对偶原理[69],但从数学上, $Q_s =$ 最大值和张海燕的公式 $Q_s =$ 最小值及杨志达的公式 $\gamma QJ + \gamma_s Q_s J =$ 最小值相矛盾。

(10)杨志达[70]从热力学熵理论出发,根据孤立系统的最大熵原理提出最小能理论:当一个封闭的耗散系统处于静平衡状态时,它的能量处于最小值,最小值的大小取决于施加于系统的约束条件,并根据热力学近静平衡区的最小熵产生原理,提出最小能耗率理论[71]:当一个封闭的耗散系统处于动平衡状态时,它的能耗率处于最小值,最小值的大小取决于施加于系统的约束条件。封闭系统是指系统与其环境之间没有物质和宏观能量交换的系统,否则为开放系统。河流是开放系统,只有在开放系统中,系统通过与环境交换物质和能量,才有可能使熵产生率和能耗率减小到最小值。

（11）Davis、Sutherland[72]提出最大阻力系数假说。该假说根据水流流经平整床面会出现沙波，并且阻力系数增大的现象而提出，符合冲积河流缓流阻力系数增大，流速减小从而河流能耗降低的部分特性，但不能回答动平床和高含沙水流阻力系数减小的问题。

（12）杨志达[73]从 Gyarmati 热力学理论出发[74,75]，提出最大剩余功率和最大能转换率理论，最大剩余功率理论表述为：当一个封闭的耗散等温系统处于动平衡状态时，势能转化为动能的转化率与能耗率之差为最大值，最大值的大小取决于施加于系统的约束条件。最大能转换率理论表述为：当一个封闭的耗散等温系统在演变过程中能耗率可忽略时，能量转化率将增大，并当处于动平衡状态时为最大值，最大值的大小取决于施加于系统的约束条件，并认为最小能耗率理论可应用于缓坡河道，而最大能转换率理论可应用于陡坡河道和有自由落差的加速流。由于杨志达采用的是封闭的恒温耗散系统理论，而河流是开放的耗散结构体系，封闭系统的熵理论不能推广到开放系统。

（13）徐国宾[76]比较全面地引用热力学熵理论进行河床演变研究，指出河流系统的熵和熵产生率是两个不同的概念，认为最小熵产生率原理和最小能耗率原理等价，基于非平衡态热力学的最小熵产生率原理[77,78]，利用流体力学的三个基本方程和热力学的吉布斯公式推导流体最小能耗率的公式：$\gamma QJ = $ 最小值。由于他也是对单位河长积分计算能耗，掩盖了流速，公式量纲为水平方向力的量纲，得到的公式和杨志达公式相同。

总之，杨志达等对最小能耗理论的研究和推广做了重要贡献，提出的冲积河流最小能耗率概念是正确的，但他通过计算孤立（或封闭）单位河长水体的水流功来计算水流能耗而得到的理论公式尚存在缺陷。倪晋仁和张仁[79]对各种极值假说进行较为系统的综合和理论分析，认为最小能耗率极值假说（$\gamma QJ = $ 最小值）是现行假说中较好的一个，把目前的极值假说用来说明一个从不平衡向平衡发展的全过程还存在许多问题。这些理论和假说各自都能解释水流或河床演变的某些现象，但尚未能作为基本理论普遍推广和被广泛接受，上述理论和假说的数学表达式也表明，不仅这些理论和假说之间存在矛盾，有的甚至和冲积河流自动调整作用原理相冲突。前人的大量研究表明,在数学上完整表达河床演变基本原理和规律研究具有重大的理论意义和广泛的应用价值,不仅可以封闭河床演变方程组,而且是河流河型成因和转化及有关河床演变分析的基础,因而也是河流泥沙均衡配置研究的基础,但这一课题尚需要深入研究。

自从香农(Shannon C. E.)[80]提出信息统计熵理论后,Leopold 和 Langbein[49]引用统计熵的规律来研究河流中的能量分配问题,邓志强[81,82]从杨志达最小单位河流功理论出发,应用统计熵的规律研究河相关系,孙东坡[83]研究河流的能量耗散和分配规律,分析水库下游河床演变的趋势。总之,对河流统计熵的研究比较零散,河流统计熵是河流水力熵(本书将河流可用机械能损耗定义为河流水力熵)的规律在观测统计上的解释,河流水力熵未得到完整、系统的研究结论,河流统计熵的研究也不可能得到系统的研究成果。

冲积河流的自动调整作用不仅使河流具有努力达到输沙相对平衡的趋势,而且使要系统内部的能量趋向于按照一定的规律进行分配。河床演变过程是河流能量转换和分配并具有一定或然率的过程,钱宁也认为应当从能量和或然率的角度进行河床演变研究[63],河流熵理论是从能量和或然率的角度研究河流的能量耗散和分配,即引用熵的概念和熵变的规律来研究河床演变的规律。

1.4　河床演变均衡稳定理论基础

1.4.1　热力学熵和统计熵理论

孤立系统是指与环境之间既没有物质交换也没有能量交换的系统,封闭系统是指与环境之间没有物质交换但有能量交换的系统,开放系统是指与环境之间既有物质交换也有能量交换的系统。河流系统与环境之间既有物质交换(水蒸发和泥沙冲淤)也有能量交换(热传递),因而河流是开放系统。复杂系统的宏观运动过程是自然不可逆过程,如水流从高处向低处流是自然不可逆过程,不可逆过程实质是能量耗散过程,能量耗散是指可用(有效)能量通过系统的内部机制转变为无用(无效)能量,可用能量或无用能量的概念具有相对性,例如,对于热力学系统而言,热能是可用能量,一旦热能转换为分子混乱运动的能量,则成为无用能量,但对于河流系统而言,机械能(势能和动能)是可用能量,机械能通过紊动和黏性转换为热能后,热能成为无用能量。

热力学熵是系统的一个状态函数,满足可加性,热力学熵差是体系在传热和做功过程中转换为分子混乱运动的可用能量损耗,德国物理学家克劳修斯(R. Clausius)[84]将热力学熵差的微分式表示为

$$\mathrm{d}\psi - \frac{\delta Q}{T} \geqslant 0 \qquad (1\text{-}1)$$

式中:$\mathrm{d}\psi$ 为热力学熵差;δQ 为热交换;T 为温度。

式(1-1)中,等式表示可逆过程,不等式表示不可逆过程,引入温度 T 是为了使熵差为全微分,式(1-1)也是热力学第二定律的一般表达式,对于孤立系统,热交换 $\delta Q = 0$,得到孤立系统平衡稳定的最大熵判据

$$\mathrm{d}\psi \geqslant 0 \qquad (1\text{-}2)$$

即熵增原理或最大熵原理:孤立系统的熵值总是单调增加,一直增加到熵值最大的热力学平衡态。

开放系统热力学第一定律表示的热力学熵差计算公式为吉布斯[84]提出的 Gibbs 公式

$$T\mathrm{d}\psi = \mathrm{d}E + p\mathrm{d}V - \sum_i \mu_i \mathrm{d}N_i \qquad (1\text{-}3)$$

式中:E 为系统内能;p 为压强;V 为体积;N_i 为系统中每种物质的量;μ_i 为第 i 种物质的化学势。

奥地利物理学家玻耳兹曼(Boltzmann)运用统计物理学理论,通过研究系统的粒子热力学概率,说明热力学熵在微观方面的统计学意义,系统可用能量的损耗表现为热力学熵的增加,在系统微观统计方面表现为系统微观状态数增加或混乱程度增大。玻耳兹曼[85]提出了著名的平衡态统计熵公式

$$\psi = k\lg W \qquad (1\text{-}4)$$

式中:ψ 为统计熵;W 为系统微观状态数或热力学概率;k 为玻耳兹曼常数。

非平衡态的统计熵计算公式为

$$\psi = -k \sum_{i=1}^{n} p_i \lg p_i \qquad (1\text{-}5)$$

式中:n 为宏观系统包含的微观状态个数;p_i 为相应微观状态出现的数学概率,当系统处于动平衡态时,$p_1 = p_2 = \cdots = p_n = \dfrac{1}{n}$,则 $\psi = k \lg n$。

最大统计熵原理[85]:在不可逆过程中,系统的统计熵是不断增大的,一直到达系统稳定时统计熵最大的状态,此时系统的混乱度最大,呈最无序状态,系统各个可能的微观状态出现的概率是相等的,符合等概率定理,系统的能量按微观状态的能级均匀分配,符合能量均配定理。

香农(Shannon)[80,84]提出了信息熵计算公式

$$\psi = -\sum_{i=1}^{n} p_i \lg p_i \qquad (1\text{-}6)$$

式中:n 为宏观系统包含的微观状态个数;p_i 为相应微观状态出现的数学概率。

信息熵的出现为熵概念走出热力学和统计物理学奠定了基础,在科学上具有重要意义。统计熵理论的发展已经独立于经典的物理统计熵理论,统计熵理论在系统工程[86]、信息论[87]、力学[88]、水文学[89]、水力学[90-95]和河相关系[81-83]等具有随机性分布规律的统计分析上具有非常广泛的应用。

1.4.2 耗散结构理论

比利时物理化学家普利高津(I. Prigogine)于 1969 年提出耗散结构理论[84,96],该理论认为,一个远离平衡态的开放系统,在与环境不断进行物质、能量和信息的交换过程中,一旦系统某个参量变化达到一定阈值,通过随机涨落,系统就可以从无序状态变为有序状态或由比较有序状态变为更有序状态,形成一种新的宏观有序结构。这种在开放和远离平衡的条件下、在与外界环境交换物质和能量的过程中通过能量耗散和内部非线性动力作用来形成和维持的宏观时空有序结构称为耗散结构。耗散结构理论成功地解决了长期困扰人们的关于系统的自组织现象,合理解释了小到细胞、大到宇宙系统的平衡稳定[97],在科学上具有重要的理论、实践和哲学意义,因而他获得了 1977 年诺贝尔化学奖。自然界的很多系统(河流系统、人体系统、生物系统等)都具有耗散结构,因此可以利用耗散结构理论分析

河流特性,包括河床演变、高含沙水流及河型分类和转换。

开放系统的熵可分为熵流和熵产生两部分

$$\frac{\mathrm{d}\psi}{\mathrm{d}t} = \frac{\mathrm{d}_e\psi}{\mathrm{d}t} + \frac{\mathrm{d}_i\psi}{\mathrm{d}t} \tag{1-7}$$

当开放系统达到非平衡定态(动平衡)时,$\dfrac{\mathrm{d}\psi}{\mathrm{d}t} = 0$,即$\dfrac{\mathrm{d}_i\psi}{\mathrm{d}t} = -\dfrac{\mathrm{d}_e\psi}{\mathrm{d}t}$

开放系统的熵产生率为

$$P = \frac{\mathrm{d}_i\psi}{\mathrm{d}t} = \int_V \sigma \mathrm{d}V = \int_V \mathrm{d}V \sum_k J_k X_k \geqslant 0 \tag{1-8}$$

式中:J_k为广义流;X_k为广义力。

式(1-8)表明,开放系统的熵永不减少,符合熵增定律,开放系统达到非平衡定态(动平衡)时,系统内部的熵产生等于向系统环境的熵流。

耗散结构理论的重要贡献之一,就是在局域平衡假设的基础上运用昂萨格(L. Onsager)倒易关系的研究成果,发现并用严密的数学理论证明了近静平衡线性区熵产生率 P 随时间变化将不断减小,即最小熵产生率判据或线性动平衡系统的发展判据

$$\frac{\mathrm{d}P}{\mathrm{d}t} \leqslant 0 \tag{1-9}$$

式(1-9)可表述为普利高津提出的最小熵产生率原理:在近静平衡区,与外界强加的限制(系统控制条件)相适应的非平衡定态的熵产生率具有最小值。该原理表明,在近平衡区,随着时间的推移,系统熵产生率总是朝着减小的方向发展,一直到达熵产生率 P 为最小值的近平衡定态,此时系统为能量最小耗散状态。平衡态(静态)仅仅是它的一个特例,即熵产生率为零,系统为能量零耗散状态。这一原理和赫姆霍尔兹(Helmholtz)最早于 1868 年提出的适用于缓慢黏性流动(层流)的"最小能耗率原理"相同[98]。

在远离静平衡区,系统内部的广义力和广义流的关系是非线性的,正如水流紊流运动的阻力平方区,昂萨格倒易关系已不再适用,因此在远离平衡态的非线性区最小熵产生率原理已不成立,不加条件地将最小熵产生率原理推广到远离平衡区是错误的,同样不加条件地将最小能耗率原理推广到天然紊流河流也是

错误的。

以普利高津为代表的布鲁塞尔学派继续对远离平衡区系统的稳定性进行深入研究。熵产生率随时间的变化在形式上可分为两部分

$$\frac{\mathrm{d}P}{\mathrm{d}t} = \frac{\mathrm{d}}{\mathrm{d}t}\int_V \mathrm{d}V \sum_k J_k X_k$$

$$= \int_V \mathrm{d}V \sum_k J_k \frac{\mathrm{d}X_k}{\mathrm{d}t} + \int_V \mathrm{d}V \sum_k X_k \frac{\mathrm{d}J_k}{\mathrm{d}t}$$

$$= \frac{\mathrm{d}_x P}{\mathrm{d}t} + \frac{\mathrm{d}_j P}{\mathrm{d}t} \tag{1-10}$$

式中：$\mathrm{d}_x P/\mathrm{d}t$ 表示由广义力 X_k 的时间变化对熵产生率变化的贡献；$\mathrm{d}_j P/\mathrm{d}t$ 表示由广义流 J_k 的时间变化对熵产生率变化的贡献。

在近静平衡区，由于昂萨格倒易关系成立，并且有最小熵产生率原理，故可推导出

$$\frac{\mathrm{d}_x P}{\mathrm{d}t} = \frac{\mathrm{d}_j P}{\mathrm{d}t} = \frac{1}{2}\frac{\mathrm{d}P}{\mathrm{d}t} \leqslant 0 \tag{1-11}$$

在远离平衡区，$\mathrm{d}P/\mathrm{d}t \leqslant 0$ 一般并不存在，在局域平衡假设成立的条件下，普利高津等在数学上证明：对于与时间无关的边界条件或总零流边界条件下，在熵产生率的时间变化中广义力的时间变化引起的部分总为负或零，即有普适发展判据（the general evolution criterion）

$$\frac{\mathrm{d}_x P}{\mathrm{d}t} \leqslant 0 \tag{1-12}$$

式(1-12)说明，在恒定边界条件或进出系统总零流边界条件下，在远离平衡区熵产生率的时间变化中，广义力的时间变化引起的熵产生率变化部分总是减小的，当到达非平衡定态（动平衡）时，这部分熵产生率达到最小值，其过程是缓变渐近稳定的。根据普适发展判据，可推出超熵产生率判据。这就是以普利高津为代表的布鲁塞尔学派历时二十多年的艰苦证明将平衡态热力学推广到非平衡态热力学的重大贡献。

热力学研究方法本身的特点决定了热力学原理的普适性，和近代科学中那种将研究对象越分越细相反，热力学采用了宏观综合的办法，它抓住宏观对象的

一个共同特点即它们都由大量的结构单元组成,热力学的熵变结论和原理可应用于由完全不同的物质(原子、分子甚至宏观物体)组成的体系,如普利高津提出的耗散结构理论可以解释自然界中的各种有序现象。系统科学研究表明[99-101],只要合理地定义系统的熵,即可用这些熵变结论和原理研究系统状态的平衡和稳定及其演变规律,但必须准确理解这些结论和原理的存在条件。

天然河流一般为紊流,对于缓慢的河床演变过程,适合判定河床演变均衡稳定性的熵判据是普适发展判据,即式(1-12),但无法直接利用,必须确定河流利用普适发展判据的条件。

由式(1-10) $\dfrac{\mathrm{d}P}{\mathrm{d}t} = \dfrac{\mathrm{d}_x P}{\mathrm{d}t} + \dfrac{\mathrm{d}_j P}{\mathrm{d}t}$ 和 $J_k = \nabla \varphi$ 可推导出

$$\frac{\mathrm{d}_j P}{\mathrm{d}t} = \int_V \mathrm{d}V \sum_k X_k \frac{\mathrm{d}J_k}{\mathrm{d}t}$$

$$= \int_V \mathrm{d}V \sum_k X_k \nabla \frac{\mathrm{d}\varphi}{\mathrm{d}t} \tag{1-13}$$

式中: φ 为势函数; X_k 为广义力。

把水流在数学上表示为势流,势函数由边界确定,在恒定边界条件或进出系统总零流边界条件下,则有

$$\frac{\mathrm{d}_j P}{\mathrm{d}t} = 0 \tag{1-14}$$

由式(1-14)和式(1-10),则有

$$\frac{\mathrm{d}P}{\mathrm{d}t} = \frac{\mathrm{d}_x P}{\mathrm{d}t} + \frac{\mathrm{d}_j P}{\mathrm{d}t} = \frac{\mathrm{d}_x P}{\mathrm{d}t} \leqslant 0 \tag{1-15}$$

因此,在系统的恒定边界条件或进出系统的流量相等的总零流边界条件下,可利用普适发展判据判定河流的均衡稳定性。

许多学者也曾从能耗和熵的角度出发研究河床演变的规律,有代表性的理论是将最小能耗率原理分别表达为:最小单位能耗率[53,54](γUJ = 最小值)、最小单位河段能耗率[65]($\gamma QJ + \gamma_s Q_s J$ = 最小值)、最小河流功[59,64,76](γQJ = 最小值)、最小比降[59](J = 最小值)和最小输沙率[59](Q_s = 最小值)。河床演变不仅仅是调整比降,挟沙水流有努力达到饱和输沙的趋势,上述几个表达式之间存在

矛盾,尚不能解释天然河道河床演变的各种现象。前人的大量研究表明,在数学上完整表达河床演变基本原理和规律的研究具有重大的理论意义和广泛的应用价值,不仅可以封闭河床演变方程组,而且是河流河型成因和转化及河床演变分析的基础,因而也是河流泥沙均衡配置研究的基础。

河床演变过程是河流能量转换和分配并具有一定或然率的过程,河流熵理论是从能量和或然率的角度研究河流的能量耗散和分配,即引用熵的概念和熵变的规律来研究河床演变的规律。在河床演变研究中,河流熵理论研究之所以进展缓慢,是因为在河流熵理论研究中存在以下几方面缺陷[102]:一是没有从经典热力学熵的概念中走出来,而走进了热力学熵的艰苦计算和证明之中;二是没有将河流作为开放系统来研究,忽视了河流与环境水、沙和热的交换,而取一个单位水体或单位河段来孤立研究;三是没有将河流作为一个耗散结构体系来研究,没有分析河流的能量耗散过程和阻力变化规律;四是没有将河流水力熵和河流统计熵结合起来研究,两者没有互相检验和验证。

参 考 文 献

[1] 王兆印. 泥沙研究的发展趋势和新课题[J]. 地理学报,1998(3):245-255.

[2] M B Jansson. Aglobal survey of sediment yield[J]. Geografiska Annaler,1988,70(1-2):81-99.

[3] 邢大韦,张玉芳,粟晓玲,等. 中国多沙性河流的洪水灾害及其防御对策[J]. 西北水资源与水工程,1998(2):1-8.

[4] 李义天,邓金运,孙昭华,等. 河流水沙灾害及其防治[M]. 武汉:武汉大学出版社,2004.

[5] 景可,李凤新. 泥沙灾害类型及成因机制分析[J]. 泥沙研究,1999(1):12-17.

[6] 高季章,胡春宏,陈绪坚. 论黄河下游河道的改造与“二级悬河”的治理[J]. 中国水利水电科学研究院学报,2004(1):8-18.

[7] 胡春宏,安催花,陈建国,等. 黄河泥沙优化配置[M]. 北京:科学出版社,2012.

[8] M M Grasser,F E Gamal. Aswan high dam:lessons learnt and on-going research[J]. Water Power & Dam Construction,1994(1):35-39.

[9] 黄真理. 阿斯旺高坝的生态环境问题[J]. 长江流域资源与环境,2001(1):82-88.

[10] R H Kesel. Human modifications to the sediment regime of the Lower Mississippi River flood plain[J]. Geomorphology,2003(56):325-334.

[11] 吴文强,王若男,彭文启,等. 浅谈美国拆坝工程中的泥沙处置[J]. 泥沙研究,2016 (2):76-80.

[12] 倪晋仁,王兆印,王光谦. 江河泥沙灾害形成机理及其防治研究[J]. 中国科学基金, 1999(5):284-287.

[13] 李义天,孙昭华,邓金运,等. 河流泥沙的资源化与开发利用[J]. 科技导报,2002(2): 57-61.

[14] 王延贵,胡春宏. 引黄灌区水沙综合利用及渠首治理[J]. 泥沙研究,2000(2):39-43.

[15] 钱宁,张仁,赵业安,等. 从黄河下游的河床演变规律来看河道治理中的调水调沙问题 [J]. 地理学报,1978(1):13-26.

[16] 赵业安. 21 世纪黄河泥沙处理的基本思路和对策[E]. 国际泥沙信息网,2004.

[17] 齐璞. 21 世纪黄河下游河道治理主攻方向[E]. 国际泥沙信息网,2004.

[18] 李国英. 黄河治理的终极目标是"维持黄河健康生命"[J]. 人民黄河,2004(1):1-2.

[19] 李国英. 黄河调水调沙[J]. 人民黄河,2002(11):1-4.

[20] 廖义伟,赵咸榕. 2003 年黄河调水调沙试验[J]. 人民黄河,2003(11):25-26.

[21] M S S Almeida,L S Borma,M C Barbosa. Land disposal of river and lagoon dredged sedi- ments[J]. Engineering Geology,2001,60(1):21-30.

[22] Chang H H,Daniel Pearson,Samir Tanious. Lagoon Restoration near Ephemeral River Mouth [J]. Journal of Waterway,Port,Coastal,and Ocean Engineering,2002,128(2):79-87.

[23] 赵文林,张红武,潘贤娣,等. 黄河泥沙[M]. 郑州:黄河水利出版社,1996.

[24] 蒋如琴,彭润泽,黄永健,等. 引黄渠系泥沙利用[M]. 郑州:黄河水利出版社,1998.

[25] 张启舜. 泥沙淤积与保护湿地及生物多样性[J]. 中国水利,2000(8):67-68.

[26] 李泽刚. 黄河口治理与水沙资源综合利用[J]. 人民黄河,2001(2):32-34.

[27] 胡春宏. 我国江河治理与泥沙研究展望[J]. 水利水电技术,2001(1):50-52.

[28] 廖义伟. 黄河水库群水沙资源化联合调度管理的若干思考[J]. 中国水利水电科学研究 院学报,2004(3):1-7.

[29] 胡春宏,王延贵. 官厅水库流域水沙优化配置与综合治理措施研究Ⅰ、Ⅱ[J]. 泥沙研 究,2004(2):11-26.

[30] 胡春宏,王延贵,张世奇,等. 官厅水库泥沙淤积和水沙调控[M]. 北京:中国水利水电 出版社,2003.

[31] 王浩. 流域水资源合理配置的研究进展与发展方向[C]// 中国水利水电科学研究院.

2002 年中国水利水电科学研究院学术交流论文集,2002:9-22.

[32] 甘泓,李令跃,尹明万. 水资源合理配置浅析[C]// 中国水利水电科学研究院. 2002 年中国水利水电科学研究院学术交流论文集,2002:23-30.

[33] 叶秉如. 水资源系统优化规划和调度[M]. 北京:中国水利水电出版社,2001.

[34] 薛毅. 最优化原理与方法[M]. 北京:北京工业大学出版社,2001.

[35] 吴祈宗. 运筹学与最优化方法[M]. 北京:机械工业出版社,2003.

[36] 张玉新,冯尚友. 水库水沙联合调度多目标规划模型及其应用研究[J]. 水利学报,1988 (9):19-26.

[37] 杜殿勖,朱厚生. 三门峡水库水沙综合调节优化调度运用的研究[J]. 水力发电学报,1992(2):12-23.

[38] 刘素一. 水库水沙优化调度的研究及应用[D]. 武汉:武汉水利电力大学,1995.

[39] 彭杨,李义天,张红武. 水库水沙联合调度多目标决策模型[J]. 水利学报,2004(4):1-7.

[40] Carlos C C,Larry W M. Optimization modeling for sediment in alluvial rivers[J]. Journal of Water Resources Planning and Management,ASCE,1995,121(3):251-259.

[41] John W N,Larry W M. Optimal Control of Reservoir Releases to Minimize Sedimentation in Rivers and Reservoirs[J]. Journal of the American Water Resources Association,2001,37 (1):197-211.

[42] 孙昭华. 水沙变异条件下河流系统调整机理及其功能维持初步研究[D]. 武汉:武汉大学,2004.

[43] 胡春宏,陈绪坚. 流域水沙资源优化配置理论与模型及其在黄河下游的应用[J]. 水利学报,2006,37(12):1460-1469.

[44] 钱宁,万兆惠. 泥沙运动力学[M]. 北京:科学出版社,1983.

[45] 钱宁,张仁,周志德. 河床演变学[M]. 北京:科学出版社,1987.

[46] 张瑞瑾,谢鉴衡,王明甫,等. 河流泥沙动力学[M]. 北京:水利电力出版社,1989.

[47] 谢鉴衡. 河床演变及整治[M]. 北京:水利电力出版社,1990.

[48] 韩其为. 水库淤积[M]. 北京:科学出版社,2003.

[49] Leopold L B,Langbein W B. The concept of entropy in landscape evolution[N]. U. S. Geological Survey Professional Paper No. 500-A,Washington,D. C. ,1962.

[50] Langbein W B. Geometry of River Channels[J]. Journal of the Hydraulics Division, ASCE,

1964,90(HY2):301-312.

[51] 窦国仁. 平原冲积河流及潮汐河口的河床演变[J]. 水利学报,1964(2):1-13.

[52] 钱宁,张仁,周志德. 河床演变学[M]. 北京:科学出版社,1987.

[53] Yang C T. Potential Energy and Stream Morphology[J]. Water Resources Research,1971,7 (2):312-322.

[54] Yang C T. On River Meanders[J]. Journal of Hydrology,1971(13)231-253.

[55] Yang C T. Formation of Riffles and Pools[J]. Water Resources Research,1971,7(6):1567- 1574.

[56] Yang C T. Unit Stream Power and Sediment Transport[J]. Journal of the Hydraulics Division,ASCE,1972,98(HY10):1805-1826.

[57] Yang C T. Minimum Unit Stream Power and Fluvial Hydraulics[J]. Journal of the Hydraulics Division,ASCE,1976,102(HY7):919-934.

[58] Yang C T. Closure to Minimum Unit Stream Power and Fluvial Hydraulics[J]. Journal of the Hydraulics Division,ASCE,1978,104(HY1):122-125.

[59] Chang H H. Minimum Stream Power and River Channel Patterns[J]. Journal of Hydrology, 1978(41):122-125.

[60] Chang H H. Geometry of Rivers in Regime[J]. Journal of the Hydraulics Division,ASCE, 1979,105(HY6):691-706.

[61] Chang H H. Geometry of Gravel Streams[J]. Journal of the Hydraulics Division,ASCE, 1980,106(HY9):1443-1456.

[62] Chang H H. Stable Alluvial Canal design[J]. Journal of the Hydraulics Division,ASCE, 1980,106(HY5):873-891.

[63] 钱宁,张仁,周志德. 河床演变学[M]. 北京:科学出版社,1987.

[64] Yang C T,C C S Song. Theory of Minimum Rate of Energy Dissipation[J]. Journal of the Hydraulics Division,ASCE,1979,105(HY7):769-784.

[65] Yang C T. Hydraulic Geometry and Minimum Rate of Energy Dissipation[J]. Water Resources Research,,1981,17(4):1014-1018.

[66] 韦直林. 评河流最小能耗理论[J]. 泥沙研究,1991(2):39-45.

[67] 黄万里. 连续介体动力学最大能量消散定律[J]. 清华大学学报,1981(1):87-96.

[68] White W R,Bettes R,Paris E. Analytical approach to river regime[J]. Journal of the Hy-

draulics Division, ASCE, 1982, 108 (HY10) :1179-1193.

[69] Yang C T. Variational Theories in Hydrodynamics and Hydraulics[J]. Journal of Hydraulic Engineering, ASCE, 1994, 120(6) :737-756.

[70] Song C C, Yang C T. Minimum Energy and Energy Dissipation Rate[J]. Journal of Hydraulics Division, ASCE. , 1982, 108 (HY5) ;690-706.

[71] Yang C T, Song C C. Theory of minimum energy and energy dissipation rate[M]// Encyclopedia of fluid mechanics, Vol. 1, N. P. Cheremisinoff, ed. , Gulf Publishing Co. , Houston, Tex. , 1986 :353-399.

[72] Davis T R H, Sutherland A J. Extremal hypotheses for river behavior[J]. Water Resources Research, 1983, 19(1) :141-148.

[73] Yang C T. Force, energy, entropy, and energy dissipation rate[M]// Entropy and energy dissipation in water resources, V. P. Singh and M. Fiorentino, eds. , Kluwer Academic Publisher, London, United Kingdom, 1992 :63-89.

[74] Gyarmati I. Nonequilibrium Thermodynamics[M]. Springer-Verlag, Berlin, Germany, 1970.

[75] Hou H C, Kuo J R. Gyarmati principle and open-channel velocity distribution[J]. Journal of Hydraulic Engineering, ASCE, 1987, 113(5) :563-572.

[76] 徐国宾. 非平衡态热力学理论在河流动力学领域中的应用[D]. 天津:天津大学, 2002.

[77] 李如生. 非平衡态热力学和耗散结构[M]. 北京:清华大学出版社, 1986.

[78] Prigogin I. Introduction to thermodynamics of irreversible processes[M]. Third Ed. , John Wiley & Sons, New York, 1967.

[79] 倪晋仁, 张仁. 河相关系中的极值假说及其应用[J]. 水利水运科学研究. 1991(3) : 307-318.

[80] Shannon C E. A mathematical theory of communication[M]. The Bell System Tech. J. XXVII (3), 1948 :379-656.

[81] 邓志强. 基于最大熵原理的河相关系[C]// 中国水利学会泥沙专业委员会. 首届全国泥沙基本理论学术讨论会论文集(第一卷), 1992:441-449.

[82] Deng Z Q, Singh V P. Mechanism and conditions for change in channel pattern[J]. Journal of Hydraulic Research, 1999, 37(4) :465-478.

[83] 孙东坡. 河流系统能量分配耗散关系的分析[J]. 水利学报, 1999(3) :49-53.

[84] Prigogin I. Introduction to thermodynamics of irreversible processes[M]. Third Ed. John Wi-

ley & Sons,New York,1967.

［85］程文继. 熵本质自发判据和宇宙熵观［M］. 北京:原子能出版社,1996.

［86］Wilson A G. The use of the concept of entropy in system modeling［J］. Operational Res. Quarterly,1970,21(2):247-265.

［87］Jaynes E T. Information theory and statistical mechanics［J］. Physical Rev. ,1957,108(2): 620-630.

［88］Yourgrau W, Mandelstam S. Variational principles in dynamics and quantum theory［M］. Dover Publication,Inc. ,New York,1968.

［89］Chapman T G. Entropy as a measure of hydrologic data uncertainty and model performance ［J］. Journal of Hydrology,1986(85):115-126.

［90］Chiu C L. Entropy and probability concepts in hydraulics［J］. Journal of Hydraulic Engineering,ASCE,1987,113(5):583-600.

［91］Chiu C L. Entropy and 2D velocity distribution in open channels［J］. Journal of Hydraulic Engineering,ASCE,1988,114(7):738-756.

［92］Chiu C L. Velocity distribution in open channel flow［J］. Journal of Hydraulic Engineering, ASCE,1989,115(5):576-594.

［93］Chiu C L. Application of Entropy Concept in Open Channel Flow Study［J］. Journal of Hydraulic Engineering,ASCE,1991,117(5):615-628.

［94］Chiu C L, Lin G G, Lu J M. Application of Probability and Entropy Concepts in Pipe-flow Studies ［J］. Journal of Hydraulic Engineering,ASCE,1993,119(6):743-756.

［95］Cao S Y,Knight D W. Entropy-based Design Approach of Threshold Alluvial Channels［J］. Journal of Hydraulic Research,1997,35(4):505-524.

［96］李如生. 非平衡态热力学和耗散结构［M］.北京:清华大学出版社,1986.

［97］薛增泉. 热力学与统计物理［M］. 北京:北京大学出版社,1996.

［98］侯晖昌. 河流动力学基本问题［M］. 北京:水利出版社,1982.

［99］苗东升. 系统科学精要［M］. 北京:中国人民大学出版社,1998.

［100］马建华,管华. 系统科学及其在地理学中的应用［M］. 北京:科学出版社,2003.

［101］湛垦华,沈小峰. 普利高津与耗散结构理论［M］. 西安:陕西科学技术出版社,1982.

［102］陈绪坚. 流域水沙资源优化配置理论和数学模型［D］. 北京:中国水利水电科学研究院,2005.

第2章 河床演变均衡稳定理论

河流是一个具有能量紊动黏性热耗散结构的开放系统,本章根据开放系统不可逆过程动平衡稳定的熵和能耗理论,建立河床演变均衡稳定理论,提出明渠流和冲积河流稳定的最小可用能耗率原理和公式,并用该理论解释冲积河流水沙运动和河床演变的各种现象。

2.1 河床演变基本原理

冲积河流均衡稳定是指输沙相对平衡、河道相对稳定。冲积河流自动调整作用的最终结果在于力求使来自上游的水量和沙量能通过河段下泄,河流保持一定的相对平衡(均衡稳定),这种特点通常称为冲积河流的"平衡倾向性"。冲积河流的河床经过长期调整,逐渐形成与来水来沙条件及边界条件相适应的各种河型,游荡型、分汊型、弯曲型和顺直型河床形态都是冲积河流河床演变达到相对平衡(均衡稳定)的表现形式,当大型水利工程和河道整治显著改变了河道的来水来沙条件和边界条件时,在新的来水来沙条件和河道治理等边界条件下,河流向新的河床均衡形态发展,河床演变的规律甚至河型都随之改变。

天然河流输水输沙过程通常是非平衡非饱和过程,输沙不平衡是产生河床演变的根本原因。冲积河流河床演变的基本原理——自动调整作用原理:针对不同的来水来沙条件和河床边界条件,河流通过不断调整河宽、水深、比降和床沙组成等物理量,力求达到输沙相对平衡。由输沙不平衡所引起的河床变形,在一定条件下朝着恢复输沙平衡、使变形停止的方向发展。在数学上如何表达冲积河流河床演变的自动调整作用原理是河床演变研究的难题之一。

河流是一个具有能量紊动黏性热耗散结构的开放系统,河流挟沙水流的运动过程是水沙浑水体的动能和势能,通过水流紊动黏性转换为热能耗散的过程,因此河流又属于热能耗散结构系统,遵循耗散结构基本理论[1]。许多学者也曾从能耗和熵的角度出发研究河床演变的规律,代表性的研究成果是将最小能耗率原理分别表达为:最小单位能耗率[2]($\gamma UJ = $最小值)、最小单位河段能耗率[3]($\gamma QJ + \gamma_s Q_s J = $最小值)、最小河流功[4,5]($\gamma QJ = $最小值)、最小比降[4]($J = $最小值)和最小输沙率[4]($Q_s = $最小值)。河床演变不仅仅是调整比降,挟沙水流有努力达到饱和输沙的趋势,上述几个表达式之间存在矛盾,尚不能解释天然河道河床演变的各种现象。前人的大量研究表明,在数学上完整表达河床演变基本原理具有重大的理论意义和广泛的应用价值,不仅可以封闭河床演变方程组,而且是河流河型成因和转化及河床演变分析的基础。

熵理论是研究系统平衡和稳定的最基本理论,河床演变过程是河流能量转换和分配并具有一定或然率的过程,河流熵理论是从能量和或然率的角度研究河流的能量耗散和分配,即引用熵的概念和熵变的规律来研究河床演变均衡稳定的规律。在河床演变研究中河流熵理论研究进展缓慢,是因为在河流熵理论研究中存在以下几方面缺陷[1]:一是没有从经典热力学熵的概念中走出来,而走进了热力学熵的艰苦计算和证明之中;二是没有将河流作为开放系统来研究,忽视了河流与环境水、沙和热的交换,而取一个单位水体或单位河段来孤立研究;三是没有将河流作为一个耗散结构体系来研究,没有分析河流的能量耗散过程和阻力变化规律;四是没有将河流水力熵和河流统计熵结合起来研究,两者没有互相检验和验证。

2.2　河流熵概念

经典热力学和统计物理在研究能量的转换时引入了熵的概念,分别用热温熵和统计熵来描述能量的转换和物质分子运动的混乱程度,以孤立系统不可逆过程熵增加的形式表现热力学第二定律。近代热力学在研究系统平衡和稳定时先后提出了三大熵变判据[6]:一是体系静平衡区稳定的最大熵判据;二是体系近静平衡区稳定的最小熵产生率判据;三是远离静平衡区的耗散结构开放系统动平衡稳定的普适发展判据。天然河流一般为紊流,对于缓慢的河床演变过程,适合判定紊流运动稳定性的熵判据是普适发展判据。

物理统计熵在粒子运动上对热温熵和熵变规律进行了解释[7]，相应提出了最大统计熵原理的等概率定理和能量均分定理。后来熵的概念和熵理论在其他学科描述不可逆过程时得到极大推广和发展，广义熵包括信息熵和各种喻义熵，系统科学将广义熵定义为两种[8,9]：一种是系统的无效能量或无用物质量增减状态的度量；另一种是系统的物质分布混乱或能量分配均匀程度的度量。广义熵成为研究系统不可逆过程和能量转换的最有力工具，熵理论是研究系统平衡和稳定的最基本理论。

河流水沙在运动中有两个不可逆过程：一个是能量耗散的趋向性不可逆；另一个是能量分配呈空间均配的趋向性不可逆。因此，从熵的本质出发，提出河流水力熵差和统计熵的定义，将河流作为耗散结构开放系统来研究，通过水力熵和统计熵互相检验和验证，研究明渠流和冲积河流熵理论。

2.2.1　河流水力熵

河流是一个具有能量紊动黏性热耗散结构的开放系统，挟沙水流的水力机械能是由水和悬移质所组成的浑水体的势能和动能（除了泥石流，一般推移质运动需要水流提供能量，推移质不能增加水流的比重，推移质只有转换为悬移质后，才能提供水力机械能），其机械能的损耗分配的情况为：一部分推动推移质运动做有用功，转化为推移质的平均动能，维持推移质运动；其余部分都转化为紊动能和热能，其中紊动能又有一部分悬浮悬移质做有用功，转化为悬移质的平均势能，维持悬移质悬浮和浑水平均比重，其余紊动能都转化为热能耗散。也就是说，水力机械能的损耗并不是全部转化为对输水输沙及河床演变无效的热能，而是其中有一部分又转化为可用（或有效）能量。因此，河流挟沙水流的运动过程是水沙浑水体的动能和势能总能耗中，一部分用于搬运推移质和悬浮悬移质泥沙做有用功，该部分能耗转化为推移质的平均动能和悬移质的平均势能，其余能耗通过水流紊动黏性转换为热能耗散的可用机械能损耗过程。河道对水流的阻力分布和特性决定水流能耗的分布和特性，可用水力机械能的耗散损失体现河流水力熵的增加，以熵流的形式（水蒸发和传热）传递给河流的环境。

河床演变过程中可将河流系统视为不可压缩恒温系统，和热力学熵差计算

公式(1-3)相似,为了计算方便,可将温度 T 并入熵差中,即得到河流水力熵差的计算公式

$$\mathrm{d}\psi = \mathrm{d}E - \sum_i \mu_i \mathrm{d}N_i \qquad (2\text{-}1)$$

式中:$\mathrm{d}\psi$ 是河流水力熵差;$\mathrm{d}E$ 是总水力机械能损耗;$\sum_i \mu_i \mathrm{d}N_i$ 是水流搬运推移质和悬浮悬移质泥沙做的有用功。

由式(2-1)可知,河流水力熵差的定义是河流系统的总水力机械能损耗减去搬运推移质和悬浮悬移质泥沙做的有用功,即可用机械能损耗量。可用机械能是对河道输水输沙和河床演变有效的能量,水沙二相流的运动规律十分复杂,完全按照热力学熵的方法计算水沙紊动和黏性热耗散十分困难,但可以把握熵的本质,转而计算可用机械能的损失量和损失规律,准确利用熵变原理研究河流水沙运动及河床演变的规律。

2.2.2　河流统计熵

在不可逆过程中,系统的统计熵是不断增大的,一直到达系统稳定时统计熵最大的状态,即符合最大统计熵原理,此时系统的混乱度最大,呈最无序状态,系统各个可能的微观状态出现的概率是相等的,符合等概率定理,系统的能量按微观状态的能级均匀分配,符合能量均配定理。

正如物理统计熵是对热力学熵在微观上的统计解释,河流统计熵的定义是系统的可用机械能耗散在体系中如何分配的函数,是河流水力熵在微观上的统计解释。河流能耗分配问题可以作为或然率问题来处理,某一趋势或状态的分配能量多,这一趋势或状态出现的或然率大,因此河流统计熵计算式可采用信息熵计算公式(1-6)的形式,但变量的物理意义不同

$$\psi = -\sum_{i=1}^{n} p_i \lg p_i \qquad (2\text{-}2)$$

式中:p_i 是河流水力熵在体系中自由(不受边界和人为控制)耗散分配的函数,且满足 $\sum p_i = 1$。在河流不可逆过程中,河流统计熵增大,河流系统动平衡稳定时符合最大统计熵原理的等概率定理和能量均分定理。

2.3　明渠流均衡稳定理论

2.3.1　明渠流最小可用能耗率原理

正如明渠水力学是河流动力学的基础,研究河流熵理论应先研究明渠流熵理论。对于封闭水体,如一杯晃动的水,当水体达到静平衡时,系统水力熵达到最大,熵产生率最小,为零,杯中水的可用机械能最小,水的动能全部通过紊动黏性转化为热能耗散。明渠流为开放系统,清水明渠流包括层流和紊流,通常为紊流,在系统的恒定边界条件或进出系统的流量相等的总零流边界条件下,可利用普适发展判据判定明渠流的稳定性。

任意取长度为 ΔL 的明渠作为一个系统来分析(见图 2-1),进口断面 1 的流量为 Q_1,断面平均水力机械能为 $\gamma H_1 + \gamma \Delta Z_0 + \gamma U_1^2/2g$,出口断面 2 的流量为 Q_2,断面平均水力机械能为 $\gamma H_2 + \gamma U_2^2/2g$,当 $Q_1 = Q_2 = Q$ 且明渠边界固定时,对体积为流量 Q 的水体进行研究,系统的水力熵增(或熵差)为

$$\Delta \psi = Q\left(\gamma H_1 + \gamma \Delta Z_0 + \gamma \frac{U_1^2}{2g}\right) - Q\left(\gamma H_2 + \gamma \frac{U_2^2}{2g}\right) = \gamma Q \Delta H_e \qquad (2\text{-}3)$$

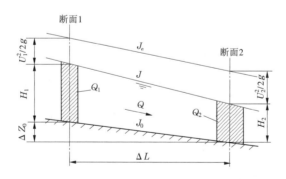

图 2-1　明渠流水力熵差计算示意图

式中:ΔH_e 为断面 1 和断面 2 的总水头差,式(2-3)可理解为体积为流量 Q 的水体从断面 1 进到断面 2 出的可用机械能损耗变为系统内的紊动,当系统为恒温

时,紊动能通过水的黏性全部转化为热能,即系统的熵增,以熵流的形式(水蒸发和传热)传递给水流的环境,明渠流系统的熵产生率为

$$P = \frac{\Delta\psi}{\Delta t} = \frac{\gamma Q \Delta H_e}{\Delta t} = \gamma Q \frac{\Delta H_e}{\Delta L}\frac{\Delta L}{\Delta t} = \gamma Q U J_e \qquad (2\text{-}4)$$

式中:γ 为水的比重;Q 为流量;U 为断面平均流速;J_e 为能坡。

明渠边界是固定的,当进出系统的流量 $Q_1 = Q_2 = Q$ 时,根据耗散结构理论判定开放系统稳定的普适发展判据判定明渠流的稳定性,可得:$\dfrac{\mathrm{d}P}{\mathrm{d}t} \leqslant 0$,且当明渠流达到非平衡定态(均衡稳定)时,熵产生率(可用机械能损耗率)达到最小值

$$P = \gamma Q U J_e = \text{最小值} \qquad (2\text{-}5)$$

式(2-5)表明,明渠流最小可用能耗率原理可表达为:在一定水流和明渠边界条件下,明渠流通过调整水深、流速分布和能坡,减小水流的可用机械能损耗率,水流均衡稳定时的可用机械能损耗为最小,最小值的大小取决于水流和明渠边界条件,用式(2-5)表达。

由式(2-5)可得到如下认识:

(1)式(2-5)的物理意义是体积为流量 Q 的水体在向下游流动过程中的可用机械能损耗率(熵产生率)。表明水流不仅调整比降,还调整水深和流速分布,在流量一定条件下,均衡稳定时该最小值的大小取决于明渠的约束条件,可有不同的流速和能坡组合,当比降也不变时,随着明渠的阻力条件变化,恒定态可有不同的流速和水深组合。

(2)式(2-5)不仅适合恒定均匀流和非均匀流,而且对于缓变非恒定流,利用局域平衡假设,只要局部平均时段进出流量基本相等也可推广,严格地说,对于进出系统流量不等的急变非恒定流,如断波,系统不存在最小可用能耗率。

2.3.2 明渠流统计熵原理

明渠流统计熵是水力熵在微观上的统计解释,明渠流统计熵是系统的可用机械能耗散在体系中如何分配的函数,明渠流统计熵计算采用式(2-2)。

对式(2-5)进行变换后可得到

$$P = \gamma QUJ_e = \gamma WRU^2 J_e = WU^2 \tau_e \tag{2-6}$$

式中：W 为湿周；R 为水力半径；τ_e 为剪切阻力。

对式(2-6)求微分

$$dP = d(WU^2\tau_e) = U^2\tau_e dW + 2WU\tau_e dU + WU^2 d\tau_e \tag{2-7}$$

式(2-7)反映了湿周 W、流速 U 和剪切阻力 τ_e 的变化对明渠水力熵调整的贡献或分配,由于湿周 W 的变化发生在水面的水边处,此处流速和剪切阻力很小,可以认为湿周的调整对明渠水力熵调整的贡献与流速和剪切阻力相比不是同能级的,湿周的能级小,和水力半径同能级,则有

$$dP = 2WU\tau_e dU + WU^2 d\tau_e \tag{2-8}$$

由式(2-8),令

$$p_1 = \frac{2WU\tau_e dU}{dP} \quad p_2 = \frac{WU^2 d\tau_e}{dP}$$

$$p_1 + p_2 = 1 \tag{2-9}$$

流速分布和剪切阻力在明渠系统内是可以自由调整的,由式(2-9)可知,p_1 和 p_2 符合河流统计熵计算式(2-2)的要求,根据最大统计熵原理的等概率定理,当系统达到均衡稳定时,$p_1 = p_2$,由式(2-9)可得

$$2\tau_e dU = U d\tau_e \tag{2-10}$$

对式(2-10)积分

$$\frac{2dU}{U} = \frac{d\tau_e}{\tau_e} \quad 2d(\ln U) = d(\ln \tau_e),即 U = C_0\sqrt{\tau_e} = C_0\sqrt{\gamma RJ_e}$$

令 $C = C_0\sqrt{\gamma}$,则有

$$U = C\sqrt{RJ_e} \tag{2-11}$$

对于均匀流,$J_e = J$,则可推出著名的谢才公式

$$U = C\sqrt{RJ} \tag{2-12}$$

谢才公式是法国著名流体力学家谢才(Chezy)于1769年提出的[10],至今已200多年,在工程中广泛应用,也是河床演变研究的基本公式。谢才公式是在大量的试验和观测基础上提出的,是大量的试验和实测资料的统计结果,正如统计熵理论对力学熵理论的证明,这也是从试验和实测资料上对明渠流最小可用能

耗率原理和式(2-5)的证明。因此,从能耗的角度对谢才公式进行了推导和证明,并提出了适合非均匀流的更为一般的流速公式(2-11)。

2.4　冲积河流河床演变均衡稳定理论

2.4.1　河流最小可用能耗率原理

河流和明渠流的差别主要在于河流的河床是可动的,河流或多或少挟带有悬移质或推移质泥沙,挟沙水流有努力达到饱和输沙的趋势,即当来水挟沙超饱和时,会淤积降低挟沙量;当来水挟沙次饱和时,会冲刷提高挟沙量。冲积河流的自动调整作用表现为河床和水流的自动调整,通过改变河宽、水深、比降和床沙组成使本河段的水流挟沙力与上游的来沙条件趋于相适应,达到输沙相对平衡。冲积河流自动调整作用的最终结果不仅在于满足输沙相对平衡要求,而且要使体系内部的能量趋向于按照一定的规律进行分配。

与明渠流的总能耗率计算公式(2-4)推导过程相同(见图2-2),将清水比重γ改为浑水比重γ_m,即可得出挟沙河流的总能耗率为

$$P_0 = \gamma_m Q U J_e \tag{2-13}$$

其值的大小取决于来水来沙条件和河床边界条件。

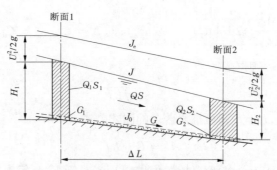

图 2-2　河流水力熵差计算示意图

总能耗率中用于维持悬移质悬浮做有用功的功率为

$$P_s = \frac{\gamma_s - \gamma}{\gamma_s} QS\omega \tag{2-14}$$

式中:S 为悬移质含沙量;ω 为悬移质平均沉速;γ_s 为泥沙比重。

式(2-14)可进一步分解为冲泻质和床沙质的悬浮功率。

总能耗率中用于维持推移质运动做有用功的功率为

$$P_g = \frac{\gamma_s - \gamma}{\gamma_s} G(f_g - J_0)U_g \tag{2-15}$$

式中:G 为推移质总输沙率,$G = g_b B_d$,g_b 为单宽推移质输沙率,B_d 为推移质输沙带宽(可取河底宽);f_g 为推移质运动与河床的摩阻系数,拜格诺(Bagnold)通过大量试验分析[11],得到 $f_g \approx \tan\varphi$,φ 为推移质水下休止角;J_0 为河床坡降,对于平原河流,通常 $J_0 \ll \tan\varphi$;U_g 为推移质运动速度。

因此可得

$$P_g = \frac{\gamma_s - \gamma}{\gamma_s} g_b B_d U_g (\tan\varphi - J_0) \tag{2-16}$$

河流水力熵差定义为河流挟沙水流在运动过程中水沙的动能和势能减去搬运推移质和悬浮悬移质泥沙做有用功后,通过水流紊动黏性转换为热能耗散的可用机械能损耗。根据河流水力熵差的定义可直接推求挟沙河流水力熵产生率 P 的计算公式

$$P = \gamma_m QUJ_e - \frac{\gamma_s - \gamma}{\gamma_s} QS\omega - \frac{\gamma_s - \gamma}{\gamma_s} g_b B_d U_g (\tan\varphi - J_0) \tag{2-17}$$

任取一控制河段,在一定来水来沙条件下,如果进口断面流量和出口断面流量基本相等,对于相对缓慢的河床演变过程,可以利用普适发展判据判定河流的稳定性,根据式(1-9)则有

$$\frac{dP}{dt} \le 0 \tag{2-18}$$

在一定来水来沙条件下,当系统达到均衡稳定时,挟沙水流的可用机械能损耗率为最小值

$$P = \gamma_m QUJ_e - \frac{\gamma_s - \gamma}{\gamma_s} QS\omega - \frac{\gamma_s - \gamma}{\gamma_s} g_b B_d U_g (\tan\varphi - J_0) = 最小值$$

$$\tag{2-19}$$

利用 $\gamma_{\mathrm{m}} = \gamma + \dfrac{\gamma_{\mathrm{s}} - \gamma}{\gamma_{\mathrm{s}}} S$ 和 $J_{\mathrm{e}} \approx J$ 可将式(2-19)转换为

$$P = \gamma QUJ + \frac{\gamma_{\mathrm{s}} - \gamma}{\gamma_{\mathrm{s}}} QS(UJ - \omega) - \frac{\gamma_{\mathrm{s}} - \gamma}{\gamma_{\mathrm{s}}} g_{\mathrm{b}} B_{\mathrm{d}} U_{\mathrm{g}}(\tan\varphi - J_0) = \text{最小值}$$

$$(2\text{-}20)$$

由式(2-19)和式(2-20)可见,河流最小可用能耗率原理可表达为:在一定来水来沙条件下,河流总是在一定约束条件下努力调整所有可以调整的变量,使挟沙水流的可用机械能损耗率减小,且当河道稳定时为最小,最小值的大小取决于来水来沙和河床边界条件,用式(2-19)表达。

由式(2-19)和式(2-20)可得到如下认识:

(1)式(2-19)的物理意义是体积为流量 Q 的含沙浑水体在向下游流动过程中沿程的可用机械能损耗率。对于清水水流,式(2-19)变为明渠流公式(2-5)。一定来水来沙条件包括:来水流量 Q、来沙量 $(Q_{\mathrm{s}} + G)$ 和来沙组成,对于天然河流渐变洪水波,采用造床流量和相应的来沙条件,天然河流来水来沙过程是一个非恒定过程,河床演变在造床流量水沙条件下达到均衡稳定,形成相对稳定的河床形态。当来水来沙条件改变后,河流在新的水沙条件下河床演变趋向于形成新的均衡稳定形态。如果水沙条件不断变化,河床演变则难以形成均衡稳定形态。

(2)式(2-19)表明,当输沙次饱和时,挟沙河流除了通过调整流速和能坡降低可用能耗率,还可通过冲刷河床增大悬移质和推移质输沙率,但输沙率最大不会超过挟沙力。当输沙饱和时,平衡输沙的输沙率等于挟沙力,式(2-19)可变为

$$\gamma_{\mathrm{m}} QUJ_{\mathrm{e}} \approx \gamma_{\mathrm{m}} BhU^2 J_{\mathrm{d}} / \eta = \frac{\gamma_{\mathrm{m}} Q^2 J_{\mathrm{d}}}{Bh\eta} = \text{最小值} \qquad (2\text{-}21)$$

式中: J_{d} 为地貌坡降(变化很慢,河床演变研究可认为其不变,它对河型成因起重要作用); η 为河道弯曲系数。

当输沙饱和后,河流还可通过调整河宽、水深和增大弯曲系数来降低可用能耗率,由地貌坡降和河床河岸相对抗冲性决定的不同组合可形成不同的河型。当输沙超饱和时,则式(2-19)表现为减小 γ_{m},河床淤积。当来水来沙及河床条

件变化后,式(2-19)要求河流在新的条件下达到新的最小值,即最小值的大小取决于来水来沙及河床边界条件的约束。因此,式(2-19)在数学上完整地表达了冲积河流的自动调整作用。

(3)式(2-20)表明,只有沉速满足

$$\omega > UJ \qquad (2-22)$$

的较粗悬移质对降低可用能耗率起作用,自动悬浮理论把式(2-22)作为划分床沙质和冲泻质的标准是合理的。式(2-19)也表明,只有床沙质对降低可用能耗率起作用,表现为制紊作用;当水流中冲泻质含量大时,γ_m 很大,浑水的黏性大,通过浑水黏性耗散的能量大,水流挟带较粗悬移质和推移质的能力强,如果沉速用高含沙水流的沉速,为了达到最小可用能耗率,则其挟沙能力更强,因此式(2-19)可以反映高含沙水流的特性。

(4)式(2-19)为了达到最小值,对于一定的流量,床沙质含沙量 S 与 UJ_e 成正比,与沉速 ω 成反比,能反映水流挟沙力的基本公式 $S_* = k_0 \dfrac{UJ_e}{\omega} = k \dfrac{U^3}{gR\omega}$。单宽推移质输沙率 g_b 与推移质的水下休止角的正切值 $\tan\varphi$ 成反比,和拜格诺(Bagnold)等建立的推移质输沙率公式一致[11]。当河床坡降 J_0 大时,推移质输沙能力更强,这也可以反映山区河流的特性。

2.4.2　河流统计熵原理

河道对水流的阻力分布和特性决定水流能耗的分布和特性,可用水力机械能的耗散损失体现河流水力熵的增加。河床边界条件决定冲积河流的阻力大小和分布,河流的阻力决定挟沙水流的水面比降和流速,从而决定挟沙水流的总能耗率。冲积河流的总阻力可分为河岸阻力和河床阻力,其中河床阻力可分为沙粒阻力和沙波阻力。河床宏观形态阻力分为浅滩和深潭,河岸宏观形态阻力分为河弯和沙洲。

河流能耗的宏观分配体现在各种阻力作用的相对大小,分配关系可在统计熵中体现。根据统计熵理论的等概率定理和能量均配定理,当系统达到平衡或非平衡定态(均衡稳定)时,系统统计熵最大状态表现为系统的微观状态按能级均匀分配能耗。另外,系统的各个微观状态的变化对能量调整的贡献表现为同向性,不会一个让能耗降低而另一个让能耗增大。对于河流系统的各个变量的能级,从河流的阻力分析可知:河岸阻力变化和河床阻力变化是同能级的;沙粒阻力变化和沙波阻力变化是同能级的;流速变化、坡降(或河道弯曲系数)变化和浑水容重变化三者是同能级的;河宽变化和水深变化是同能级的。通过能级分析,根据最大统计熵原理的等概率定理或能量均配定理,可以得到多种广义的河相关系。

(1)河宽与水深河相关系。利用 $U = \dfrac{1}{n}h^{2/3}J^{1/2}$ 可得 $J = \dfrac{n^2U^2}{h^{4/3}}$,由平衡输沙式(2-21)可得

$$\gamma_m QUJ_e \approx \gamma_m QUJ = \frac{n^2\gamma_m QU^3}{h^{4/3}} = \frac{n^2\gamma_m Q^4}{B^3 h^{13/3}} \tag{2-23}$$

对式(2-23)取微分得

$$\mathrm{d}(\gamma_m QUJ) = -\frac{3n^2\gamma_m Q^4}{B^4 h^{13/3}}\mathrm{d}B - \frac{13n^2\gamma_m Q^4}{3B^3 h^{16/3}}\mathrm{d}h \tag{2-24}$$

式(2-24)右边两项分别是可用机械能的耗散在河宽变化和水深变化的分配,如果河宽变化和水深变化能自由调整,由能量均配定理,则有

$$\frac{3n^2\gamma_m Q^4}{B^4 h^{13/3}}\mathrm{d}B = \frac{13n^2\gamma_m Q^4}{3B^3 h^{16/3}}\mathrm{d}h$$

即 $\dfrac{\mathrm{d}B}{B} = \dfrac{13\mathrm{d}h}{9h}$,对其积分得到

$$\frac{B^{9/13}}{h} = C \tag{2-25}$$

文献[12]统计了国内外30个关于河宽与水深河相关系式的指数的平均值为0.6926,此值和9/13=0.6923几乎相同。天然稳定的冲积河流通常为均衡河流,说明在实测资料统计上反映了河流最小可用能耗率原理,对于河宽变化和水深变化能自由调整的冲积河流,河宽与水深理论河相关系式为 $\dfrac{B^{9/13}}{h} = C$,考虑堤防约束和河岸抗冲性大,河宽与水深经验河相关系式通常采用 $\dfrac{B^{1/2}}{h} = C$。

（2）流速、含沙量与河床坡降（或河道弯曲系数）河相关系。由平衡输沙的式（2-21）可得

$$\gamma_m QUJ_e \approx \gamma_m QUJ = \frac{\gamma_m QUJ_d}{\eta} \tag{2-26}$$

式中：J_d 为地貌坡降（变化很慢，河床演变研究可认为其不变，它对河型成因起重要作用）；η 为河道弯曲系数。

式（2-26）说明流速变化、坡降（或河道弯曲系数）变化和浑水容重变化三者是同能级的。

利用 $U = \dfrac{1}{n} h^{2/3} J^{1/2}$，由式（2-26）可得

$$\gamma_m QUJ_e \approx \gamma_m QUJ = \gamma_m \frac{n^2 QU^3}{h^{4/3}} \tag{2-27}$$

对式（2-27）取微分有

$$d(\gamma_m QUJ) = \frac{n^2 QU^3}{h^{4/3}} d\gamma_m + \frac{3n^2 Q\gamma_m U^2}{h^{4/3}} dU \tag{2-28}$$

式（2-28）右边两项分别是可用机械能的耗散在浑水容重变化和流速变化的分配，冲积河流浑水容重变化和流速变化能自由调整，由能量均配定理，则有

$$\frac{n^2 QU^3}{h^{4/3}} d\gamma_m = \frac{3n^2 Q\gamma_m U^2}{h^{4/3}} dU$$

即 $\dfrac{d\gamma_m}{\gamma_m} = \dfrac{3dU}{U}$，对其积分得到

$$\gamma_m = C_1 U^3 \tag{2-29}$$

利用 $U = \dfrac{1}{n} h^{2/3} J^{1/2}$ 和 $J = J_d / \eta$，可得到

$$\gamma_m = C_2 J^{3/2} \tag{2-30}$$

$$\gamma_m = C_3 \eta^{-3/2} \tag{2-31}$$

利用 $\gamma_m = \gamma + \dfrac{\gamma_s - \gamma}{\gamma_s} S$，可得到

$$S = k_1 U^3 + C_0 \tag{2-32}$$

$$S = k_2 J^{3/2} + C_0 \qquad (2\text{-}33)$$

$$S = k_3 \eta^{-3/2} + C_0 \qquad (2\text{-}34)$$

式(2-32)表明了河流含沙量大,水流流速也大,在挟沙力公式中已体现出来,均衡河流取河床坡降 $J_0 \approx J = J_d / \eta$,式(2-33)和式(2-34)表现了河流含沙量大,河床坡降也大,而河道弯曲系数小。例如,对于可以自由调整的弯曲河段(黄河下游陶城铺至利津河段,长江荆江河段),黄河的含沙量比长江的大,黄河达到输沙平衡的坡降比长江大,黄河下游的弯曲系数比长江荆江河段的小。因此,含沙量高的河流河道整治的弯曲系数应比含沙量低的河流小,也从理论上解释了修建水库拦沙下泄清水冲刷常导致下游河道弯曲率增大,河道易于摆动[13],说明修建水库后下游河道整治工程的弯曲半径应减小,主河道的弯曲率应增大。

在一定水沙条件下,河流能耗率由边界条件决定,虽然河流能耗有沿程均匀分布的趋势,但由于河道边界条件沿程不相同,河流能耗不可能达到沿程均匀分布。河流统计熵理论研究表明,从河流最小可用能耗率原理出发,根据最大统计熵原理的等概率定理或能量均配定理,理论上可以得到多种广义的河相关系,但这些河相关系只能反映河床演变的某两个变量之间的关系,而河流最小可用能耗率原理的公式完整地表达了冲积河流自动调整作用原理,反映了河床演变是多个变量之间的综合关系。

总之,河流最小可用能耗率原理及其表达式全面地反映了河道输水输沙和河床演变的能耗特性,统一表达了明渠流和冲积河流均衡稳定的机制,不仅数学上较完整地表达了冲积河流河床演变的基本原理——自动调整作用原理,还反映了床沙质和冲泻质的划分标准、高含沙水流的特性和挟沙力等特性。因此,河流最小可用能耗率原理可以作为河床演变的基本原理之一,利用河流最小可用能耗率原理的表达式,封闭河床演变方程组,确定河床演变均衡稳定的目标函数和相应的约束条件及计算条件,可建立河床演变均衡稳定数学模型。

2.5　小　结

本章根据开放系统不可逆过程动平衡稳定的熵和能耗理论,建立了河床演

变均衡稳定理论,并用该理论解释了冲积河流水沙运动和河床演变的各种现象,取得如下主要成果:

(1)建立了冲积河流河床演变均衡稳定理论,河流是一个具有能量紊动黏性热耗散结构的开放系统,遵循耗散结构理论和统计熵理论的基本原理。根据熵的本质提出河流水力熵差和统计熵的定义,根据耗散结构开放系统不可逆过程动平衡稳定的熵和能耗理论,推导得到了明渠流和河流最小可用能耗率原理及其相应的数学表达式。

(2)河流最小可用能耗率原理及其表达式全面地反映了河道输水输沙和河床演变的能耗特性,统一表达了明渠流和冲积河流均衡稳定的机制,不仅在数学上较完整地表达了冲积河流河床演变的基本原理——自动调整作用原理,而且反映了床沙质和冲泻质的划分标准、高含沙水流和挟沙力等特性。因此,河流最小可用能耗率原理可以作为河床演变的基本原理之一。

(3)从最小可用能耗率原理出发,根据最大统计熵原理的等概率定理或能量均配定理,提出了明渠流和河流统计熵原理,不仅从理论上证明了谢才公式,而且推导出冲积河流多种广义的河相关系,这些河相关系反映了河床演变某两个变量之间的关系,河流最小可用能耗率原理的公式反映了河床演变是多个变量之间的综合关系。

(4)根据河流最小可用能耗率原理的公式,封闭河床演变方程组,确定河床演变均衡稳定的目标函数和相应的控制条件,建立河床演变均衡稳定数学模型进行计算,或构造拉格朗日极值函数进行分析,可以得到更为丰富的河床演变研究成果。

参 考 文 献

[1] 陈绪坚,胡春宏. 河流最小可用能耗率原理和统计熵理论研究[J]. 泥沙研究,2004(6):10-15.

[2] Yang C T,C C S Song. Theory of Minimum Rate of Energy Dissipation [J]. Journal of the Hydraulics Division,ASCE. 1979,105(HY7):769-784.

[3] Yang C T,C C S Song. Hydraulic Geometry and Minimum Rate of Energy Dissipation [J].

Water Resources Research,1981,117(4):1014-1018.

[4] Chang H H. Minimum Stream Power and River Channel Patterns [J]. Journal of Hydrology, 1979,41:303-327.

[5] 徐国宾. 非平衡态热力学理论在河流动力学领域中的应用[D]. 天津:天津大学,2002.

[6] 李如生. 非平衡态热力学和耗散结构[M]. 北京:清华大学出版社,1986.

[7] 薛增泉. 热力学与统计物理[M]. 北京:北京大学出版社,1996.

[8] 苗东升. 系统科学精要[M]. 北京:中国人民大学出版社,1998.

[9] 马建华,管华. 系统科学及其在地理学中的应用[M]. 北京:科学出版社,2003.

[10] 王兴奎,邵学军. 河流动力学基础[M]. 北京:中国水利水电出版社,2002.

[11] 钱宁,万兆惠. 泥沙运动力学[M]. 北京:科学出版社,1986.

[12] 邓志强. 基于最大熵原理的河相关系[C]//中国水利学会泥沙专业委员会.首届全国泥沙基本理论学术讨论会论文集. 1992:441-449.

[13] 钱宁,张仁,周志德. 河床演变学[M]. 北京:科学出版社,1987.

第 3 章　河床演变均衡稳定数学模型

大范围、长河段的泥沙冲淤问题通常通过水沙数学模型计算来解决,水沙数学模型主要有两类[1]:一类是以矢量法为基础,依据质量守恒定律和牛顿第二运动定律,确定水沙运动过程中的力和动量关系建立数学模型[2],该类模型在计算流场和泥沙冲淤时比较详细全面,其研究成果非常丰富[3-7],但该类模型在解决多沙河流河床演变复杂的稳定河宽变化和河型变化问题时遇到了困难;另一类是以变分法为基础,依据能耗极值理论,封闭河床演变方程组建立数学模型[8-10],该类模型以能量关系建立模型,在探求复杂系统的宏观规律时具有较强的把握能力,能回答河床演变的均衡稳定河宽变化和河型变化问题,但由于能耗极值理论的表达存在争议,该类模型研究进展缓慢。本章进一步对基于能耗极值理论的数学模型进行研究,建立河床演变均衡稳定数学模型。

3.1　河床演变均衡稳定数学模型方程

根据河床演变均衡稳定理论,利用河流最小可用能耗率原理的表达式,封闭河床演变方程组,确定河床演变均衡稳定的目标函数和相应的约束条件及计算条件,建立河床演变均衡稳定数学模型,可利用该模型计算河床演变均衡稳定的断面和输水输沙优化的临界指标,该数学模型计算框图如图 3-1 所示。

需要说明的是,以前通常采用河宽与水深经验河相关系式 $\sqrt{B/h} = C$ 封闭河床演变方程组,其最大缺陷是不同河流以及同一河流不同河段的河宽与水深经验河相关系式 $\sqrt{B/h} = C$ 的取值都不同,导致模型经验性很大,且缺乏通用性。

3.1.1　目标函数

根据河床演变均衡稳定理论,冲积河流河床演变达到均衡稳定过程符合河

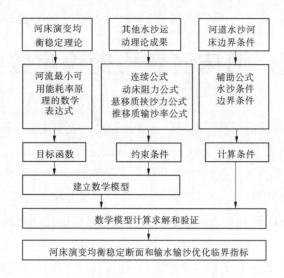

图 3-1　河床演变均衡稳定数学模型框架

流最小可用能耗率原理,其数学表达式为

$$P = \gamma_{\mathrm{m}} Q U J_{\mathrm{e}} - \frac{\gamma_{\mathrm{s}} - \gamma}{\gamma_{\mathrm{s}}} Q S \omega - \frac{\gamma_{\mathrm{s}} - \gamma}{\gamma_{\mathrm{s}}} g_{\mathrm{b}} B_{\mathrm{d}} U_{\mathrm{g}} (\tan\varphi - J_0) = 最小值 \quad (3\text{-}1)$$

式中:P 为可用机械能损耗率;γ_{m} 为浑水平均比重;Q 为流量;U 为流速;J_{e} 为能坡;γ_{s} 为泥沙比重;γ 为水的比重;S 为悬移质含沙量;ω 为悬移质平均沉速;g_{b} 为单宽推移质输沙率;B_{d} 为推移质输沙带宽;U_{g} 为推移质运动速度;φ 为推移质水下休止角;J_0 为河床坡降。

　　式(3-1)的物理意义是体积为流量 Q 的含沙浑水体在向下游流动过程中可用机械能沿程损耗率,第一项为挟沙河流的总能耗率 $\gamma_{\mathrm{m}} Q U J_{\mathrm{e}}$;第二项为总能耗率中用于维持悬移质悬浮做有用功的功率,转化为悬移质的平均势能,维持悬移质悬浮和浑水平均比重;第三项为总能耗率中用于维持推移质运动做有用功的功率,转化为推移质的平均动能,维持推移质运动。

　　式(3-1)中用于维持悬移质悬浮做有用功的功率可进一步分解为冲泻质和床沙质的悬浮功率,能坡 J_{e} 采用水面比降 J,对于平原河流,通常 $J_0 \ll \tan\varphi$,可得

$$P = \gamma_{\mathrm{m}} Q U J - \frac{\gamma_{\mathrm{s}} - \gamma}{\gamma_{\mathrm{s}}} Q (S_{\mathrm{c}} \omega_{\mathrm{c}} + S_{\mathrm{b}} \omega_{\mathrm{b}}) - \frac{\gamma_{\mathrm{s}} - \gamma}{\gamma_{\mathrm{s}}} g_{\mathrm{b}} B_{\mathrm{d}} U_{\mathrm{g}} \tan\varphi = 最小值$$

$$(3\text{-}2)$$

式中:S_c 为冲泻质含沙量;ω_c 为冲泻质平均沉速;S_b 为床沙质含沙量;ω_b 为床沙质平均沉速。

采用式(3-2)为河床演变均衡稳定的目标函数,进而确定相应的约束条件及计算条件。

3.1.2　约束条件

河床演变均衡稳定的约束条件由水沙运动理论的有关公式确定,包括水流连续公式、动床阻力公式、悬移质挟沙力公式和推移质输沙率公式,这些公式和河流最小可用能耗率原理的数学表达式共同构成封闭的河床演变方程组。

3.1.2.1　水流连续公式

水流连续公式可表达为

$$Q = B_b h_{cp} U \tag{3-3}$$

式中:B_b 为水面宽;h_{cp} 为平均水深。

为了区分水面宽 B_b 和河底推移质输沙带宽 B_d,通常将天然河道断面概化为梯形断面(见图 3-2),此梯形断面的水深 h 比以水面宽计算的平均水深 h_{cp} 略大,水深 h 用于计算推移质输沙率,平均水深 h_{cp} 用于计算河床阻力和悬移质挟沙力,符合实际情况;边坡角 α 尚无合理计算公式,采用床沙水下休止角替代,对宽浅河道影响很小。

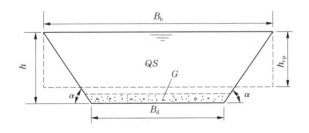

图 3-2　河道断面概化示意图

3.1.2.2　动床阻力公式

关于冲积河流动床阻力的研究成果有很多,在谢才(Chezy)阻力公式和曼宁(Manning)糙率公式基础上,提出了很多动床阻力公式[11,12],经综合比较,本

模型采用韩其为[13]根据大量实测资料建立的公式

$$U = k \sqrt{gh_{cp}J}\left(\frac{h_{cp}}{d_{b50}}\right)^{\frac{1}{4+\lg\left(\frac{h_{cp}}{d_{b50}}\right)}} \tag{3-4}$$

式中：d_{b50} 为床沙中值粒径；k 为系数，$k = 6.5$。

3.1.2.3　悬移质挟沙力公式

悬移质按其运动的能耗特性分为冲泻质和床沙质，冲泻质含沙量 S_c 由来沙供给量决定。悬移质挟沙力公式有很多[13-18]，经计算综合比较，本模型采用韩其为[13]建立的可以计算高含沙水流的床沙质挟沙力公式

$$S_{b*} = \frac{\left(0.606 + \dfrac{S}{\beta\gamma_s}\right)^{0.92}}{\left(1 - \dfrac{S}{\beta\gamma_s}\right)^{7.36}}K\gamma_s\left(\frac{U^3}{gh_{cp}\omega_{bcp}}\right)^{0.92} \tag{3-5}$$

式中：ω_{bcp} 为床沙质平均沉速；K 为挟沙力系数，$K = 0.000\ 146\ 5$；β 为高含沙修正系数，$\beta = 0.3 \sim 0.7$，建议取 $\beta = 0.5$。

3.1.2.4　推移质输沙率公式

推移质输沙率公式有很多，本模型采用韩其为基于推移质运动统计理论和大量实测资料建立的公式[13]，该公式可以计算包括卵石、砾石和沙质推移质及底沙的输沙率

$$g_b = K_1\left(\frac{\gamma}{\gamma_s - \gamma}\right)^{\frac{m_1-1}{2}}\gamma_s\frac{(Uh)^{\frac{m_1}{3+2m_3}}J^{\frac{m_1}{2}-\frac{m_1}{6+4m_3}}}{g^{\frac{m_1}{6+4m_3}-\frac{1}{2}}d_{gcp}^{m_1 m_3\left(\frac{2+2m_3}{3+2m_3}\right)+m_2}d_g^{\left(\frac{1}{2}-m_3\right)m_1-1.5-m_2}} \tag{3-6}$$

式中：d_g 和 d_{gcp} 分别为推移质代表粒径和平均粒径；系数 $K_1 = \kappa\sqrt{3.33}\times 2.04^{m_1}\times 6.5^{-\frac{m_1}{3+2m_3}}$，$\kappa$ 为与相对河底流速有关的推移质输沙系数；对于底沙输沙较强的沙质推移质输沙率，系数 $m_1 = 4$，$m_2 = 0$，$m_3 = 1/8$，式(3-6)变为

$$g_b = K_1\gamma_s\left(\frac{\gamma}{\gamma_s - \gamma}\right)^{\frac{3}{2}}\frac{(Uh)^{\frac{16}{13}}J^{\frac{18}{13}}}{g^{\frac{3}{26}}d_{gcp}^{\frac{9}{26}}} \tag{3-7}$$

3.1.3　计算条件

3.1.3.1　计算辅助公式

模型在计算求解过程中还需要采用下列计算辅助公式。

1. 冲泻质和床沙质的分界粒径

冲泻质和床沙质的分界粒径 d_{cb} 按自动悬浮理论计算[15],符合悬移质运动的能耗特性

$$\omega_c \leq UJ \tag{3-8}$$

式中:ω_c 为冲泻质沉速。

2. 悬移质和推移质的分界粒径

悬移质和推移质的分界粒径 d_{bg} 采用扬动流速公式计算,悬浮指标 z 取 $5^{[16]}$:

$$U_s = \frac{15.1}{z}\left(\frac{h}{d}\right)^{\frac{1}{6}}\omega \tag{3-9}$$

3. 泥沙起动流速公式

泥沙起动流速计算采用张瑞瑾公式[17]

$$U_c = \left(\frac{h}{d}\right)^{0.14}\left(17.6\frac{\gamma_s - \gamma}{\gamma}d + 0.000\,000\,605\frac{10 + h}{d^{0.72}}\right)^{1/2} \tag{3-10}$$

4. 悬移质清水沉速公式

悬移质清水沉速计算采用武汉水利电力学院公式[15]

$$\omega = \sqrt{\left(13.95\frac{\nu}{d}\right)^2 + 1.09\frac{\gamma_s - \gamma}{\gamma}gd} - 13.95\frac{\nu}{d} \tag{3-11}$$

式中:ν 为清水黏性系数,$\mathrm{m^2/s}$,$\nu = \dfrac{1.792 \times 10^{-6}}{1 + 0.033\,7T + 0.000\,221T^2}$,$T$ 为水温,℃。

5. 悬移质浑水沉速公式

悬移质浑水沉速计算采用夏震寰公式[11]

$$\omega_m = \left(1 - \frac{S}{\gamma_s}\right)^7\omega \tag{3-12}$$

6. 推移质平均运动速度公式

推移质平均运动速度计算采用沙莫夫公式[11]

$$U_g = \left(U - \frac{U_c}{1.2}\right)\left(\frac{d}{h}\right)^{\frac{1}{4}} \tag{3-13}$$

式中：U_c 为泥沙起动流速，m/s，$U_c = 4.6d^{\frac{1}{3}}h^{\frac{1}{6}}$；$d$ 为推移质粒径，m；h 为水深，m。

7. 泥沙的水下休止角

泥沙的水下休止角计算采用张红武公式[17]

$$\varphi = 35.3d^{0.04} \tag{3-14}$$

式中：φ 为水下休止角，（°）；d 为泥沙粒径，mm。

3.1.3.2 水沙河床边界条件

计算水沙河床边界条件包括来水流量 Q（造床流量）、来沙率 G_z、来沙级配组成 d_i 和河床沙级配组成 d_{bi}。

3.2 河床演变均衡稳定数学模型计算验证

3.2.1 模型计算

河床演变均衡稳定数学模型计算为求解在一定约束条件下目标函数的极值，如果约束条件为显函数，可构造拉格朗日极值函数直接求解，由于本模型中床沙质挟沙力公式为隐函数，因此本模型采用试算迭代法求解，试算各河宽 B_b 对应的可用能耗率 P，求最小可用能耗率 P_{min} 对应的均衡稳定的河道断面和水沙条件，试算迭代过程如图 3-3 所示，具体过程如下：

（1）已知来水流量 Q（造床流量）、来沙率 G_z、来沙组成 d_i 和河床组成 d_{bi}，确定计算河宽范围和河宽变化计算步长。

（2）设定起算最小河宽 B_b，根据床沙的起动流速公式（3-10），用试位法求计算水深 h 迭代初值。

（3）根据床沙粒径利用式（3-14）计算概化梯形断面边坡角 α、河底宽 B_d 和平均水深 h_{cp}，根据连续公式（3-3）计算流速 U，根据动床阻力公式（3-4）计算糙率 n 和水面比降 J。

（4）根据式（3-8）计算冲泻质与床沙质的分界粒径 d_{cb}，根据式（3-9）初步计算床沙质与推移质分界粒径 d_{bg}，并计算冲泻质和床沙质平均粒径 d_{ccp} 和 d_{bcp}。

（5）根据式（3-11）和式（3-12）计算冲泻质平均沉速 ω_c 和床沙质平均沉速

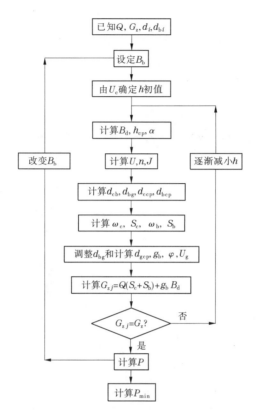

图 3-3 试算迭代过程图

ω_b，根据冲泻质与床沙质的分界粒径 d_{cb} 计算冲泻质含沙量 S_c，根据式(3-5)计算床沙质挟沙力 S_b。

（6）根据床沙质挟沙力 S_b 调整床沙质和推移质分界粒径 d_{bg}，计算推移质平均粒径 d_{gcp}，根据式(3-7)计算单宽推移质输沙率 g_b，利用式(3-14)计算推移质水下休止角 φ，根据式(3-13)计算推移质平均运动速度 U_g。

（7）计算总输沙率 G_{zj}（$G_{zj} = Q(S_c + S_b) + g_b B_d$），如果 G_{zj} 不等于总来沙率 G_z（$|G_{zj} - G_z| > 0.001$），则逐渐减小水深 h，返回(3)重新进行上述计算。

（8）如果 G_{zj} 等于总来沙率 G_z（$|G_{zj} - G_z| \leqslant 0.001$），根据式(3-4)计算可用能耗率 P，改变河宽 B_b 返回(2)，计算另一河宽 B_b 对应的可用能耗率 P，如此循环。

(9)求最小可用能耗率 $P_{\min}$ 及其对应均衡稳定的河道断面和水沙条件。

河床演变均衡稳定数学模型程序用 Visual Basic 语言开发,界面可视性好,计算结果采用数据和图形同步动态显示(见图 3-4),图形动态显示包括河宽与流速关系图、河宽与水深关系图、河宽与比降关系图、河宽与总能耗率关系图、河宽与可用能耗率关系图和河道断面动态显示图。

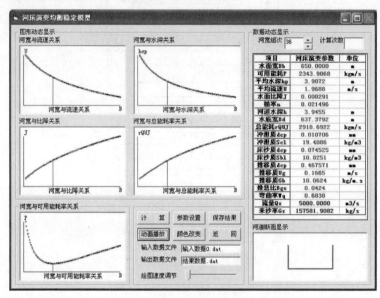

图 3-4　河床演变均衡稳定数学模型计算结果动态显示

3.2.2　模型验证

利用黄河下游实测资料对河床演变均衡稳定数学模型进行验证,河床演变均衡稳定理论表明在造床流量条件下河床演变达到均衡稳定,实测资料分析表明,黄河下游的造床过程为非恒定非饱和输沙引起的涨冲落淤过程[18,19],洪峰阶段河道趋近于冲淤平衡的均衡稳定状态,由于要求验证资料实测流量接近造床流量,且要求有同步的悬移质和床沙级配等资料,因此本模型验证资料采用黄河下游 1982～1988 年洪峰流量接近造床流量(5 000 m^3/s)的 17 测次实测水沙河道资料(见表 3-1),验证计算结果表明,各测次计算结果与实测资料基本相符,部分测次计算水深比实测值略大,计算流速略小,说明这些测次实测洪峰仍然处于冲刷渐变均衡稳定阶段,随着设定河宽 B_b 的变化,比降 J、单位能耗率 $\gamma U J$ 和可用能耗率 P 都存在最小值(见图 3-5 和图 3-6),只有可用能耗率 P 的最小值对应的计算河宽 B_b 和实测河宽最接近,单位能耗率 $\gamma U J$ 的最小值对应的计算河宽 B_b 小于实测河宽,对应总能耗率最小河宽,比降 J 的最小值对应的计算河宽 B_b 远小于实测河宽,对应阻力最小河宽。

表 3-1 河床演变均衡稳定数学模型验证计算

编号	测站	日期 (年-月-日)	流量 Q (m^3/s)	含沙量 S (kg/m^3)	实测 河宽 (m)	计算 河宽 (m)	实测 水深 (m)	计算 水深 (m)	实测 流速 (m/s)	计算 流速 (m/s)
1	花园口	1988-08-11	5 720	113.0	617	620	2.79	3.42	3.33	2.70
2	花园口	1988-08-12	6 630	181.0	751	740	3.00	3.02	2.95	2.96
3	高村	1982-08-16	6 020	37.1	550	540	3.85	4.90	2.84	2.28
4	高村	1985-09-18	7 240	37.8	634	640	4.18	5.17	2.73	2.19
5	高村	1985-09-28	4 970	34.8	449	450	5.20	5.12	2.12	2.16
6	孙口	1984-08-08	5 380	52.8	637	630	3.31	4.24	2.55	2.01
7	孙口	1984-09-11	4 790	37.2	621	620	3.32	3.57	2.33	2.16
8	孙口	1984-09-28	6 260	27.8	639	640	4.02	4.82	2.44	2.03
9	孙口	1985-09-19	6 670	40.5	640	640	4.25	4.75	2.45	2.19
10	孙口	1988-08-14	5 370	115.0	627	620	3.62	3.57	2.37	2.42
11	孙口	1988-08-23	5 820	51.9	640	640	3.61	4.32	2.52	2.11
12	泺口	1984-07-31	4 120	24.8	303	290	5.30	6.78	2.56	2.10
13	泺口	1988-08-16	5 100	117.0	305	310	6.10	5.81	2.74	2.83
14	泺口	1988-08-19	5 660	62.4	311	310	6.40	7.38	2.86	2.47
15	利津	1984-08-10	4 870	61.6	490	480	4.12	4.46	2.41	2.28
16	利津	1988-05-15	4 930	117.0	505	510	3.78	3.93	2.58	2.46
17	利津	1988-08-19	5 070	77.9	505	500	4.22	4.70	2.38	2.16

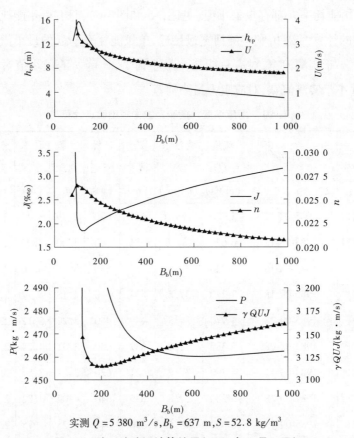

实测 $Q = 5\,380$ m³/s, $B_b = 637$ m, $S = 52.8$ kg/m³

图 3-5　孙口站验证计算结果(1984 年 8 月 8 日)

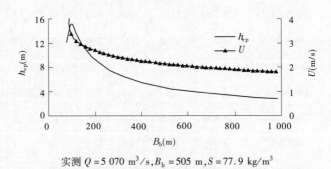

实测 $Q = 5\,070$ m³/s, $B_b = 505$ m, $S = 77.9$ kg/m³

图 3-6　利津站验证计算结果(1988 年 8 月 19 日)

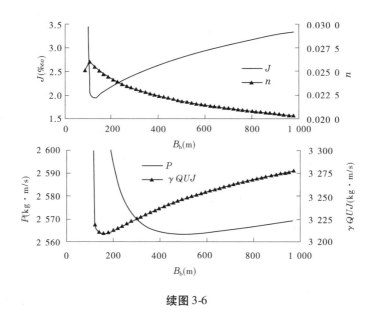

续图 3-6

以上建立了河床演变均衡稳定数学模型,可利用该模型计算河槽均衡稳定的断面及河道输水输沙优化的临界指标。

3.3　小　结

本章对基于能耗极值理论的数学模型进行了研究,建立了河床演变均衡稳定数学模型,取得如下研究成果:

(1)根据河床演变均衡稳定理论,利用河流最小可用能耗率原理的表达式,封闭河床演变方程组,确定河床演变均衡稳定的目标方程和相应的约束方程及计算条件,建立了河床演变均衡稳定数学模型。

(2)提出了河床演变均衡稳定数学模型的计算求解方法,模型程序用 Visual Basic 语言开发,界面可视性好,计算结果采用数据和图形同步动态显示,图形动态显示包括河宽与流速关系图、河宽与水深关系图、河宽与比降关系图、河宽与总能耗率关系图、河宽与可用能耗率关系图和河道断面动态显示图。

(3)利用黄河下游实测资料对河床演变均衡稳定数学模型进行了验证,验证计算结果与实测资料基本相符,只有可用能耗率 P 的最小值对应的计算河宽和实测河宽最接近,单位能耗率 γUJ 的最小值对应的计算河宽小于实测河宽,对应总能耗率最小河宽,比降 J 的最小值对应的计算河宽远小于实测河宽,对应阻力最小河宽。

参 考 文 献

[1] 陈绪坚,胡春宏. 基于最小可用能耗率原理的河流水沙数学模型[J]. 水利学报,2004 (8):38-45.

[2] 谢鉴衡. 河流模拟[M]. 北京:水利电力出版社,1990.

[3] 李义天,高凯春.三峡枢纽下游宜昌至沙市河段河床冲刷的数值模拟研究[J]. 泥沙研究,1996(2):3-8.

[4] 曹文洪,何少苓,方春明. 黄河河口海岸二维非恒定水流泥沙数学模型[J]. 水利学报,2001(1):42-48.

[5] 郭庆超,韩其为,何明民.二维潮流及泥沙数学模型[J]. 泥沙研究,1996(1):48-55.

[6] 方红卫,王光谦.一维全沙泥沙输移数学模型及其应用[J]. 应用基础与工程科学学报,2000(6):154-164.

[7] 方红卫,王光谦. 平面二维全沙泥沙输移数学模型及其应用[J]. 应用基础与工程科学学报,2000(6):165-178.

[8] Yang C T,C C S Song. Theory of Minimum Rate of Energy Dissipation [J]. Journal of the Hydraulics Division,ASCE. 1979,105(HY7):769-784.

[9] Yang C T,C C S Song. Hydraulic Geometry and Minimum Rate of Energy Dissipation [J]. Water Resources Research,1981,17(4):1014-1018.

[10] Chang H H. Minimum Stream Power and River Channel Patterns [J]. Journal of Hydrology,1979(41):303-327.

[11] 钱宁,万兆惠. 泥沙运动力学[M]. 北京:科学出版社,1986.

[12] 秦容昱,王崇浩.河流推移质运动理论及应用[M].北京:中国铁道出版社,1996.

[13] 韩其为.水库淤积[M]. 北京:科学出版社,2003.

[14] 钱宁,张仁,周志德. 河床演变学[M]. 北京:科学出版社,1987.

[15] 张瑞瑾. 河流泥沙工程学(上册)[M].北京:水利电力出版社,1983.

[16] 张瑞瑾. 河流泥沙动力学[M].2 版.北京:中国水利水电出版社,1998.

[17] 张红武. 河流力学研究[M].郑州:黄河水利出版社,1999.

[18] 齐璞,孙赞盈,苏运启. 论解决黄河下游"二级悬河"的合理途径[M]//黄河下游"二级悬河"成因及治理对策.郑州:黄河水利出版社,2003.

[19] 齐璞,孙赞盈,侯起秀,等. 黄河洪水的非恒定性对输沙及河床冲淤的影响[J]. 水利学报,2005,36(6):637-643.

第 4 章　黄河下游河床演变
均衡稳定数学模型计算

20 世纪 80 年代中期以来,黄河来水来沙条件的显著改变与下游河道既有宽浅的边界条件不相适应,导致下游河槽淤积萎缩,加之生产堤限制了洪水漫滩淤滩,使"二级悬河"迅速发展[1]。本章根据黄河下游的来水来沙条件及河道边界条件,应用河床演变均衡稳定数学模型计算黄河下游各河段的均衡稳定断面[2],分析河道输水输沙优化的临界指标。

4.1　计算水沙条件及河道边界条件

河床演变由来水来沙条件和河道边界条件共同决定,来水来沙条件包括造床流量、含沙量、来沙级配组成和来水来沙过程,河道边界条件包括河床级配组成、河床坡降和河道整治工程边界[3-5]。冲积河流河道形态的形成主要由来水来沙条件决定,因此在开展黄河下游河床演变均衡稳定计算前,先分析黄河下游各河段的计算水沙条件及河道边界条件。

4.1.1　计算水沙条件

黄河下游的来水来沙条件因人类活动(包括大型水利枢纽工程、工农业引水工程和水土保持工程的建设等)和自然降雨因素而变化,特别是三门峡水库(1960 年 9 月 15 日投入运用)、龙羊峡水库(1986 年 10 月 15 日投入运用)和小浪底水库(1999 年 10 月 25 日投入运用)三个大型水利枢纽工程的建设,使黄河下游来水来沙条件在不同时段(1960～1985 年、1986～1999 年和 2000 年以后)发生明显变化。

4.1.1.1　各河段不同时段汛期的来水来沙条件

根据黄河干流小浪底、花园口、高村、艾山和利津 5 个水文站的日平均流量和含沙量,统计不同时段汛期(7～10 月)的平均水量、沙量、流量和含沙量,见表 4-1,1986～1999 年和 1960～1985 年相比,黄河下游各河段汛期的平均水量、沙量和流量明显减小,而平均含沙量却增大,出现小水大沙现象,而黄河下游宽浅的河道边界条件是历史形成的,说明 1986 年以来黄河下游河槽淤积萎缩的主要原因是来水来沙条件的显著改变(包括洪峰流量减小和洪水频次减少及小水大沙)和下游河道既有宽浅的边界条件不相适应,河槽淤积萎缩导致中小洪水位升高,1999 年 10 月小浪底水库投入运用后,2000 ~ 2003 年下游河道汛期的平均水量、沙量和流量大幅减小,造床流量减小必然会加速下游河道的萎缩,这也是冲积河流自动调整作用的结果。

表 4-1　黄河下游各站不同时段汛期的来水来沙条件

时段	项目	小浪底站	花园口站	高村站	艾山站	利津站
1960 ~ 1985 年	平均水量(亿 m³)	230.50	260.06	249.78	250.66	240.39
	平均沙量(亿 t)	10.089	9.037	8.191	7.902	7.873
	平均流量(m³/s)	2 169	2 447	2 350	2 359	2 262
	平均含沙量(kg/m³)	43.77	34.75	32.79	31.52	32.75
1986 ~ 1999 年	平均水量(亿 m³)	117.85	130.96	116.13	111.15	92.50
	平均沙量(亿 t)	7.031	5.785	3.960	4.008	3.522
	平均流量(m³/s)	1 109	1 232	1 093	1 046	870
	平均含沙量(kg/m³)	59.66	44.17	34.10	36.05	38.08
2000 ~ 2003 年	平均水量(亿 m³)	63.83	81.21	73.81	68.06	45.74
	平均沙量(亿 t)	0.527	0.743	0.857	1.011	0.903
	平均流量(m³/s)	601	764	694	640	430
	平均含沙量(kg/m³)	8.25	9.14	11.61	14.86	19.74

4.1.1.2　各河段不同时段汛期的悬移质级配

黄河下游河道造床过程主要发生在汛期,根据黄河下游花园口、高村、艾山和利津 4 个水文站的实测悬移质级配资料统计各河段不同时段汛期(7 ~ 10 月)平均悬移质级配(见表 4-2 ~ 表 4-4),下游各河段悬移质级配因泥沙沉积调整沿程细化,但粒径细化调整主要发生在花园口至高村河段,1962 ~ 1986 年汛期平均粒径由花园口站的 0.032 mm 减小到利津站的 0.029 mm,1987 ~ 1998 年汛期平均粒径由花园口站的 0.032 mm 减小到利津站的 0.025 mm,2000 ~ 2003 年汛期平均粒径由花园口站的 0.039 mm 减小到利津站的 0.027 mm。各水文站不同时段汛期的悬移质级配对比(见图 4-1 ~ 图 4-4)表明,1987 ~ 1998 年的汛期悬移质级配与1962～1986年相比变化不大,高村以下河段小于0.01 mm的细颗粒略多,平均粒径略小,但2000～2003年由于小浪底水库的拦沙运用,下游河道清水冲刷,下游悬移质级配明显粗化。因此,对于小浪底水库滞洪排沙运用维持河槽,下游各河段河床演变均衡稳定的计算悬移质级配采用1987～1998年的汛期平均悬移质级配,对于小浪底水库下泄清水运用维持河槽,河床演变均衡稳定计算的悬移质级配采用2000～2003年的汛期平均悬移质级配,并和小浪底水库拦粗排细的悬移质级配进行对比计算。

表4-2　黄河下游各站1962～1986年汛期平均悬移质级配

水文站	平均小于某粒径(mm)的沙重百分数(%)						中值粒径 (mm)	平均粒径 (mm)
	0.005	0.010	0.025	0.05	0.10	0.25		
花园口	23.6	36.5	59.9	82.2	95.6	100	0.017	0.032
高村	23.6	36.8	61.3	85.2	98.4	100	0.016	0.028
艾山	23.2	36.6	58.0	82.3	98.3	100	0.018	0.029
利津	22.1	34.6	58.2	83.3	98.8	100	0.018	0.029

表4-3　黄河下游各站1987～1998年汛期平均悬移质级配

水文站	平均小于某粒径(mm)的沙重百分数(%)						中值粒径 (mm)	平均粒径 (mm)
	0.005	0.010	0.025	0.05	0.10	0.25		
花园口	26.8	34.1	54.6	79.6	98.0	100	0.020	0.032
高村	31.3	40.0	63.0	85.7	99.3	100	0.015	0.025
艾山	29.9	38.2	59.8	84.2	99.3	100	0.017	0.027
利津	32.6	41.4	63.2	86.3	99.5	100	0.014	0.025

表4-4　黄河下游各站2000～2003年汛期平均悬移质级配

水文站	平均小于某粒径(mm)的沙重百分数(%)								中值粒径 (mm)	平均粒径 (mm)
	0.004	0.008	0.016	0.031	0.062	0.125	0.25	0.5		
花园口	21.4	34.5	48.1	59.9	79.5	95.4	99.5	100	0.018	0.039
高村	22.3	29.8	40.2	58.2	92.1	99.7	100		0.023	0.030
艾山	18.0	24.7	34.2	49.5	88.2	99.6	100		0.031	0.035
利津	25.4	32.4	42.1	62.9	95.3	99.8	100		0.021	0.027

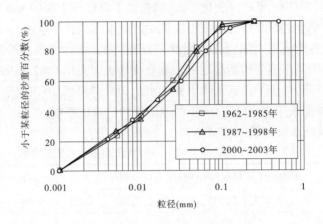

图 4-1　花园口站汛期平均悬移质级配

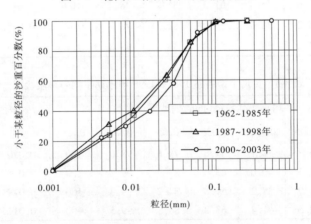

图 4-2　高村站汛期平均悬移质级配

4.1.2　河道边界条件

随着来沙级配组成沿程分选细化,来水含沙量因泥沙沉积沿程递减,洪峰过程因河床阻力作用沿程调平,黄河下游河道各河段形成不同的河道形态(见图 4-5):白鹤至东坝头河段为典型的游荡型河段,东坝头至陶城铺河段为过渡型河段,陶城铺至利津垦利河段为弯曲型河段。河道边界条件决定河道输水输沙的阻力条件,河道的动床阻力包括由河床质级配决定的沙粒阻力、河床坡降及洲滩决定的河床形态阻力和河道整治工程决定的局部阻力,对于黄河下游河床

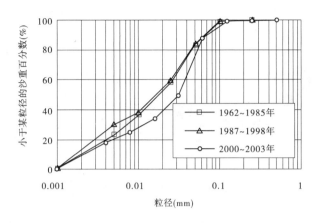

图 4-3　艾山站汛期平均悬移质级配

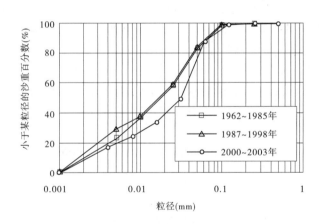

图 4-4　利津站汛期平均悬移质级配

形态可以自由调整的宽浅河槽,其动床阻力主要由河床质级配决定。

4.1.2.1　各河段的河床质级配

　　由于黄河下游河道河床是长期泥沙淤积分选形成的,黄河下游各水文站多年平均河床质级配代表各河段深度平均的河床组成。2004 年小浪底水库调水调沙期基本是下泄清水,下游各水文站平均河床质级配代表各河段清水冲刷河床粗化级配。根据黄河下游花园口、高村、艾山和利津 4 个水文站的断面多年平均河床质级配统计资料[6](见表 4-5),多年平均河床质级配和 2004 年调水调沙

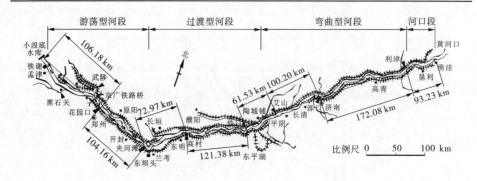

图 4-5　黄河下游各河段主河道长度示意图

期间的河床质级配(见表 4-6)对比,表明小浪底水库下泄清水调水调沙使下游河床明显粗化,花园口站平均河床质粒径由多年平均的 0.121 mm 增大到 2004 年的 0.181 mm(见图 4-6),高村站平均河床质粒径由多年平均的 0.100 mm 增大到 2004 年的 0.147 mm(见图 4-7),艾山以下河段河床质级配也略有粗化(见图 4-8、图 4-9),总体上黄河下游河床质级配沿程分选细化(见图 4-10、图 4-11)。因此,对于小浪底水库滞洪排沙运用维持河槽,下游各河段河床演变均衡稳定计算河床质级配可以采用多年平均河床质级配,对于小浪底水库下泄清水运用维持河槽,河床演变均衡稳定计算河床质级配采用 2004 年调水调沙期间的河床级配进行。

表 4-5　黄河下游各站多年平均河床质级配[6]

| 水文站 | 平均小于某粒径(mm)的沙重百分数(%) | | | | | | | | 中值粒径(mm) | 平均粒径(mm) | 统计年限 |
	0.005	0.010	0.025	0.05	0.10	0.25	0.50	1.0			
花园口	0.8	1.6	6.2	22.4	59.7	93.3	99.5	100	0.084	0.121	1952～1990 年
高村	1.9	2.7	8.2	24.5	69.2	97.5	100		0.074	0.100	1963～1990 年
艾山	2.1	3.4	9.1	28.5	82.0	99.8	100		0.066	0.080	1959～1990 年
利津	1.0	2.3	7.1	24.1	83.6	99.9	100		0.068	0.081	1963～1990 年

表 4-6　2004 年调水调沙期间黄河下游各站平均河床质级配

| 水文站 | 平均小于某粒径(mm)的沙重百分数(%) | | | | | | | | | 中值粒径(mm) | 平均粒径(mm) |
	0.004	0.008	0.016	0.031	0.062	0.125	0.25	0.50	1.0		
花园口	0.4	0.6	0.9	2.1	10.1	39.6	81.6	99.6	100	0.148	0.181
高村	0.1	0.1	0.7	1.3	9.0	51.3	93.5	100		0.122	0.147
艾山	1.9	3.1	5.6	11.9	33.3	76.3	97.8	99.4	100	0.081	0.103
利津	0.7	1.1	2.8	5.6	26.3	78.3	99.8	100		0.085	0.100

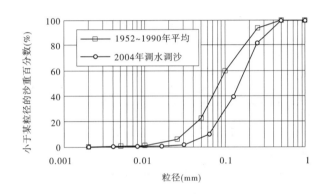

图 4-6　花园口站河床质级配

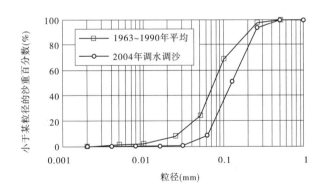

图 4-7　高村站河床质级配

4.1.2.2　各河段的河床坡降及过流断面

　　河床坡降及过流断面确定河道的输水输沙能力,黄河下游河道经过几十年

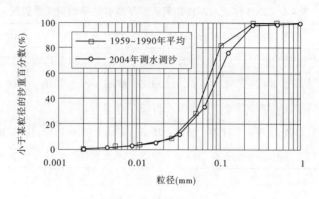

图 4-8　艾山站河床质级配

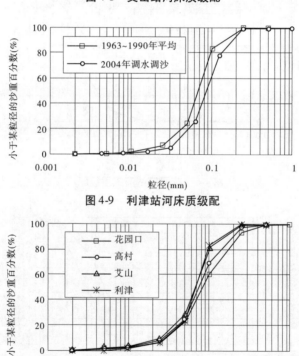

图 4-9　利津站河床质级配

图 4-10　黄河下游多年平均河床质级配

的整治,目前高村以下已形成较为稳定的弯曲性河道,高村以上的游荡性河道正在进行整治,使河道向较为稳定的弯曲性河道发展,现状下游河道各河段河道断

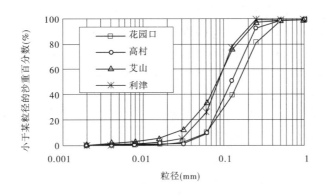

图 4-11　2004 年调水调沙河床质级配

面特征见表 4-7[7],下游河道断面随着来沙的沿程分选细化和含沙量的沿程递减而逐渐窄深,河床坡降逐渐变平,高村以下河槽萎缩较为严重。通过小浪底水库改善黄河下游的来水来沙过程,下游河道的河槽断面和主槽坡降仍然可以通过泥沙冲淤及主槽弯曲率的变化而调整,黄河下游各河段河床演变均衡稳定计算最大控制宽度取主河道平均宽度。

表 4-7　黄河下游河道各河段河道断面特征

项目	小浪底至花园口	花园口至夹河滩	夹河滩至高村	高村至孙口	孙口至艾山	艾山至泺口	泺口至利津
滩地平均宽度(m)	3 097	3 515	6 684	3 875	1 623	2 089	1 636
主河道平均宽度(m)	4 457	4 780	4 065	1 961	1 140	631	667
主河道平均坡降(‰)	1.99	1.83	1.69	1.29	1.34	1.07	0.95
2003 年主槽平滩河宽(m)	2 156	2 564	695	570	419	320	328
2003 年主槽平均深度(m)	1.69	1.50	2.62	3.06	4.43	5.86	3.73
2003 年主槽断面面积(m²)	3 644	3 846	1 821	1 744	1 856	1 875	1 223

4.2　河床演变均衡稳定计算和分析

河床演变均衡稳定理论表明,在造床流量条件下河床演变达到均衡稳定,河床演变均衡稳定数学模型不计算水沙运动的过程,直接计算在造床流量水沙条件下河槽的均衡稳定断面形态及其水沙特征。由于模型涉及的计算公式较多,尚不能模拟河床冲刷粗化和河岸抗冲性,因此主要通过河床演变均衡稳定数学模型计算分析河槽冲淤稳定和输水输沙的定性规律,确定宏观定量结果。

　　水量是黄河下游维持河槽的重要保障,但洪水流量过程及水沙搭配是关键,对于同一来水总量,通过小浪底水库调节,可以形成不同的洪峰流量和洪水过程,即形成不同的造床流量,小浪底水库运用方式主要有滞洪排沙和下泄清水两种。因此,应用河床演变均衡稳定数学模型计算各河段在各种水沙条件下河槽的均衡稳定断面,并计算分析小浪底水库下游的清水冲刷、拦粗排细和水温变化及非恒定涨冲落淤规律对河槽均衡稳定的影响,分析输水输沙优化的临界指标。

4.2.1　均衡稳定断面计算

　　利用河床演变均衡稳定数学模型进行计算,在小浪底水库控泄流量(相当于造床流量)分别为 2 000 m³/s、3 000 m³/s、4 000 m³/s 和 5 000 m³/s 的条件下,计算不同来水含沙量维持河槽的均衡稳定断面,并分析输水输沙优化的临界指标,计算条件为:悬移质和河床质级配采用黄河下游河道各河段的多年平均悬移质和河床质泥沙级配统计资料,水温为黄河下游洪水通常水温25 ℃。

4.2.1.1　小浪底至夹河滩河段

　　小浪底至夹河滩河段是游荡型河段,各级造床流量的均衡稳定断面计算结果表明,随着造床流量的增大,维持河槽的稳定宽度和稳定深度增大。流量相同时,对于低来水含沙量,随着来水含沙量增大,维持河槽的稳定宽度增大(见图 4-12),稳定深度减小(见图 4-13)。

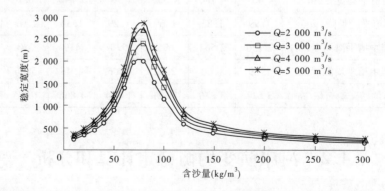

图 4-12　小浪底至夹河滩河段不同来水来沙条件下计算的均衡稳定宽度

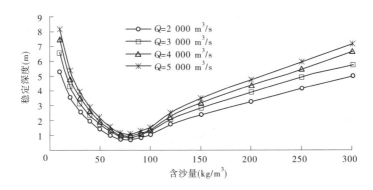

图 4-13　小浪底至夹河滩河段不同来水来沙条件下计算的均衡稳定深度

　　当含沙量为 70 ~ 80 kg/m³时,稳定宽度最大,稳定深度最小。对于高于 80 kg/m³的来水含沙量,随着含沙量的增大,稳定宽度减小,稳定深度增大。若来水含沙量小于 50 kg/m³或大于 120 kg/m³,稳定宽度小于 1 200 m。若来水含沙量为 60 ~ 100 kg/m³,稳定宽度大于 1 200 m。若来水含沙量小于 50 kg/m³或大于 120 kg/m³,稳定深度基本大于 2 m,若来水含沙量为 60 ~ 100 kg/m³,稳定深度小于 2 m。维持河槽的断面大小取决于造床流量大小,维持河槽的断面形态与来水含沙量有关,来水含沙量为 60 ~ 100 kg/m³的断面宽浅,含沙量小于 50 kg/m³或大于 120 kg/m³的断面较窄深。因此,小浪底至夹河滩河段宽浅游荡主要是由 60 ~ 100 kg/m³的不利来水含沙量所引起的,要维持宽度小于 1 200 m、深度大于 2 m 较为稳定的河槽,要求来水含沙量小于 50 kg/m³或大于 120 kg/m³。

　　随着造床流量的增大,维持河槽断面的宽深比 $\sqrt{B/H}$ 略有减小(见图 4-14),涨冲落淤临界平衡输沙水面比降减小(见图 4-15,图中平衡比降为涨冲落淤临界平衡输沙水面比降,不是河床平衡坡降,下同)。

　　稳定宽深比主要与来水含沙量有关,若来水含沙量小于 50 kg/m³或大于 120 kg/m³,宽深比基本小于 20 m;若来水含沙量为 60 ~ 100 kg/m³,宽深比基本大于 30 m。对于低来水含沙量,随着来水含沙量的增大,维持河槽的稳定宽深比和平衡输沙水面比降增大,当含沙量为 70 ~ 80 kg/m³时,稳定宽深比和平衡比降达到最大值,对于高于 80 kg/m³的来水含沙量,含沙量增大,稳定宽深比和平衡比降反而减小,含沙量大于 120 kg/m³后,河道输沙体现高含沙水流特性,河道窄深。涨冲落淤临界平衡输沙水面比降一般大于河床平均坡降(花园口河段河床平均坡降约 1.99‰,花园口站 1985 年 9 月 19 日实测水面比降 9‰),只有

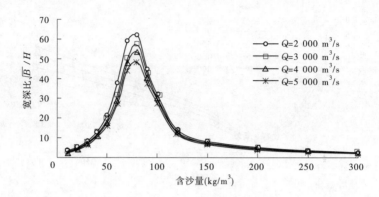

图 4-14　小浪底至夹河滩河段不同来水来沙条件下计算的均衡稳定宽深比($\sqrt{B/H}$)

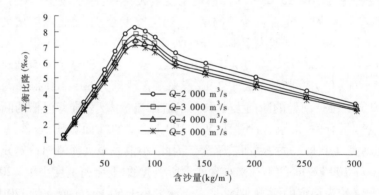

图 4-15　小浪底至夹河滩河段不同来水来沙条件下计算的平衡输沙水面比降

当来水含沙量小于 20 kg/m³ 时,平衡输沙比降才小于河床坡降,说明如果黄河下游采用恒定流输沙(恒定流水面比降等于河床坡降),花园口河段的输沙能力约为 20 kg/m³;如果采用非恒定流输沙,充分利用涨水的附加水面比降,可明显提高输沙能力,利用涨冲落淤特性冲刷河床。高含沙水流平衡比降大于 3‰,在黄河下游高含沙水流更应采用非恒定流输送,非恒定流的输沙能力大于恒定流。总之,来水含沙量小于 50 kg/m³ 或大于 120 kg/m³ 对小浪底至夹河滩河段维持窄深稳定河槽是有利的。

4.2.1.2　夹河滩至孙口河段

夹河滩至孙口河段是过渡型河段,其均衡稳定断面计算结果和其他河段有所差别,对于低来水含沙量,随着来水含沙量的增大,维持河槽的稳定宽度增大

(见图 4-16),稳定深度减小(见图 4-17),但当含沙量为 40 ~ 100 kg/m³ 时,计算结果存在两个可用能耗率极小值(见图 4-18),理论上存在两个均衡稳定断面,实线(1)代表宽浅的河道断面,断面宽度相当于花园口河段,说明该河段具有上段游荡性河道的特点;虚线(2)代表窄深的河道断面,断面宽度相当于利津河段,说明该河段也具有下段弯曲性河道的特点,反映了过渡型河段河床演变的复杂性,也从能耗机制上解释了该河段河槽易于萎缩的原因。随着造床流量的增大,维持河槽的稳定宽度增大,若来水含沙量小于 50 kg/m³ 或大于 120 kg/m³,稳定宽度小于 1 000 m;若来水含沙量为 60 ~ 100 kg/m³,稳定宽度基本大于1 000 m。随着造床流量的增大,维持河槽的稳定深度增大,对于宽浅断面,当来水含沙量小于 40 kg/m³ 或大于 120 kg/m³ 叶,稳定深度基本大于 3 m,当来水含沙量为 50 ~ 100 kg/m³ 时,稳定深度小于 3 m。因此,夹河滩至孙口过渡型河段的不稳定性主要是由 60 ~ 100 kg/m³ 的不利来水含沙量所引起的,要维持宽度小于 1 000 m、深度大于 3 m 较为稳定的河槽,要求来水含沙量小于 50 kg/m³ 或大于 120 kg/m³ 时。

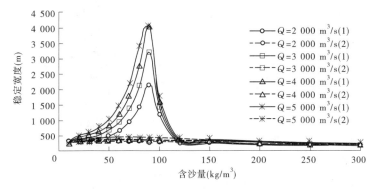

图 4-16　夹河滩至孙口河段不同来水来沙条件下计算的均衡稳定宽度

对于低来水含沙量,随着来水含沙量的增大,平衡输沙水面比降增大(见图 4-19),当含沙量为 90 kg/m³ 时,平衡输沙水面比降达到最大值,当来水含沙量高于 90 kg/m³ 时,含沙量增大,平衡输沙水面比降反而减小,河道输沙体现高含沙水流特性,河道窄深。平衡输沙水面比降一般大于河床平均坡降(高村河段河床平均坡降约 1.69‰),只有当来水含沙量小于约 20 kg/m³ 时,平衡输沙水面比降才小于河床坡降,说明如果采用恒定流输沙(恒定流水面比降等于河床坡降),高村河段的输沙能力约 20 kg/m³。高含沙水流涨冲落淤临界平衡输沙比降大于 2‰,小于 4‰,非恒定高含沙水流容易维持窄深河槽。总之,来水含沙

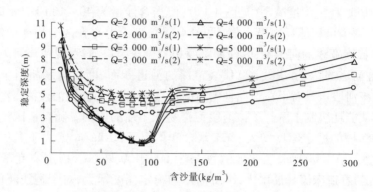

图 4-17　夹河滩至孙口河段不同来水来沙条件下计算的均衡稳定深度

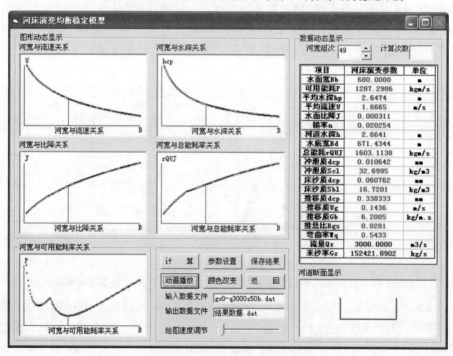

$(Q = 3\ 000\ \text{m}^3/\text{s},\ S = 50\ \text{kg/m}^3)$

图 4-18　夹河滩至孙口河段均衡稳定计算动态显示

量为 $60 \sim 100\ \text{kg/m}^3$ 时对夹河滩至孙口河段维持稳定河槽是不利的,含沙量小于 $50\ \text{kg/m}^3$ 或大于 $120\ \text{kg/m}^3$ 是有利的。

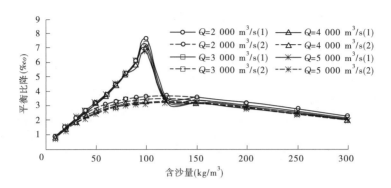

图 4-19 夹河滩至孙口河段不同来水来沙条件下计算的平衡输沙水面比降

4.2.1.3 孙口至泺口河段

孙口至泺口河段为弯曲型河段,各级造床流量的均衡稳定断面计算结果表明,由于下游河道泥沙沿程沉积分选,孙口至泺口河段的悬移质和河床质较细,各级流量维持的稳定河槽总体上都较窄深,随着造床流量的增大,维持河槽的稳定宽度增大明显(见图4-20),在造床流量 4 000 ~ 5 000 m³/s 时,稳定河宽范围为 250 ~ 550 m。随着造床流量的增大,稳定深度增大(见图4-21),除了含沙量 10 kg/m³ 因模型计算尚不能模拟河床粗化而可能偏深,来水含沙量对维持河槽的稳定深度影响较大,对于造床流量 4 000 ~ 5 000 m³/s,稳定水深范围为 4 ~ 7 m。对于低来水含沙量,仍然随着来水含沙量增大,维持河槽的稳定宽度增大,稳定深度减小,含沙量大于 90 kg/m³ 后,仍然随着来水含沙量的增大,维持河槽的稳定宽度减小,稳定深度增大,因此由于泥沙沿程沉积分选,孙口至泺口河段的悬移质和河床质较细,各级流量的稳定河槽总体上都较窄深,维持河槽断面大小主要取决于造床流量,来水含沙量对断面形态影响较大。

随着造床流量的增大,维持河槽断面的稳定宽深比 $\sqrt{B/H}$ 减小(见图4-22),平衡输沙水面比降减小(见图4-23),造床流量决定稳定断面的宽度和深度,稳定宽深比主要与来水含沙量有关,稳定宽深比变化范围 2 ~ 7。

对于来水低含沙量,仍然随着来水含沙量的增大,维持河槽的稳定宽深比和平衡输沙水面比降增大,含沙量为 80 ~ 90 kg/m³ 时,稳定宽深比达到最大值,当含沙量为 120 kg/m³ 时平衡输沙水面比降达到最大值。含沙量大于 120 kg/m³ 后,逐渐体现高含沙水流输沙的特性,河道窄深。平衡输沙水面比降一般大于河床平均坡降(艾山河段河床平均坡降约 1.34‰),只有来水含沙量小于 15 kg/m³

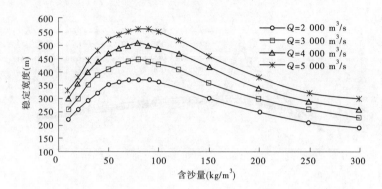

图 4-20　孙口至泺口河段不同来水来沙条件下计算的均衡稳定宽度

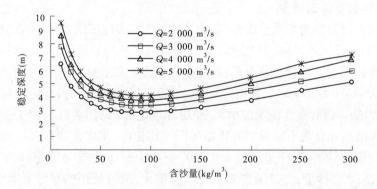

图 4-21　孙口至泺口河段不同来水来沙条件下计算的均衡稳定深度

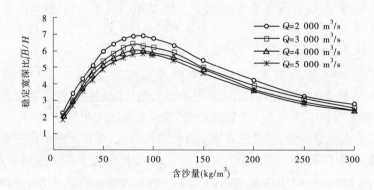

图 4-22　孙口至泺口河段不同来水来沙条件下计算的均衡稳定宽深比($\sqrt{B/H}$)

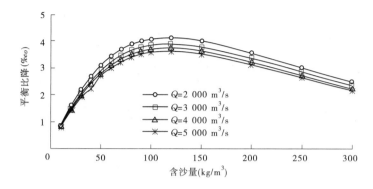

图 4-23　孙口至泺口河段不同来水来沙条件下计算的平衡输沙水面比降

时,平衡比降才小于河床坡降,说明如果黄河下游采用恒定流输沙,艾山河段的输沙能力约 15 kg/m³。高含沙水流平衡输沙比降大于 2‰,小于 4‰,非恒定高含沙水流在孙口至泺口河段容易刷深河槽。

4.2.1.4　泺口至河口河段

　　泺口至河口河段是弯曲型河段,各级造床流量的均衡稳定断面计算结果表明,泺口至河口河段的计算结果和孙口至泺口河段非常相似(见图 4-24 ~ 图 4-27),但泺口至河口河段的悬移质粒径比孙口至泺口河段略细,因此各级流量维持的均衡稳定河槽更窄深。

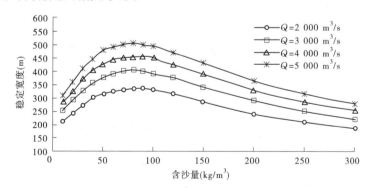

图 4-24　泺口至河口河段不同来水来沙条件下计算的均衡稳定宽度

　　造床流量决定均衡稳定断面的宽度和深度,含沙量决定均衡稳定宽深比,当含沙量为 80 ~ 90 kg/m³ 时,稳定宽深比达到最大值;当含沙量为 120 kg/m³ 时,平衡输沙水面比降达到最大值。平衡输沙水面比降一般大于河床平均坡降(利

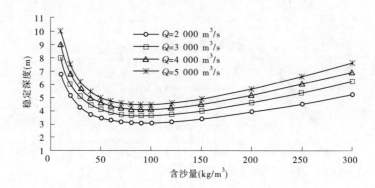

图 4-25　泺口至河口河段不同来水来沙条件下计算的均衡稳定深度

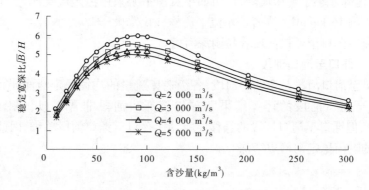

图 4-26　泺口至河口河段不同来水来沙条件下计算的均衡稳定宽深比($\sqrt{B/H}$)

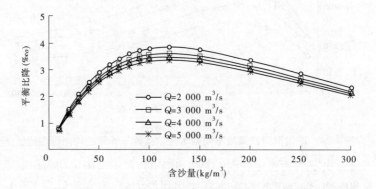

图 4-27　泺口至河口河段不同来水来沙条件下计算的平衡输沙水面比降

津河段河床平均坡降约0.95‰),只有当来水含沙量约小于15 kg/m³时,平衡比降才小于河床坡降,说明如果黄河下游采用恒定流输沙,利津河段的输沙能力约15 kg/m³。高含沙水流平衡输沙比降大于2‰且小于4‰,非恒定高含沙水流在泺口至河口河段容易刷深河槽。总之,泺口至河口河段的悬移质和河床质较细,各级流量维持的稳定河槽总体上都较窄深,也说明黄河下游上段宽浅游荡型河段的滞沙作用使泥沙沿程沉积分选变细,对下段窄深弯曲型河段的形成起了重要作用。同样,通过小浪底水库滞洪拦粗排细运用,也可以将小浪底水库下游的宽浅游荡河段塑造为窄深的弯曲型河段。

上述计算结果是各河段各级造床流量在某一来水含沙量条件下的均衡稳定河槽断面,由于黄河下游实际来沙过程是一个非恒定过程,并且在汛期造床流量塑造的河槽在非汛期将有所冲淤调整。总之,维持下游河槽是一个动态过程,维持河槽的断面大小取决于造床流量的大小,维持河槽的断面形态与来水含沙量及来沙级配有关,小浪底至夹河滩河段宽浅游荡主要是由60~100 kg/m³的不利来水含沙量所引起的,夹河滩至孙口河段过渡型河段的不稳定性也主要是由60~100 kg/m³的不利来水含沙量所引起的,来水含沙量70~80 kg/m³的均衡稳定河槽断面宽浅,含沙量小于50 kg/m³或大于120 kg/m³的均衡稳定河槽断面较窄深。由于泥沙沿程沉积分选,孙口以下河段的悬移质和河床质较细,各级流量的均衡稳定河槽总体上都较窄深。

对维持稳定河槽不利的来水含沙量范围因来沙级配而异,综合而言,对于一般来沙级配条件,来水含沙量60~100 kg/m³对黄河下游维持稳定河槽是不利的,其中含沙量70~80 kg/m³最不利,含沙量小于50 kg/m³或大于120 kg/m³是有利的,下游河道恒定流的平衡输沙能力为15~20 kg/m³,非恒定流对维持河槽尤为重要。

4.2.2　均衡稳定影响因素分析

黄河下游维持河槽的均衡稳定断面除由造床流量及含沙量决定外,还受到小浪底水库下泄清水对下游河道冲刷、水库拦粗排细和水温变化及非恒定流涨冲落淤的影响。

4.2.2.1　清水冲刷

在小浪底水库运用水位较高或汛前腾空库容迎洪条件下,小浪底水库运用基本是下泄清水,下游河道发生清水冲刷,含沙量沿程恢复提高,下游河床粗化。2000~2003年汛期下游各水文站悬移质平均含沙量为:花园口站9.14 kg/m³、高村站 11.61 kg/m³、艾山站 14.86 kg/m³、利津站 19.74 kg/m³,相应悬移质平均粒径为:花园口站 0.039 mm、高村站 0.030 mm、艾山站 0.035 mm、利津站 0.027 mm,基本反映了黄河下游清水冲刷的悬移质含沙量及其级配沿程恢复情况。在 2002~2004 年三次调水调沙试验中,只有 2004 年的调水调沙小浪底水库基本是下泄清水,2004 年调水调沙期间的下游各站河床质平均粒径为:花园口站 0.181 mm、高村站 0.147 mm、艾山站 0.103 mm、利津站 0.100 mm,基本可代表小浪底水库下泄清水运用的下游河床粗化情况。

应用河床演变均衡稳定数学模型计算,在小浪底水库下泄清水控泄流量(相当于造床流量)分别为 2 000 m³/s、3 000 m³/s、4 000 m³/s 和 5 000 m³/s 的条件下,计算各河段的均衡稳定断面和平衡输沙临界水面比降,计算条件为:悬移质含沙量及其级配采用 2000~2003 年汛期统计资料,河床质级配采用 2004 年调水调沙期间的河床质级配统计资料,水温为黄河下游洪水通常水温 25 ℃。

各级造床流量清水冲刷维持河槽的计算结果表明,随着造床流量的增大,下游各河段维持河槽的稳定宽度增大(见图 4-28),维持河槽的稳定宽度沿程减

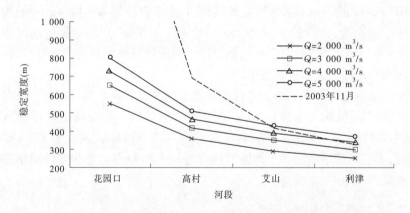

图 4-28　下泄清水维持河槽下游各河段计算的均衡稳定宽度

小,但清水冲刷维持河槽的稳定宽度较窄,花园口河段计算稳定河槽宽度为 550~800 m,远小于 2003 年的河槽宽度 2 126 m,高村河段计算稳定河槽宽度为 360~510 m,也小于 2003 年的河槽宽度 695 m,艾山河段计算稳定河槽宽度为 290~430 m,只有流量 5 000 m³/s 的稳定河槽宽度大于 2003 年的河槽宽度 419 m,利津河段计算稳定河槽宽度为 250~370 m,当流量大于 4 000 m³/s 时稳定河槽宽度大于 2003 年的河槽宽度 328 m。随着造床流量的增大,下游各河段维持河槽的稳定深度增大,维持河槽的稳定深度沿程增大,但清水冲刷维持河槽的稳

定深度较深,各河段计算稳定河槽深度基本大于 2003 年的河槽平均深度(见图 4-29)。总体上,清水冲刷维持河槽的均衡稳定断面都较窄深。

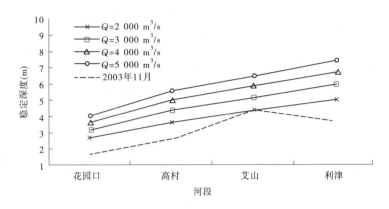

图 4-29　下泄清水维持河槽下游各河段计算的均衡稳定深度

由于清水冲刷含沙量沿程恢复,含沙量由花园口站的 9.14 kg/m³ 提高到利津站的 19.74 kg/m³,含沙量接近于黄河下游河槽恒定流的平衡输沙能力 15 ~ 20 kg/m³,因此各级流量的平衡输沙水面比降接近河床坡降(见图 4-30),随着造床流量的增大,维持河槽的平衡输沙水面比降减小,随着级配的沿程分选细

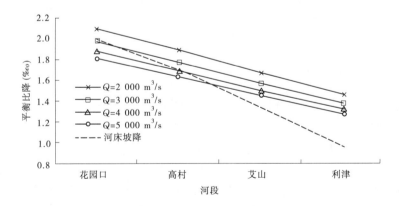

图 4-30　下泄清水维持河槽下游各河段计算的平衡输沙水面比降

化,平衡输沙水面比降沿程减小,当流量大于 3 000 m³/s 时,花园口河段的平衡输沙水面比降小于目前河床平均坡降约 1.99‰;当流量大于 4 000 m³/s 时,高村河段的平衡输沙水面比降小于目前河床平均坡降约 1.69‰,艾山以下河段的

平衡输沙水面比降大于目前河床平均坡降,因此清水冲刷维持河槽将会导致高村以上河段河槽的断面窄深,河槽的弯曲率增大,不利于高村以上河段的堤防守护,而且清水冲刷维持河槽有冲上段淤下段的不利趋势。

4.2.2.2　拦粗排细

一般不能控制河道的来沙级配,由于修建了小浪底水库,可以通过水库滞洪拦粗排细调控下游来沙级配,因此有必要研究来沙级配对维持河槽的影响。如果通过小浪底水库滞洪拦粗排细,将花园口河段来沙的平均粒径由 0.032 mm 减小为 0.025 mm(相当于利津站的汛期来沙多年平均粒径),当其他条件相同时,计算结果表明,维持河槽的稳定宽度明显减小,稳定深度明显增大(见图 4-31),各种来水含沙量条件下维持的河道断面都是较窄深的,平衡输沙的水面比降也明显减小(见图 4-32)。

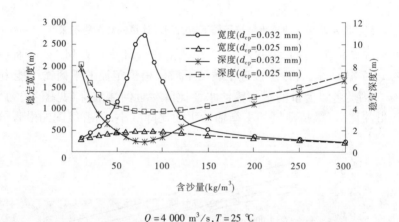

$$Q = 4\ 000\ \text{m}^3/\text{s}, T = 25\ ℃$$

图 4-31　拦粗排细对花园口河段均衡稳定宽度和深度的影响

来沙级配颗粒粗,维持河槽的均衡稳定断面浅宽;来沙级配颗粒细,维持河槽的均衡稳定断面窄深。小浪底水库滞洪拦粗排细运用对塑造花园口河段窄深稳定河槽的机制,正如黄河下游上段宽浅游荡型河段的滞沙作用使泥沙沿程沉积分选变细,对下段窄深稳定弯曲型河段的形成起了主要作用。因此,小浪底水库滞洪拦粗排细运用对恢复和维持黄河下游稳定河槽是非常有利的。

4.2.2.3　来水水温

汛期黄河下游来水水温有高有低,黄河汛期通常水温为 25 ℃左右,但最高水温超过 30 ℃,最低水温低于 15 ℃。一般不能控制河道的来水水温,由于修建了小浪底水库,甚至可以通过水库拦蓄高温水流,排泄水库底层低温水流调控下

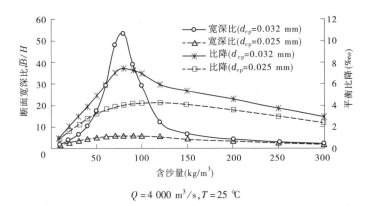

$$Q = 4\ 000\ \text{m}^3/\text{s}, T = 25\ \text{℃}$$

图 4-32　拦粗排细对花园口河段稳定宽深比($\sqrt{B/H}$)和平衡比降的影响

游来水水温,因此有必要研究和探讨来水水温变化对维持河槽的影响。

由于水温决定水流的黏性,水温对黄河这种细悬移质的沉速影响明显[8],从而影响水流挟沙能力。水温低,水流的黏性大,泥沙沉速小,水流挟沙能力大;水温高,水流的黏性小,泥沙沉速大,水流挟沙能力小。花园口河段水温 25 ℃和 15 ℃的水流维持稳定河槽的对比计算表明(见图 4-33),来水水温的降低有如同来沙粒径减小相似的维持河槽的效果,来水水温由 25 ℃降低至 15 ℃,维持河槽的稳定宽度明显减小,稳定深度明显增大,各种来水含沙量条件下维持的河道断面都是窄深的,平衡输沙的水面比降也明显减小(见图 4-34),因此小浪底水库应抓住黄河下游来低温洪水或气温低的有利时机进行调水调沙,对恢复黄河下游河槽是非常有利的。

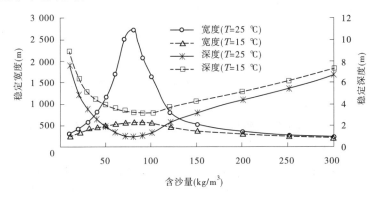

$$Q = 4\ 000\ \text{m}^3/\text{s}, d_{\text{cp}} = 0.032\ \text{mm}, d_{\text{bcp}} = 0.121\ \text{mm}$$

图 4-33　花园口河段来水水温对均衡稳定宽度和稳定深度的影响

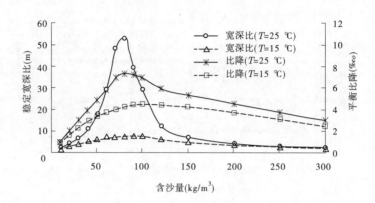

$$Q = 4\,000 \text{ m}^3/\text{s}, d_{cp} = 0.032 \text{ mm}, d_{bcp} = 0.121 \text{ mm}$$

图 4-34 花园口河段来水水温对稳定宽深比($\sqrt{B/H}$)和平衡比降的影响

来水水温越高,维持河槽的稳定宽深比和平衡输沙水面比降越大,当水温超过 27 ℃(见图 4-35、图 4-36)时,水流的黏性减小,泥沙沉速增大明显,稳定宽深比和平衡输沙水面比降特别大,对维持稳定河槽非常不利,因此有必要利用小浪底水库拦蓄水温超过 27 ℃的高温水流,排泄水库底层低温水流或待水温降至25 ℃以下再下泄,可以提高水流恢复河槽的效率。

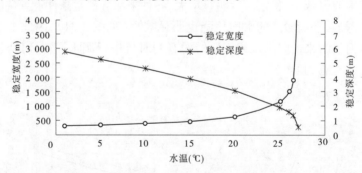

$$Q = 4\,000 \text{ m}^3/\text{s}, S = 50 \text{ kg/m}^3, d_{cp} = 0.032 \text{ mm}, d_{bcp} = 0.121 \text{ mm}$$

图 4-35 花园口河段来水水温变化对均衡稳定宽度和深度的影响

4.2.2.4 涨冲落淤

黄河下游河道有大水冲刷、小水淤积和淤滩刷槽及多来多淤多排等规律,并且随着来水含沙量的超饱和或次饱和,下游不同河段有洪淤枯冲或洪冲枯淤等不同现象,黄河下游河道的淤积抬升主要是由超饱和输沙所引起的,水文站实测

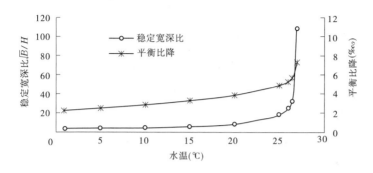

$$Q = 4\,000\ \text{m}^3/\text{s}, S = 50\ \text{kg/m}^3, d_{\text{cp}} = 0.032\ \text{mm}, d_{\text{bcp}} = 0.121\ \text{mm}$$

图 4-36　花园口河段来水水温变化对稳定宽深比($\sqrt{B}/H$)和平衡比降的影响

资料分析表明,1982 年 8 月(见图 4-37、图 4-38)和 1996 年 8 月(见图 4-39、图 4-40)含沙量低于 50 kg/m³ 的洪水刷深河槽的作用非常明显,1988 年 8 月(见图 4-41、图 4-42)含沙量达到 120 kg/m³ 的高含沙洪水刷深河槽的作用也较强,沙峰和洪峰不同步,如果没有后续另一个洪峰的推动,沙峰将沉淀淤积,而且涨冲落淤是下游河道的普遍现象[9,10],涨水的洪水附加水面比降大,在相同的动床阻力条件下,涨水的流速大,涨水的挟沙能力比落水大,如果水面比降大于挟沙

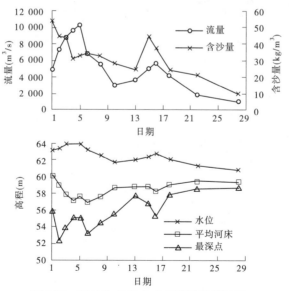

图 4-37　高村站 1982 年 8 月涨冲落淤过程

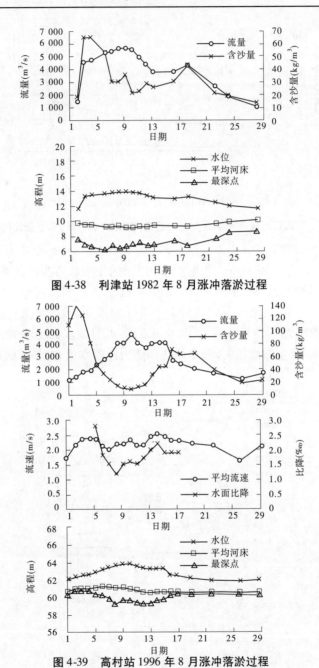

图 4-38　利津站 1982 年 8 月涨冲落淤过程

图 4-39　高村站 1996 年 8 月涨冲落淤过程

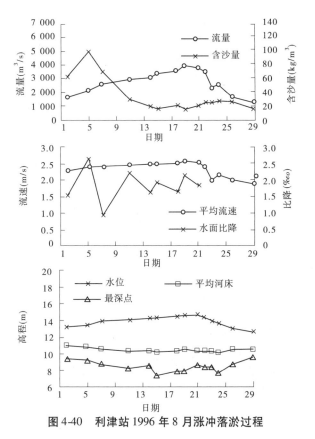

图4-40　利津站1996年8月涨冲落淤过程

水流平衡输沙的临界水面比降,河床就冲刷,反之则泥沙落淤,因此黄河下游河道的主要造床过程是非恒定流非饱和输沙引起的涨冲落淤过程,非恒定流的输沙能力大于恒定流,恒定流的水面比降等于河床坡降,河床演变均衡稳定数学模型计算表明,对于一般来沙级配条件,黄河下游恒定流的平衡输沙能力为15~20 kg/m³。

　　恒定流的水面比降基本等于河床坡降,黄河下游河道的河床平均坡降由花园口河段约2‰到利津站降为约1‰,在这种平均河床坡降条件下,对于一般来沙级配,花园口河段恒定流平衡输沙能力约20 kg/m³,而且越往下游,随着平均河床坡降的减小,河道输沙能力会减小,如果根据自动悬浮理论划分悬移质的冲泻质和床沙质,一部分在花园口河段尚属于冲泻质的泥沙,到了利津河段会变为床沙质,黄河下游的悬移质和河床质颗粒组成沿程分选变细,挟沙水流在向下游

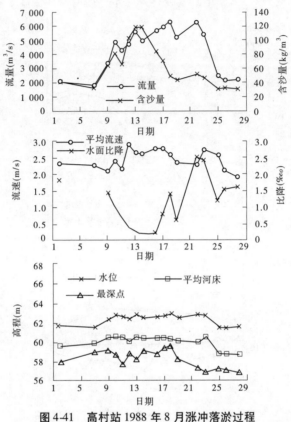

图 4-41　高村站 1988 年 8 月涨冲落淤过程

运动过程中,大部分冲泻质随水流同步运动,而床沙质、推移质及小部分冲泻质不断和床沙发生交换,依靠一个接一个的洪水波向下游推进,沙峰滞后于洪峰,花园口站的床沙质和推移质不可能由一个洪水波输送到河口,黄河下游汛期的来水含沙量通常大于 30 kg/m³,非恒定洪水波的比降往下游传播逐渐坦化调平,水流挟沙能力也逐渐减小。因此,黄河下游河道宽度自动调整为从上到下逐渐变窄,通过断面适当减小,增加水深和流速来弥补河床坡降的减小,维持河道输沙能力。

1986 年以来,黄河下游的长期枯水导致了下游河槽的淤积萎缩、中小洪水位升高,其主要原因是来水来沙条件的显著改变(包括洪峰流量减小和洪水频次减少及小水大沙)与下游河道既有宽浅的边界条件不相适应,这也是冲积河流自动调整作用的结果。因此,在目前下游没有大洪水,滩区人口密集,也不允

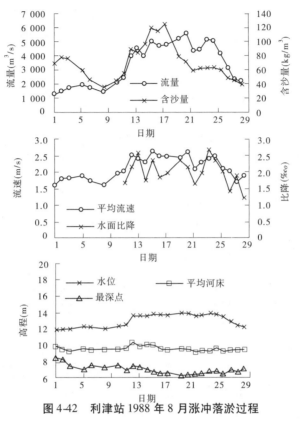

图 4-42　利津站 1988 年 8 月涨冲落淤过程

许大洪水漫滩淤滩刷槽条件下,只有通过小浪底水库调水调沙,产生非恒定流,利用涨冲落淤规律刷深河槽,非恒定流还有节省调水调沙耗水量和洪峰传播速度快的优点。以 1988 年黄河口河槽刷深的实测资料加以说明,1987 年河口河槽淤积萎缩恶化,淤沙为铁板沙,采取机船拖淤及射流扰动措施清淤困难[11],汛期利津站流量仅 2 750 m³/s,河口地区漫滩成灾,但 1988 年 7、8 月黄河 8 次洪峰接踵而来,涨水迅速,峰前水面比降大于 2‰,洪峰流量依次递增,利津站第 7 次洪峰流量 5 740 m³/s(日平均流量 5 220 m³/s)比第 1 次洪峰流量 2 780 m³/s(日平均流量 2 710 m³/s)增大 1 倍多,最大含沙量达 120 kg/m³,但西河口水位仅增涨 0.48 m,十八公里处水位仅增涨 0.35 m,大大低于以往的增涨幅度,清 7 断面水位不但未涨,还降低 0.13 m,河口地区不仅没有漫滩,且水位变化也不大,虽然 1988 开始截支堵汊,在河口 30 余条大支汊潮沟中堵了 6 条,部分起到强化主干、束水攻沙的作用,但主要还是这种涨水迅速、洪峰频次多、洪峰流量依次递增的非恒定流维持河槽的能力很强,将河槽过流能力由 2 750 m³/s 提高到 5 740 m³/s,增大 1 倍多,说明通过小浪底水库人造非恒定流恢复和维持黄河下游河槽是可行的。

4.3　维持黄河下游河槽均衡稳定及泥沙均衡分布

改善黄河下游河道输水输沙能力和维持河道均衡稳定要解决两个问题,一是采取什么措施改善黄河下游河槽输水输沙能力和维持河槽均衡稳定,二是河槽范围内怎样的泥沙冲淤均衡分布对改善黄河下游河槽输水输沙能力和维持河槽均衡稳定是有利的,通过前述河床演变均衡稳定数学模型的计算和分析,可以提出维持稳定河槽的措施和泥沙冲淤均衡分布要求。

4.3.1　维持河槽均衡稳定的措施

通过河床演变均衡稳定数学模型计算和分析,可以提出改善黄河下游河槽输水输沙能力和维持河槽均衡稳定的措施,主要措施包括改善小浪底水库运用方式、河道整治工程和局部河道疏浚。

对于夹河滩以上的宽浅游荡型河段,需要结合河道整治,小浪底水库汛期采用调水调沙运用,滞洪拦粗排细,将宽浅的游荡型河段塑造为较窄深的稳定河段。小浪底水库非汛期下泄清水沿程冲刷向下游发展,含沙量沿程增大,清水冲刷沿程减弱,清水冲刷形成的河槽断面是沿程上大下小,如果将来小浪底水库正常排沙或空库排沙,也可以充分利用夹河滩以上的河槽滞纳一部分泥沙,使泥沙沿程分选细化,有利于长期维持黄河下游河槽的均衡稳定。

黄河下游河槽淤积萎缩最为严重的河段为夹河滩至孙口河段,1999 年小浪底水库投入运用,进入下游河道连续的枯水年和清水冲刷使下游河道产生了上冲下淤现象,也加剧了该河段主河槽淤积萎缩,平滩流量进一步减小,一些断面在 2002 年不足 2 000 m³/s 流量时即漫滩[12],2004 年小浪底下泄清水调水调沙,清水冲刷使该河段过流能力增大到了 3 000 m³/s,但仍然是迫切需要治理的重点河段。因此,对于夹河滩至孙口的过渡型河段,恢复和维持稳定河槽措施除通过河道整治和改善小浪底水库运用外,可以采用人工机械疏浚作为应急措施。

对于孙口以下弯曲型河段的淤积萎缩,恢复和维持稳定河槽的主要措施是改善小浪底水库运用和局部河道疏浚,近似恒定流的小流量水沙条件难以刷深恢复黄河下游河槽,采用根据长系列历史资料分析得到的调水调沙临界指标不适应黄河下游河道的现状[1]。如果小浪底水库长期泄放小流量、非恒定性不强的流量过程,黄河下游河道将自动调整萎缩适应这种来水来沙条件。根据河床演变均衡稳定数学模型的计算结果,提出改善小浪底水库运用的措施:

(1)强化小浪底水库调水调沙。充分利用小浪底水库人造涨水迅速、洪峰频次多、洪峰流量递增的脉冲型非恒定流过程,这种脉冲型出库过程向下游传播过程中会自动演变为传播速度快、输沙能力强的非恒定流过程。

(2)调控不利来水含沙量。拦蓄含沙量 60 ~ 100 kg/m³ 的中等含沙水流,滞流沉淀调整为含沙量 50 kg/m³ 以下较低含沙的非恒定水流下泄,或空库排沙形成 120 kg/m³ 以上高含沙的非恒定水流输送。

(3)小浪底水库运用汛期以滞洪拦粗排细运用为主,非汛期下泄清水冲刷下游河槽。汛期滞洪拦粗排细,利用泥沙资源将夹河滩以上的宽浅游荡河槽塑造为较窄深稳定河槽,使泥沙沿程分选细化,有利于泥沙输送入海,长期维持下游河槽的均衡稳定。

(4)调控不利来水水温。尽可能拦蓄来水水温 27 ℃ 以上的水流,排泄底层低温水流或滞流降温为 25 ℃ 以下下泄,尽可能在低水温条件下调水调沙,可以提高水流恢复河槽的效率。

(5)小浪底水库按多年平衡调节运用。根据上游不同的来水来沙条件和黄河下游河槽的输水输沙能力,小浪底水库采用滞洪拦粗排细、下泄清水和空库排沙具体不同的运用方案,通过滞洪拦粗排细塑造维护河槽、下泄清水沿程冲刷和空库排沙沿程淤积三种方式,实现黄河下游河槽多年平均冲淤平衡和均衡稳定。

4.3.2　河槽泥沙均衡分布

恢复和维持黄河下游中水河槽的规模取决于未来黄河下游的来水来沙条件和小浪底水库的运用方式,塑造黄河下游中水河槽研究表明[13],黄河下游在 5 ~ 8 年塑造一个平滩流量 4 000 ~ 5 000 m³/s 的中水河槽是可能的,但按目前实际的来水来沙情况,黄河下游在塑造和维持约 4 000 m³/s 的中水河槽是适当的。根据河床演变均衡稳定数学模型计算的均衡稳定断面,进一步分析在塑造和维持黄河下游中水河槽过程中,哪些河段的河槽还可以淤积容纳泥沙,哪些河段的河槽需要冲刷和疏浚泥沙,确定恢复和维持稳定河槽的泥沙均衡分布调整量。

根据河床演变均衡稳定数学模型计算结果,在流量为 4 000 ~ 5 000 m³/s、含沙量为 40 ~ 50 kg/m³ 的条件下,分别计算黄河下游各河段的河槽均衡稳定断面对应的河槽容积,与现状(2003 年汛后资料)各河段主槽容积的差值,即为各河段维持稳定河槽的冲淤调整量要求(见表4-8)。计算结果表明,恢复黄河下游流量4 000～5 000 m³/s和含沙量40～50 kg/m³输水输沙能力的均衡稳定河槽,夹河滩以上宽浅游荡河槽还可容纳泥沙3.2亿t～5.2亿t,冲刷恢复夹河滩以下萎缩河槽要求冲刷泥沙4.3亿t～8.6亿t。如果要求按平滩流量5 000 m³/s恢复夹河滩以下萎缩河槽,要求夹河滩以下河槽冲刷泥沙约8.5亿t,8年平均每年要求冲刷约1.06亿t,按目前实际的来水来沙情况是较难实现的,考虑到黄河下游洪峰沿程传播调平和泥沙沉积分选细化,建议夹河滩以上宽浅游荡型河段按流量5 000 m³/s和含沙量50 kg/m³的输水输沙能力塑造和维持稳定中水河槽,夹河滩以下萎缩河段按流量4 000 m³/s和含沙量40 kg/m³的输水输沙能力塑造和维持稳定中水河槽。利用泥沙资源将上段宽浅游荡河槽塑造为较窄深稳定河槽,夹河滩以上河段可容纳泥沙约3.25亿t,使泥沙沿程分选细化,有利于冲刷下段萎缩河槽,恢复夹河滩以下河槽要求冲刷泥沙约4.45亿t。

表4-8　黄河下游各河段维持稳定河槽的泥沙均衡分布调整量计算成果　(单位:亿t)

计算条件		小浪底至花园口	花园口至夹河滩	夹河滩至高村	高村至孙口	孙口至艾山	艾山至泺口	泺口至利津	利津至渔洼	夹河滩以上	夹河滩以下
流量	含沙量										
5 000 m³/s	50 kg/m³	1.625	1.624	−1.385	−2.170	−0.509	−0.804	−3.026	−0.686	3.249	−8.579
	40 kg/m³	1.821	1.810	−1.270	−1.897	−0.555	−0.881	−3.161	−0.716	3.631	−8.481
4 000 m³/s	50 kg/m³	2.394	2.390	−0.680	−1.067	−0.118	−0.159	−1.922	−0.436	4.785	−4.381
	40 kg/m³	2.587	2.585	−0.602	−0.904	−0.163	−0.238	−2.070	−0.469	5.172	−4.447

　　对于夹河滩以上的宽浅游荡型河段,根据河床演变均衡稳定数学模型计算,流量采用黄河下游游荡型河段整治的设计流量5 000 m³/s[14],含沙量采用下游河道输水输沙优化的限制含沙量50 kg/m³,计算小浪底至夹河滩河段的均衡稳定河槽宽度为1 240 m,均衡稳定河槽深度为2.18 m。此计算结果和黄河下游游荡型河段整治的治导线设计河宽[14](东坝头以上1 200 m)基本一致。对于夹河滩以下河槽萎缩河段,按流量4 000 m³/s和含沙量40 kg/m³计算,夹河滩至孙口河段的均衡稳定河槽宽度为650 m,均衡稳定河槽深度为3.54 m;孙口至泺口河段的均衡稳定河槽宽度为440 m,均衡稳定河槽深度为4.62 m;泺口至河口河段的均衡稳定河槽宽度为405 m,均衡稳定河槽深度为5 m。通过游荡型河段整治调整河宽可促进和加速恢复下游河槽,还可以考虑下游夹河滩以上河道主槽束窄调整容纳一部分淤沙,达到泥沙级配沿程分选变细的目的,有利于下游河道

泥沙输送和恢复夹河滩以下河槽,这也要求小浪底水库运用以滞洪拦粗排细运用为主。

综上所述,考虑到黄河下游洪峰沿程传播调平和泥沙沉积分选细化,建议夹河滩以上宽浅游荡型河段按整治设计流量 5 000 m³/s 和输水输沙优化限制含沙量 50 kg/m³ 的输水输沙能力塑造和维持稳定中水河槽,夹河滩以下萎缩河段按流量 4 000 m³/s 和含沙量 40 kg/m³ 的输水输沙能力恢复和维持稳定中水河槽。淤积泥沙调整量位于夹河滩以上河段,该河段也是目前黄河下游河道重点治理的宽浅游荡型河段,通过淤积塑造较为窄深稳定的弯曲型河槽,夹河滩以上河段可容纳泥沙约 3.25 亿 t,8 年平均每年可容纳泥沙 0.406 亿 t;冲刷泥沙调整量位于夹河滩以下河段,该河段也是目前泥沙淤积和主槽萎缩严重的河段,冲刷恢复夹河滩以下萎缩河槽要求冲刷泥沙约 4.45 亿 t,要求 8 年平均每年冲刷 0.556 亿 t,考虑到 2000～2002 年下游河道年平均冲刷约 0.7 亿 t,虽然主要是冲刷艾山以上河段,通过强化小浪底水库调水调沙运用,以拦粗排细运用为主,结合河道整治和疏浚,在 8 年时间内黄河下游恢复平滩流量 4 000 m³/s 的中水河槽是可以实现的。

4.4 小 结

本章应用河床演变均衡稳定数学模型计算了黄河下游各河段在各种水沙条件下的均衡稳定断面,并计算分析了小浪底水库下游的清水冲刷、拦粗排细、水温变化及非恒定涨冲落淤规律对河槽均衡稳定的影响,分析了输水输沙优化的临界指标,提出了维持河槽的具体措施,计算确定了维持河槽的泥沙均衡分布调整量,得到如下结论:

(1)维持下游均衡稳定河槽是一个动态过程,维持河槽的均衡稳定断面大小取决于造床流量大小,均衡稳定断面形态与来水含沙量及级配有关,黄河下游游荡型河段和过渡型河段的宽浅主要是由 60～100 kg/m³ 的来水含沙量所引起的,上段宽浅河段的滞沙作用使泥沙沿程沉积分选变细,对下段窄深弯曲型河段的形成起了重要作用。

(2)对维持黄河下游河槽不利的来水含沙量范围因来沙级配而异,综合而言,对于一般来沙级配条件,来水含沙量 60～100 kg/m³ 对维持稳定的河槽是不利的,其中含沙量 70～80 kg/m³ 是最不利的,含沙量小于 50 kg/m³ 或大于 120 kg/m³ 是有利的,黄河下游恒定流的平衡输沙能力为 15～20 kg/m³。

（3）小浪底水库清水冲刷维持河槽的稳定断面都较窄深,清水冲刷将会导致高村以上河段河槽的弯曲率增大,不利于高村以上河段的堤防守护,而且清水冲刷维持河槽有冲上段淤下段的不利趋势。

（4）来沙级配粗,河槽断面宽浅,来沙级配细,河槽断面窄深,小浪底水库滞洪拦粗排细运用对维持下游稳定河槽是有利的,来水水温的降低有如同拦粗排细相似的维持河槽效果,来水水温27 ℃以上的水流对维持河槽是不利的,小浪底水库应抓住来低温洪水或气温低的有利时机进行调水调沙,可以提高水流恢复河槽的效率。

（5）下游河道的主要造床过程是非恒定流非饱和输沙引起的涨冲落淤过程,非恒定流对维持黄河下游河槽尤为重要,非恒定流有挟沙能力大、节省水量和洪峰传播速度快等优点,如果小浪底水库长期泄放小流量、非恒定性不强的流量过程,黄河下游河道将自动调整萎缩适应这种来水来沙条件。

（6）维持黄河下游稳定河槽的措施主要包括改善小浪底水库运用和下游河道的整治及疏浚。改善小浪底水库运用的主要措施包括:①强化小浪底水库调水调沙,充分利用小浪底水库人造涨水迅速、洪峰频次多、洪峰流量递增的脉冲型非恒定流过程;②调控不利来水含沙量,拦蓄含沙量60 ~ 100 kg/m³的中等含沙水流,滞洪拦粗排细调整为含沙量50 kg/m³以下较低含沙的非恒定水流下泄;③小浪底水库按多年平衡调节运用,通过滞洪拦粗排细塑造维护河槽、下泄清水沿程冲刷和空库排沙沿程淤积三种方式,实现黄河下游河槽多年平均冲淤平衡和均衡稳定。

（7）考虑到黄河下游洪峰传播调平和泥沙分选细化,建议夹河滩以上宽浅游荡型河段按整治设计流量5 000 m³/s和输水输沙优化限制含沙量50 kg/m³的输水输沙能力塑造和维持稳定中水河槽,夹河滩以下萎缩河段按流量4 000 m³/s和含沙量40 kg/m³的输水输沙能力塑造和维持稳定中水河槽。利用泥沙资源将上段宽浅游荡河槽塑造为较窄深稳定河槽,夹河滩以上河段可容纳泥沙约3.25亿t,使泥沙沿程分选细化,有利于冲刷下段萎缩河槽,恢复夹河滩以下河槽要求冲刷泥沙约4.45亿t,通过强化小浪底水库调水调沙运用,以拦粗排细运用为主,结合河道整治和疏浚,恢复下游平滩流量4 000 m³/s的中水河槽是可以实现的。

参 考 文 献

[1]陈绪坚,胡春宏. 河床演变的均衡稳定理论及其在黄河下游的应用[J]. 泥沙研究,2006

(3):14-22.

[2]陈绪坚,胡春宏.基于最小可用能耗率原理的河流水沙数学模型[J].水利学报,2004
　　(8):38-45.

[3]韩其为.水库淤积[M].北京:科学出版社,2003.

[4]张瑞瑾.河流泥沙工程学(上册)[M].北京:水利电力出版社,1983.

[5]钱宁,万兆惠.泥沙运动力学[M].北京:科学出版社,1986.

[6]徐建华,牛玉国.水利水保工程对黄河中游多沙粗沙区径流泥沙影响研究[M].郑州:黄
　　河水利出版社,2000.

[7]黄河水利科学研究院.黄河下游断面法冲淤量分析与评价[R].郑州:黄河水利科学研究
　　院,2002.

[8]张瑞瑾.河流泥沙运动力学[M].2版.北京:水利水电出版社,1998.

[9]齐璞,孙赞盈,苏运启.论解决黄河下游"二级悬河"的合理途径[M]//黄河下游"二级悬
　　河"成因及治理对策.郑州:黄河水利出版社,2003:285-300.

[10]齐璞,孙赞盈,侯起秀,等.黄河洪水的非恒定性对输沙及河床冲淤的影响[J].水利学
　　报,2005,36(6):637-643.

[11]曾庆华,张世奇,胡春宏,等.黄河口演变规律及整治[M].郑州:黄河水利出版社,1997.

[12]黄河水利委员会.黄河首次调水调沙试验效果初步分析(专家咨询稿)[R].郑州:黄河
　　水利委员会,2002.

[13]中国水利水电科学研究院.塑造黄河下游中水河槽措施研究[R].北京:中国水利水电
　　科学研究院,2004.

[14]陈霁巍.黄河治理与水资源开发利用(综合卷)[M].郑州:黄河水利出版社,1998.

第 5 章　黄河下游河道均衡形态变化

本章分析了黄河下游河道均衡形态变化,根据黄河下游来水来沙变化和滩槽冲淤变化,揭示黄河下游河道均衡形态变化机制。通过计算黄河下游的第一造床流量和第二造床流量,分析黄河下游河槽的萎缩机制,提出恢复和维持黄河下游稳定中水河槽的措施,并探讨强化小浪底水库调水调沙运用的方案。

5.1　黄河下游河型和冲淤变化

5.1.1　黄河下游河型变化

黄河在河南省孟津县白鹤(铁谢)由山区进入平原,于山东省垦利县注入渤海,铁谢至利津为黄河下游,利津以下为河口段。由于泥沙淤积,黄河下游河床普遍高出两岸地面 4~6 m,部分河段达 10 m 以上,成为淮河流域与海河流域的天然分水岭。河道上宽下窄,比降上陡下缓,由 2.65‰减小到 1‰,黄河下游各河段河道形态如图 5-1 所示,按照河道自然形态,黄河下游河道形态可分为:铁谢至高村为游荡型河段,高村至陶城铺为过渡型河段,陶城铺至利津为弯曲型河段。

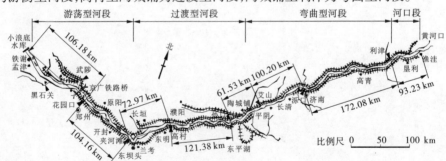

图 5-1　黄河下游各河段河道形态示意图

黄河下游河道形态与来水流量、含沙量及泥沙级配有关,小浪底水库建库前黄河下游各河段河道特征值及建库前后平均流量和含沙量见表 5-1,小浪底水库建库前,上段游荡型河段主河槽宽浅,床沙粒径大,弯曲系数小,流量和含沙量大,下段弯曲型河段主河槽窄深,床沙粒径小,弯曲系数大,流量和含沙量小。上段宽浅游荡型河段的滞洪沉沙作用,使洪水流量过程调平、泥沙沿程沉积分选变细,对下段窄深弯曲型河段的形成起了重要作用[1]。1999 年 10 月小浪底水库投入运用后,黄河下游的洪水流量过程调平,流量和含沙量显著减小,小浪底水库蓄水拦沙对黄河下游河道形态的弯曲变化产生了较大影响。

表 5-1　黄河下游各河段河道特征值及小浪底建库前后平均流量和含沙量

项目		铁谢至高村河段	高村至陶城铺河段	陶城铺至利津河段
小浪底建库前	主河槽长度(km)	283.31	155.29	299.90
	主河槽平均宽度(m)	4 475	1 848	664
	床沙平均粒径(mm)	0.121	0.100	0.080
	平均弯曲系数	1.12	1.23	1.19
小浪底建库前 1950~1999 年	平均流量(m³/s)	1 286(花园口站)	1 217(高村站)	1 187(艾山站)
	平均含沙量(kg/m³)	26.20(花园口站)	24.85(高村站)	24.45(艾山站)
小浪底建库后 2000~2010 年	平均流量(m³/s)	747(花园口站)	683(高村站)	622(艾山站)
	平均含沙量(kg/m³)	4.46(花园口站)	6.71(高村站)	7.92(艾山站)

5.1.2　黄河下游冲淤变化

综合考虑黄河干流水沙条件变化和干流控制性工程运用情况,黄河下游河道冲淤变化统计分析的时段划分为:1950~1959 年(主要反映天然情况)、1960~1964 年(主要反映三门峡水库蓄水拦沙运用影响)、1965~1973 年(主要反映三门峡水库滞洪排沙运用影响)、1974~1985 年(主要反映三门峡水库蓄清排浑运用影响)、1986~1999 年(主要反映龙羊峡水库影响)、2000~2012 年(主要反映小浪底水库影响)等 6 个时期。6 个时期黄河下游河道冲淤变化状况分述如下[2]。

5.1.2.1　1950~1959 年

1950~1959 年为中水丰沙时期,小黑武三站(黄河干流小浪底站、支流伊洛河黑石关站、支流沁河武陟站,下同)进入黄河下游的年平均水量为 484.75 亿 m³、沙量为 18.05 亿 t,其中小浪底站的年平均水量为 429.16 亿 m³,沙量为 17.56 亿 t。黄河干流在这一时期受人类活动的干预较少,泥沙冲淤变化的动力主要是水流条件。

该时期黄河下游河道泥沙冲淤变化情况如图 5-2 所示。从黄河下游河道冲淤变化情况来看,小浪底至花园口河段的主河槽淤积量为 0.318 亿 t,滩地淤积量为 0.298 亿 t,滩地淤积量约占河段总淤积量的 48%;花园口至高村河段的主河槽淤积量为 0.298 亿 t,滩地淤积量为 1.062 亿 t,滩地淤积量约占河段总淤积量的 78%;高村至艾山河段的主河槽淤积量为 0.189 亿 t,滩地淤积量为 0.973 亿 t,滩地淤积量约占河段总淤积量的 84%;艾山至利津河段的主河槽淤积量为 0.010 亿 t,滩地淤积量为 0.437 亿 t,滩地淤积量约占河段总淤积量的 98%。该时期黄河下游泥沙主要淤积在滩地上。

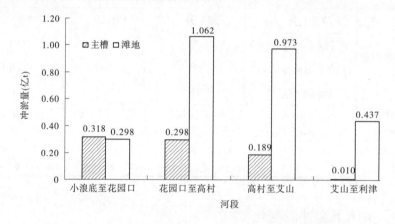

图 5-2　1950～1959 年黄河下游河道年平均冲淤情况

该时期黄河干流泥沙淤积主要分布在下游河道,但泥沙大部分淤积在滩地上,年平均淤积量为 2.77 亿 t,主河槽淤积量小,年平均淤积量为 0.81 亿 t,下游各水文站平滩流量在 5 700 m³/s 以上,变幅不大,滩槽趋于同步抬升,黄河下游基本没有"二级悬河"现象。黄河下游泥沙淤积绝对量较大,加之该时期水量较丰,且干流没有大型水库对洪水进行调节,黄河下游洪水灾害十分严重。

5.1.2.2　1960～1964 年

1960～1964 年为丰水中沙时期,小黑武三站进入黄河下游的年平均水量为 557.54 亿 m³,沙量为 7.58 亿 t,其中小浪底站的年平均水量为 493.48 亿 m³,沙量为 7.23 亿 t。三门峡水利枢纽于 1960 年 9 月 15 日开始下闸蓄水,从 1960 年 9 月到 1962 年 3 月采取蓄水拦沙的运用方式,除洪水期以异重流排出少量细颗粒泥沙外,其他时间向下泄清水。1962 年 3 月至 1964 年 10 月,三门峡水库虽然改为滞洪排沙运用,但由于水库枢纽泄流能力不足,滞洪作用较大,水库处于自然蓄水拦沙状态,出库泥沙较少。

该时期黄河下游河道泥沙冲淤变化情况如图 5-3 所示。从黄河下游河道冲淤变化情况来看,小浪底至花园口河段的主河槽冲刷量为 0.757 亿 t,滩地冲刷量为 0.728 亿 t,主河槽冲刷量约占河段总冲刷量的 51%;花园口至高村河段的主河槽冲刷量为 1.237 亿 t,滩地冲刷量为 0.558 亿 t,主河槽冲刷量约占河段总冲刷量的 69%;高村至艾山河段的主河槽冲刷量为 0.801 亿 t,滩地冲刷量为 0.059 亿 t,主河槽冲刷量约占河段总冲刷量的 93%;艾山至利津河段的主河槽冲刷量为 0.186 亿 t,滩地冲刷量为 0。该时期主要是主河槽发生了冲刷。

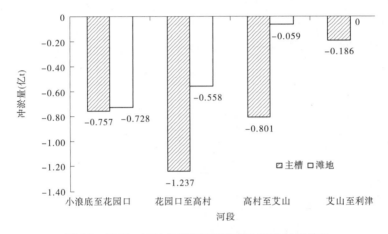

图 5-3　1960～1964 年黄河下游河道年平均冲淤情况

该时期三门峡水库年平均拦沙 8.61 亿 t;黄河下游大幅度冲刷,滩槽合计年平均冲刷量达 4.33 亿 t,主河槽平滩流量在 7 500 m³/s 以上,黄河下游没有"二级悬河"现象,由于三门峡水库的调节作用,下游主槽平滩流量增大,防洪形势有了一定程度的改善,但三门峡水库拦沙量过大,潼关高程快速大幅抬升引起的社会矛盾突出。

5.1.2.3　1965～1973 年

1965～1973 年为中水中沙时期,小黑武三站进入黄河下游的年平均水量为410.84 亿 m³,沙量为 15.16 亿 t,其中小浪底站的年平均水量为 379.85 亿 m³,沙量为 15.02 亿 t。该时期三门峡水库由"蓄水拦沙"向"滞洪排沙"运用转变,黄河下游来沙量明显增大,由于三门峡水库的泄流规模不足,大洪水时仍有一定滞洪作用,下游大洪水发生机会较少,而洪水过后为尽量减少三门峡库区泥沙淤积,水库降低水位排沙,下游经常出现"大水带小沙,小水带大沙"的不利水沙组合,下游河道由冲刷变为大量淤积。加之下游滩区生产堤的影响,泥沙淤积主要集中在主河槽里,滩地淤积量仅占全断面淤积量的 33%,由于主河槽的大量淤积和嫩滩高程的明显抬升,部分河段开始出现"二级悬河"的不利局面。

该时期黄河下游河道泥沙冲淤变化情况如图 5-4 所示。从黄河下游河道冲淤变化情况来看,小浪底至花园口河段的主河槽淤积量为 0.461 亿 t,滩地淤积量为 0.471 亿 t,主河槽淤积量约占河段总淤积量的 49%;花园口至高村河段的主河槽淤积量为 1.226 亿 t,滩地淤积量为 0.755 亿 t,主河槽淤积量约占河段总淤积量的 62%;高村至艾山河段的主河槽淤积量为 0.569 亿 t,滩地淤积量为 0.157 亿 t,主河槽淤积量约占河段总淤积量的 78%;艾山至利津河段的主河槽淤积量为 0.628 亿 t,滩地淤积量为 0.039 亿 t,主河槽淤积量约占河段总淤积量的 94%。

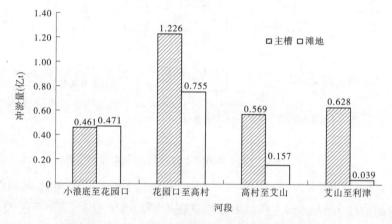

图 5-4 1965~1973 年黄河下游河道年平均冲淤情况

该时期三门峡水库改用"蓄清排浑"运用,潼关以下库区处于小幅冲刷状态,潼关高程变化不大,该河段的社会矛盾得以缓解,但黄河下游的年平均淤积量达 4.31 亿 t,而且泥沙主要淤积在主河槽内,年平均淤积量为 2.88 亿 t,主河槽平滩流量在 3 900 m³/s 左右,河道过流能力比上一时段大幅降低,部分河段出现"二级悬河"的不利局面,给黄河下游的防洪安全造成巨大威胁。

5.1.2.4 1974~1985 年

1974~1985 年为中水少沙时期,进入黄河下游的年平均水量为 432.64 亿 m³、沙量为 10.88 亿 t,其中小浪底站的年平均水量为 397.24 亿 m³、沙量为 10.75 亿 t。三门峡水库 1973 年 11 月改为"蓄清排浑"调水调沙控制运用,即根据非汛期来沙较少的特点,抬高水位蓄水,发挥防凌、发电等综合利用,当汛期来水较大时降低水位泄洪排沙,把非汛期泥沙调节到汛期,特别是洪水期排出水库,以保持长期可用库容,并在控制水库淤积的同时,根据下游河道自身的输沙特点,下泄有利于减少下游河道淤积的水沙过程,达到多排沙入海的目的。

该时期黄河下游河道泥沙冲淤变化情况如图5-5所示。从黄河下游河道冲淤变化情况来看,小浪底至花园口河段的主河槽略有冲刷,冲刷量为0.169亿t,滩地冲刷量为0.002亿t;花园口至高村河段的主河槽冲刷量为0.103亿t,滩地淤积量为0.453亿t,表现为滩淤槽冲;高村至艾山河段的主河槽淤积量为0.073亿t,滩地淤积量为0.560亿t,滩槽同时淤积;艾山至利津河段的主河槽没有发生明显冲淤变化,滩地淤积量为0.222亿t。

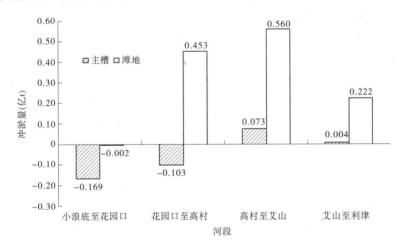

图 5-5　1974～1985 年黄河下游年平均河道冲淤情况

由于该时期水沙条件比较有利,加上水库调度与水沙条件相适应,各重点河段以及三门峡水库的泥沙淤积量均较小,潼关高程明显下降,该时期黄河下游的主河槽年平均冲刷量为0.195亿t,滩地淤积量为1.232亿t,主河槽平滩流量为6 300 m³/s左右,河道过流能力比上一时期明显提高,"二级悬河"状况有所改善,有利于减轻各河段防洪压力。

5.1.2.5　1986～1999 年

1986 年以后,随着人类活动的加剧,特别是黄河上游龙羊峡水库投入运用,水资源被过分利用,以及流域降雨强度减弱等因素,显著地改变了黄河干流的水沙过程。

1986～1999年为枯水少沙时期,小黑武三站进入黄河下游的年平均水量为271.99亿 m³,比上一时期(1974～1985年)减少了160.65亿 m³,减少幅度为37%;年平均沙量为7.37亿 t,比上一时期减少了3.51亿 t,减少幅度为32%,进入黄河下游的水量和沙量均大幅度减少,但水量减少的幅度大于沙量减少的幅度。小浪底站的年平均水量为251.61亿 m³,沙量为7.33亿 t。

该时期黄河下游河道泥沙冲淤变化情况如图5-6所示。从黄河下游河道冲淤变化情况来看,小浪底至花园口河段的主河槽淤积量为0.282亿 t,滩地淤积量为0.157亿 t,主河槽淤积量占河段总淤积量的64%;花园口至高村河段的主河槽淤积量为0.857亿 t,滩地淤积量为0.366亿 t,主河槽淤积量占河段总淤积量的70%;高村至艾山河段的主河槽淤积量为0.261亿 t,滩地淤积量为0.115亿 t,主河槽淤积量占河段总淤积量的69%;艾山至利津河段的主河槽淤积量为0.282亿 t,滩地淤积量为0.010亿 t,主河槽淤积量占河段总淤积量的96%。

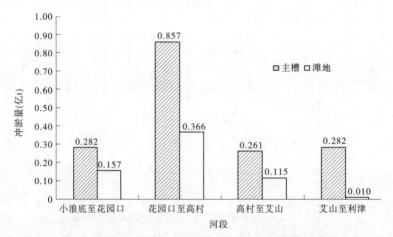

图 5-6　1986～1999 年黄河下游河道年平均冲淤情况

该时期黄河下游主河槽的年平均淤积量为1.682亿 t,滩地的年平均淤积量为0.648亿 t,下游河道年平均抬升0.10～0.15 m,主河槽平滩流量从1986年的平均6 000 m³/s左右下降到1999年的平均2 700 m³/s左右,各河段泥沙大部分淤积在主河槽里,重点河段平滩流量明显降低,潼关高程显著抬升,黄河下游"二级悬河"状况恶化,各河段泥沙淤积矛盾突出,防洪形势恶化。

5.1.2.6　2000～2012 年

小浪底水库于1997年10月截流,1999年10月25日开始下闸蓄水。小浪底水库运用以满足黄河下游防洪、减淤、防凌、防断流以及供水(包括城市、工农业、生态用水,以及引黄济津等)为目标,进行了防洪、调水调沙、蓄水、供水等一系列调度。水库运用以蓄水拦沙为主,70%左右的细泥沙和95%以上的中粗泥沙被拦在库里,进入黄河下游的泥沙量明显减少。一般情况下,小浪底水库下泄清水,洪水期库水位较高,库区泥沙主要以异重流形式输移并排细泥沙出库,从而使得下游河道发生了持续的冲刷。小浪底水库运用显著地改变了进入下游的水沙过程,黄河泥沙分布特点发生了新的变化。

由于小浪底水库拦沙,进入黄河下游的沙量大幅度减小。2000～2012 年小黑武三站进入黄河下游的年平均水量为 252.93 亿 m³,水量比上一时段(1986～1999 年)减少 19.06 亿 m³,减小幅度为 7%;年平均沙量为 0.68 亿 t,沙量比上一时段减少 6.69 亿 t,减小幅度为 91%,其中小浪底站的年平均水量为 227.97 亿 m³,年平均沙量为 0.66 亿 t。该时期黄河下游河道泥沙冲淤变化情况如图 5-7 所示。

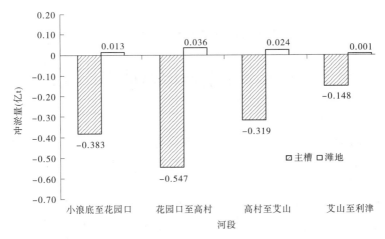

图 5-7　2000～2012 年黄河下游年平均泥沙冲淤情况

黄河下游河道由于小浪底拦沙运用而处于冲刷状态,2000～2012 年黄河下游河道的年平均冲刷量约为 1.323 亿 t,其中主河槽的年平均冲刷量约为 1.397 亿 t,主河槽扩大,滩地的年平均淤积量约为 0.074 亿 t,滩地淤积少。从图 5-7 中的黄河下游河道年平均冲淤情况来看,小浪底至花园口河段的主河槽冲刷量为 0.383 亿 t,滩地淤积量为 0.013 亿 t;花园口至高村河段的主河槽冲刷量为 0.547 亿 t,滩地淤积量为 0.036 亿 t;高村至艾山河段的主河槽冲刷量为 0.319 亿 t,滩地淤积量为 0.024 亿 t;艾山至利津河段的主河槽冲刷量为 0.148 亿 t,滩地淤积量为 0.001 亿 t。

　　黄河下游平滩流量得到一定程度的恢复,黄河下游河槽萎缩最为严重的高村河段平滩流量变化过程如图 5-8 所示,至 2010 年汛前,高村水文站的平滩流量基本恢复到 4 000 m³/s,通过小浪底水库调水调沙和清水冲刷,黄河下游河道主槽冲刷扩大,平滩流量增大,防洪形势有所好转。

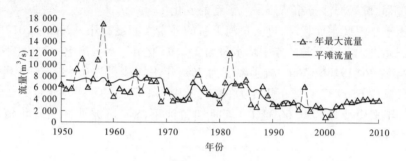

图 5-8　高村河段年最大流量和平滩流量变化过程

5.2　黄河下游主河槽弯曲形态变化

　　冲积河流河型转换及弯曲变化机制是一个有争议的自然科学难题[3]。山区河流形态受地质和地貌条件控制呈无规则弯曲,但平原河流形态弯曲有一定规律。水往低处流是常识,但为何平原冲积河流通常不是顺直往低处流,而是有规律的弯曲流动,目前国内外关于冲积河流形态弯曲变化机制有多种有争议的假说和理论,如最小能耗率[4]、最小河流功[5]、最小比降[5]、最大输沙率[6]和河床演变均衡稳定理论[1]等,河床演变不仅仅是调整比降,挟沙水流有努力达到平衡输沙的趋势,目前的假说和理论尚不能完全解释天然河道河床演变的各种现象,特别是小浪底水库投入运用后,黄河下游河道的弯曲形态有何变化尚不明确。了解河道弯曲形态的变化是河道治理的基础,揭示河流形态弯曲变化的机制对防治洪水灾害有重要意义。

5.2.1　黄河下游主河槽弯曲变化

　　铁谢至高村为游荡型河段,滩地宽广,河宽水散,冲淤变化大,历史上主流摆动频繁,两岸大堤堤距一般为 5 ~ 10 km,最宽处达 20 多 km,河道比降为 2.65‰ ~ 1.71‰。铁谢至高村游荡型河段主河槽弯曲系数计算成果见表 5-2,根

据小浪底水库运用前 1994 年的资料[7],铁谢至高村的主河槽长度为 283. 31 km
(主河槽断面间距累计,黄河生产堤之间的河道为主河槽,下同),主河槽平均弯
曲系数为 1. 12(主河槽曲线长度与河段直线长度比值,下同)。根据小浪底水库
运用后的 2010 年河道形态卫星图片量测结果,铁谢至高村的主河槽长度为
324. 98 km,主河槽平均弯曲系数为 1. 29。本河段的主河槽平均弯曲系数明显
增大,游荡型河段有向弯曲型转化的趋势,高村附近局部河段河势变化如图 5-9
所示,其中细线框为小浪底水库运用前的主河槽形态。

表 5-2　铁谢至高村游荡型河段主河槽弯曲系数计算成果

河段		铁谢至花园口	花园口至夹河滩	夹河滩至高村	铁谢至高村合计
直线长度(km)		97. 42	93. 63	61. 60	252. 65
小浪底建库前 1994 年	主河槽长度(km)	106. 18	104. 16	72. 97	283. 31
	平均弯曲系数	1. 09	1. 11	1. 18	1. 12
小浪底建库后 2010 年	主河槽长度(km)	124. 93	112. 59	87. 46	324. 98
	平均弯曲系数	1. 28	1. 20	1. 42	1. 29

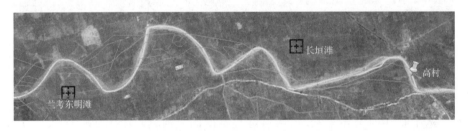

图 5-9　高村附近局部河段河势变化(2010 年)

高村至陶城铺属于由游荡向弯曲转化的过渡型河段,主河槽比游荡型稳定,
仍有一定的摆动,但摆动幅度较小,两岸大堤堤距一般为 1. 4 ~ 8. 5 km,主河槽
宽为 0. 5 ~ 1. 6 km,河道平均比降为 1. 48‰。高村至陶城铺过渡型河段主河槽
弯曲系数计算成果见表 5-3,根据小浪底水库运用前 1994 年的资料[7],高村至陶
城铺的主河槽长度为 155. 29 km,主河槽平均弯曲系数为 1. 23。根据小浪底水
库运用后 2010 年的河道形态卫星图片量测结果,高村至陶城铺的主河槽长度为
169. 58 km,主河槽平均弯曲系数为 1. 35。本河段的主河槽平均弯曲系数增大,
主河槽弯曲系数除随来水来沙条件变化外,还受堤防整治和两岸地形控制,根据
实测卫星图片的主河槽平面形态判断,目前该河段基本转化为弯曲型河段,孙口
附近局部河段河势如图 5-10 所示。

表5-3　高村至陶城铺过渡型河段主河槽弯曲系数计算成果

河段		高村至孙口	孙口至陶城铺	高村至陶城铺合计
直线长度(km)		98.77	26.98	125.75
小浪底建库前 1994年	主河槽长度(km)	121.38	33.91	155.29
	平均弯曲系数	1.23	1.26	1.23
小浪底建库后 2010年	主河槽长度(km)	133.87	35.71	169.58
	平均弯曲系数	1.36	1.32	1.35

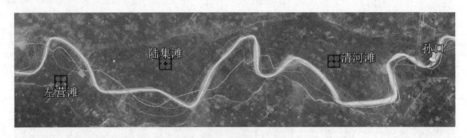

图5-10　孙口附近局部河段河势图(2010年)

陶城铺至利津为弯曲型河段,河道弯曲,两岸整治工程较多,河势稳定,两岸大堤堤距一般为0.4~5 km,主河槽宽为0.3~0.8 km,河道平均比降为1‰左右。陶城铺至利津弯曲型河段主河槽弯曲系数计算成果见表5-4,根据小浪底水库运用前1994年的资料[7],陶城铺至利津的主河槽长度为299.90 km,主河槽平均弯曲系数为1.19。根据小浪底水库运用后2010年的河道形态卫星图片量测结果,陶城铺至利津的主河槽长度为314.18 km,主河槽平均弯曲系数为1.25。该河段维持弯曲型不变,主河槽平均弯曲系数有所增大,陶城铺至艾山河段河势如图5-11所示。

表5-4　陶城铺至利津弯曲型河段不同时期主河槽弯曲系数计算成果

河段		陶城铺至艾山	艾山至泺口	泺口至利津	陶城铺至利津合计
直线长度(km)		25.34	79.59	146.83	251.76
小浪底建库前 1994年	主河槽长度(km)	27.62	100.20	172.08	299.90
	平均弯曲系数	1.09	1.26	1.17	1.19
小浪底建库后 2010年	主河槽长度(km)	30.00	106.02	178.16	314.18
	平均弯曲系数	1.18	1.33	1.21	1.25

图 5-11　陶城铺至艾山河段河势图(2010 年)

5.2.2　黄河下游河道均衡形态变化机制

进一步通过河床演变均衡稳定理论来解释黄河下游河道形态变化的机制。根据第 4 章黄河下游河床演变均衡稳定数学模型计算结果,黄河下游不同来沙级配和含沙量的河槽均衡断面宽深比及平衡比降计算成果如图 5-12 所示,河道断面形态计算结果表明,游荡型河段的宽浅主要是由 50 ~ 120 kg/m³ 的来水含沙量所引起的,来水含沙量小于 50 kg/m³ 或大于 120 kg/m³ 形成的河道断面窄深,但高含沙水流的平衡输沙比降大于 3‰,而黄河下游的河道比降小于 3‰,高含沙水流易于沿程淤积。来水含沙量大,河道断面宽浅,来水含沙量小,河道断面窄深;泥沙粒径大,河道断面宽浅,泥沙粒径小,河道断面窄深;高含沙水流,河道断面窄深,平衡输沙比降大。

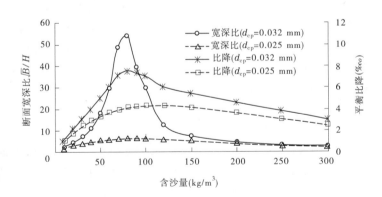

图 5-12　黄河下游河道断面宽深比及平衡比降计算成果

小浪底水库建库前,黄河下游自上而下,洪水含沙量沿程减小,泥沙粒径沿程细化,主河槽断面逐渐窄深,弯曲系数增大。小浪底水库建库后,黄河下游洪水含沙量显著减小,主河槽断面向窄深发展,虽然河道冲刷,含沙量沿程增加,泥沙粒径增大,河道断面有展宽的因素,但与建库前比较,洪水含沙量减小是主要的,因此黄河下游各河段都出现主河槽断面向窄深发展,弯曲系数增大。

不同河型的形成机制是,在宽浅河段,粗颗粒泥沙易于沉积为洲,洪峰涨落快,沙洲不稳,主流不定,河道游荡;在窄深河段,表层水流惯性大,弯道环流强,河道弯曲。

河型沿程变化机制是,黄河下游宽浅游荡型河段的滞洪沉沙作用使泥沙粒径沿程分选变细、水流含沙量减小、洪峰调平,促使下段窄深弯曲型河段的形成。同理,小浪底水库的滞洪沉沙作用,下泄水流的含沙量减小、泥沙粒径变细、洪峰调平,使下游游荡型河段有向弯曲型转化的趋势,主河槽弯曲系数增大。

在一定的水沙条件下,河流能耗率由边界条件决定,由于河道边界条件沿程不相同,河流能耗率沿程变化,河流通过改变河宽、水深、比降和含沙量等来减小可用能耗率。河流能耗率变化的表现方式之一是河道比降变化,河道平均比降与河谷地貌平均坡降成正比,与河道平均弯曲系数成反比,即

$$J = \frac{J_\mathrm{d}}{\eta} \tag{5-1}$$

式中:J 为河道平均比降;J_d 为河谷地貌平均坡降;η 为河道平均弯曲系数。

由于河谷地貌坡降变化很慢,河床演变研究可认为其不变,因此河道比降变化直接表现为河道弯曲系数变化,河道弯曲系数增大,河道比降减小,河流能耗率减小;反之,河道弯曲系数减小,河道比降增大,河流能耗率增大。

根据第 2 章河床演变均衡稳定理论的河流统计熵原理,从河流最小可用能耗率原理出发,可以得到多种广义的河相关系,但这些河相关系只能反映河床演变的某两个变量之间的关系[8],其中水流平均含沙量与河道平均比降及河道平均弯曲系数的关系为

$$S = k_2 J^{3/2} + C_0 \tag{5-2}$$

$$S = k_3 \eta^{-3/2} + C_0 \tag{5-3}$$

式(5-2)和式(5-3)表现了含沙量大的河流河道比降大,而河道弯曲系数小;反之,含沙量小的河流河道比降小,而河道弯曲系数大,例如长江的含沙量比黄河的小,长江中下游的河道弯曲系数比黄河下游的大,而长江中下游的河道比降比黄河下游的小。同理,建库后下泄水流含沙量减小,下游主河槽弯曲系数增大,主河槽平均比降减小。从而理论上解释了修建水库后下泄水流含沙量减小,导致下游主河槽弯曲系数增大,下游河道冲刷易于出现塌滩和畸形弯道,说明建库后下游河道整治工程的弯曲半径应减小,整治河道的弯曲系数应增大。

5.3　黄河下游河槽萎缩变化

本节通过计算黄河下游的第一造床流量和第二造床流量,分析黄河下游河槽的萎缩机制,结合小浪底水库调水调沙分析,提出恢复和维持黄河下游稳定中水河槽的规模和措施,并探讨强化小浪底水库调水调沙运用的方案[9]。

5.3.1　第一造床流量和第二造床流量计算方法

造床流量(Dominant discharge)是其造床强度和实际流量过程的综合造床作用相等的某个单一流量[10],天然水沙过程的复杂变化塑造了河槽的纵横断面形态各异,造床流量将水沙过程和河槽断面直接联系起来,由于造床强度是一个比较模糊的概念,造床流量的计算方法有多种,代表性的计算方法有三种:第一种是利用实测水位流量关系,根据平滩水位确定平滩流量,代表造床流量,由于黄河下游冲淤强度大,水位流量关系不稳定,加之堤防等的影响,需要详细的滩面纵横剖面实测资料才能确定平滩水位[11],这种方法计算的平滩流量通常不准确;第二种是由 Wolman 等[12]提出绘制各级流量的频率和输沙率乘积的地貌功(Geomorphic work)曲线,取与曲线峰值相应的流量作为造床流量,由于黄河下游通常为超饱和输沙,流量与输沙率的单一关系不明显,这种方法的计算结果也不稳定;第三种是韩其为[13]提出的计算第一造床流量和第二造床流量方法,可以根据实测水沙过程资料直接计算。本节采用第三种方法计算黄河下游的第一造床流量和第二造床流量,由于第一造床流量决定河槽纵向平衡输沙能力及平衡纵比降,第二造床流量决定河槽横断面大小,对于改善黄河下游河道的输水输沙能力和恢复及维持稳定的中水河槽,计算分析黄河下游的第一造床流量和第二造床流量及其变化规律有非常重要的意义,根据其计算结果可以分析黄河下游的输水输沙能力和恢复稳定中水河槽的合理规模。

第一造床流量的定义是在一定流量和输沙量过程及河床坡降条件下,可以输送全部来沙且使河段达到纵向平衡的某一恒定流量[13]。第一造床流量稍大于年平均流量,相当于具有浅滩和深槽的河段平浅滩水位对应的流量,决定河道的深槽断面大小、河槽纵比降和弯曲形态,反映了河槽一定流量过程的纵向平衡输沙能力,第一造床流量的计算表达式为[13]

$$Q_{z1} = \left(\sum Q_i^{\alpha+1} P_i \right)^{\frac{1}{1+\alpha}} = \left(\sum Q_i^{\gamma} P_i \right)^{\frac{1}{\gamma}} \tag{5-4}$$

式中：Q_{z1} 为第一造床流量；Q_i 为实测流量过程；P_i 为流量为 Q_i 的频率；系数 α 为含沙量随流量变化的次方；系数 γ 的取值范围为 $1.5 \sim 4$，对于冲积河流，$\gamma \approx 2$，花园口至高村河段系数 γ 取 1.805，艾山至利津河段系数 γ 取 1.872。

第二造床流量的定义是在年最大洪水过程中冲淤达到累计冲淤量一半时对应的洪水流量，韩其为[13]利用洪水过程的塑造河床横断面实测资料解释了第二造床流量相当于平滩流量，第二造床流量决定河道主槽的断面大小，反映了洪水塑造河槽的能力。第二造床流量的计算表达式为[13]

$$\sum_{Q=Q_m}^{Q=Q_{z2}} (S_i - S_{*i}) Q_i \Delta t_i \Big/ \sum_{Q=Q_m}^{Q=Q_M} (S_i - S_{*i}) Q_i \Delta t_i = \frac{1}{2} \tag{5-5}$$

式中：Q_{z2} 为第二造床流量；S_i 为实测含沙量过程；S_{*i} 为输沙能力，可根据经验输沙公式计算[14]；Q_i 为实测流量过程；Δt_i 为流量 Q_i 的历时；Q_m 和 Q_M 分别为年最大洪水过程中的最小流量和最大流量。

从式(5-4)和式(5-5)可知，第一造床流量和第二造床流量可以根据实测水沙过程资料直接计算，计算方法较为简便，而计算结果又能间接反映两级平滩流量，由于河槽断面大小是水沙过程塑造的结果，因此通过计算第一造床流量和第二造床流量及其变化过程，分析造床流量与输水输沙量及水沙过程的关系，是研究改善水沙过程、提高河槽输水输沙能力的有效方法。

5.3.2　黄河下游造床流量变化与河槽萎缩过程

黄河下游的水沙过程因人类活动(包括大型水利枢纽工程、工农业引水工程和水土保持工程的建设等)和自然降雨因素而变化，特别是三门峡水库(1960年9月运用)、刘家峡水库(1968年10月运用)、龙羊峡水库(1986年10月运用)和小浪底水库(1999年10月运用)4个大型水利枢纽工程的建设，使黄河下游水沙过程在不同时期(1950~1959年、1960~1968年、1969~1985年、1986~1999年和2000~2003年)发生了明显变化。根据黄河下游各水文站实测水沙资料，利用式(5-4)和式(5-5)计算历年的第一造床流量和第二造床流量，并和平滩流量、年平均流量及最大流量进行对比，黄河下游河槽萎缩过程由平滩流量反映，平滩流量采用文献[15]的计算结果。图5-13~图5-16分别为黄河下游花园口、高村、艾山和利津等水文站的造床流量和平滩流量及年特征流量过程线。

第一造床流量反映了当年流量过程输沙能力的大小，对于黄河下游来水量大、洪峰频次多的年份，第一造床流量大，输沙能力强，如1964年和1967年利津站年输沙量高达20亿 t，而当水库控制运用下泄清水时，流量过程平缓，第一造

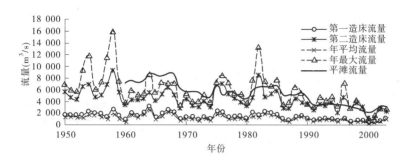

图 5-13 花园口水文站的造床流量和平滩流量及年特征流量过程线

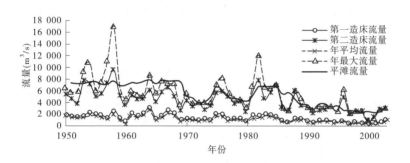

图 5-14 高村水文站的造床流量和平滩流量及年特征流量过程线

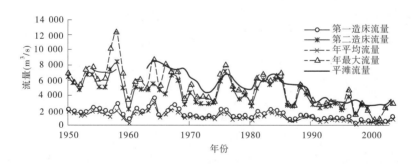

图 5-15 艾山水文站的造床流量和平滩流量及年特征流量过程线

床流量就小,输沙能力小,如 1960 年、1987 年和 2000 年利津站年输沙量只有 0.2 亿~2 亿 t,第一造床流量总体上比年平均流量大 100~400 m³/s。由于黄河下游来水来沙量减少,1950~1959 年、1960~1968 年、1969~1985 年、1986~1999 年和 2000~2003 年 5 个时期的平均第一造床流量逐渐减小(见表 5-5),高

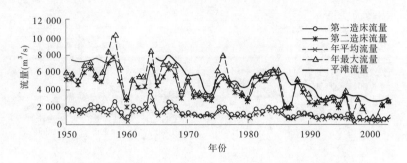

图5-16 利津水文站的造床流量和平滩流量及年特征流量过程线

村站的第一造床流量由1950～1959年平均值1 929 m³/s减小到2000～2003年平均值661 m³/s,利津站的第一造床流量由1950～1959年平均值1 957 m³/s减小到2000～2003年平均值442 m³/s。

表5-5 黄河下游水文站不同时期平均造床流量和平滩流量

（单位:m³/s）

水文站	项目	1950～1959 年	1960～1968 年	1969～1985 年	1986～1999 年	2000～2003 年
花园口	第一造床流量	1 897	2 020	1 590	1 025	748
	第二造床流量	5 977	4 751	4 774	3 374	1 923
	平滩流量	7 282	8 071	5 782	3 963	2 838
高村	第一造床流量	1 929	2 013	1 505	908	661
	第二造床流量	6 202	5 153	4 667	3 143	1 934
	平滩流量	7 322	7 518	5 523	3 620	2 593
艾山	第一造床流量	2 025	2 087	1 491	860	586
	第二造床流量	6 121	4 929	4 484	2 953	1 759
	平滩流量	7 220	7 926	5 877	3 835	2 981
利津	第一造床流量	1 957	2 075	1 394	706	442
	第二造床流量	5 781	5 051	4 143	2 596	1 535
	平滩流量	7 327	7 579	5 302	3 863	2 857

第二造床流量反映了当年最大洪水综合造床作用的大小,平滩流量是一定

时期(几年)的第二造床流量累积塑造作用的结果,平滩流量的响应调整滞后于第二造床流量的变化,特别是大水年造床流量的塑造作用显著,第二造床流量一般小于平滩流量,只有大水年洪水漫滩,其第二造床流量才反映出河槽的平滩流量。高村站的第二造床流量由1950~1959年平均值 6 202 m^3/s 减小到 2000~2003 年平均值 1 934 m^3/s,高村站的平滩流量由 1950~1959 年平均值 7 322 m^3/s 减小到 2000~2003 年平均值 2 593 m^3/s;利津站的第二造床流量由 1950~1959年平均值 5 781 m^3/s 减小到 2000~2003 年平均值 1 535 m^3/s,利津站的平滩流量由 1950~1959 年平均值 7 327 m^3/s 减小到 2000~2003 年平均值 2 857 m^3/s。1950~1959 年黄河水多沙丰,大洪水淤滩刷槽造床作用大,黄河下游平滩流量为 7 000~8 000 m^3/s。1960 年 10 月三门峡水库投入运用后,水库调控水沙过程,造床流量减小,但清水冲刷河槽作用大,黄河下游平滩流量仍然维持在 7 000~8 000 m^3/s。1964 年 11 月至 1973 年 10 月间三门峡水库采取滞洪排沙运用,加之 1968 年 10 月刘家峡水库蓄水运用,下游汛期来水量减少,而来沙量明显增大,黄河下游河槽淤积萎缩明显,平滩流量减小到约 4 000 m^3/s。1973 年 11 月至 1986 年 9 月间三门峡水库采取蓄清排浑运用,汛期下泄流量增大,特别是 1980~1985 年的丰水系列年,造床流量大,下游河道主河槽发生不同程度的冲刷,排洪能力增大,黄河下游平滩流量恢复到约 6 000 m^3/s。1986~1999 年由于龙羊峡水库和刘家峡水库的联合调度运用,加之沿程工农业用水的大量增加以及降雨减少等因素的影响,黄河下游来水来沙条件发生了明显的变化,径流量减少、流量过程调平、洪水频次和洪峰流量降低,造床流量明显减小,特别是汛期大洪水减少,漫滩概率较小,即使漫滩也多为清水,同时生产堤等阻水建筑物的存在,也影响了滩槽水流泥沙的横向交换,泥沙淤积主要集中在生产堤之间的主河槽和嫩滩上,下游主河槽已出现严重萎缩,平滩流量减小到3 000~4 000 m^3/s。1999 年 10 月小浪底水库蓄水运用后,2000~2001 年是黄河下游造床流量最小的年份,河槽进一步萎缩,平滩流量减小到 2 000 m^3/s 左右,经过小浪底水库调水调沙运用和下泄清水冲刷,黄河下游平滩流量 2003 年恢复到3 500 m^3/s左右。

造床流量是表现一定水沙过程输沙能力和造床作用的特征流量,主要取决于来水来沙过程,平滩流量是某一断面或河段的水位与滩唇平齐时所通过的流量,反映河槽的过流能力,是造床流量累积塑造作用结果的表现,因此造床流量和平滩流量是既有差别又有联系的两个概念,黄河下游造床流量的变化过程,较好地反映了下游河道的输水输沙能力和平滩流量变化以及河槽萎缩过程。

5.3.3　黄河下游造床流量与来水来沙关系

5.3.3.1　第一造床流量与年水沙量的关系

综合考虑黄河中上游的水土保持、水利工程和工农业引水等因素的影响和未来的气候降雨条件,总体上可以采用 1986～1999 年的水沙条件作为未来黄河下游的来水来沙条件(年水量少于约 400 亿 m³,年沙量少于约 13 亿 t),为了分析黄河下游河槽的输水输沙能力,利用黄河下游 1986～1999 年水文站的第一造床流量计算结果和实测年水沙量资料,建立第一造床流量和年水沙量的相关关系。

花园口至高村河段的第一造床流量和年水量关系见图 5-17。该河段的第一造床流量和年水量的相关关系为

$$Q_{z1} = 4.802\,9 W_Q^{0.962\,8} \tag{5-6}$$

式中:Q_{z1} 为第一造床流量,m³/s;W_Q 为实测年水量,亿 m³;相关系数为 0.963 3。

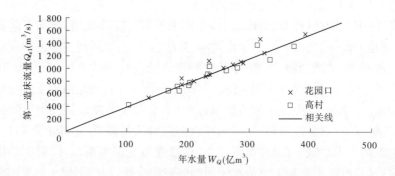

图 5-17　花园口至高村河段第一造床流量与年水量关系

花园口至高村河段的第一造床流量和年沙量关系见图 5-18。该河段的第一造床流量和年沙量的相关关系为

$$Q_{z1} = 446.9 W_s^{0.438\,1} \tag{5-7}$$

式中:W_s 为实测年沙量,亿 t;由于花园口至高村河段常为超饱和或次饱和输沙,相关系数仅为 0.748 7。

1986～1999 年花园口站的年水量变化范围为 134.7 亿～391.4 亿 m³,平均年水量为 253.7 亿 m³,年沙量变化范围为 2.48 亿～12.77 亿 t,平均年沙量为 6.83 亿 t,相应的第一造床流量变化范围为 546～1 542 m³/s,平均第一造床流量为 1 025 m³/s,按照第一造床流量的定义,花园口河段恒定流量 1 025 m³/s 可平

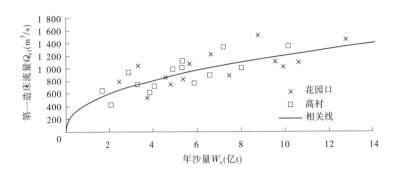

图 5-18　花园口至高村河段第一造床流量与年沙量关系

衡输送年沙量为 6.83 亿 t,按此计算,花园口河段恒定流的平衡输沙能力约为 21 kg/m³。第一造床流量变化较小,说明黄河下游上段(高村以上)的深槽平浅滩流量(相当于第一造床流量)是相对稳定的,该河段深槽平浅滩流量的规模可以按平均第一造床流量约 1 000 m³/s 进行控制,年平均平衡输沙能力约 21 kg/m³,可维持该河段深槽断面大小、河槽纵比降和弯曲形态的均衡稳定。

艾山至利津河段的第一造床流量和年水量关系见图 5-19。该河段的第一造床流量和年水量相关关系为

$$Q_{z1} = 11.88W_Q^{0.8083} \tag{5-8}$$

式中:Q_{z1} 为第一造床流量, m³/s;W_Q 为实测年水量,亿 m³;相关系数为 0.969 3。

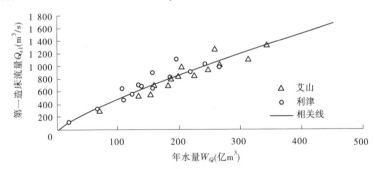

图 5-19　艾山至利津河段第一造床流量与年水量关系

艾山至利津河段的第一造床流量和年沙量关系见图 5-20。该河段的第一造床流量和年沙量相关关系为

$$Q_{z1} = 372.01W_s^{0.5137} \tag{5-9}$$

式中:W_s为实测年沙量,亿 t。

该河段已为相对饱和输沙,相关系数达到 0.911 8。

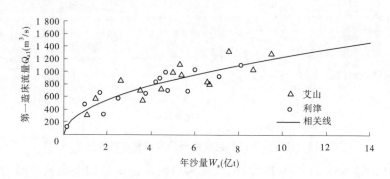

图 5-20　艾山至利津河段第一造床流量与年沙量关系

1986～1999 年利津站的年水量变化范围为 18.6 亿～264.3 亿 m^3,平均年水量约为 150.6 亿 m^3,年沙量变化范围为 0.2 亿～8.1 亿 t,平均年沙量为 3.99 亿 t,相应的第一造床流量变化范围为 128～1 090 m^3/s,平均第一造床流量为 706 m^3/s,同样按照第一造床流量的定义,利津河段恒定流量 706 m^3/s 可平衡输送年沙为 3.99 亿 t,按此计算,利津河段恒定流的平衡输沙能力约为 18 kg/m^3。第一造床流量变化较小,说明黄河下游下段(艾山以下)的深槽平浅滩流量(相当于第一造床流量)也是相对稳定的,该河段深槽平浅滩流量的规模可以按平均第一造床流量约 700 m^3/s 进行控制,年平均平衡输沙能力约 18 kg/m^3,可维持该河段深槽断面大小、河槽纵比降和弯曲形态的均衡稳定。

由于黄河下游工农业引水、洪峰传播调平及河床坡降变缓等因素,黄河下游河道输沙能力逐渐减小,按第一造床流量由花园口站的 1 000 m^3/s 减小到利津站的 700 m^3/s 计算,年输沙能力平均减小 2.84 亿 t,这部分输沙能力减小的沙量除去部分引沙,主要是直接淤积在下游河槽中,是引起黄河下游河槽淤积萎缩的直接原因,因此小浪底水库拦粗排细运用,年平均拦沙约 3 亿 t,并在汛期强化调水调沙,增加洪峰频次,基本可以控制黄河下游河槽的淤积萎缩,维持河槽稳定。

5.3.3.2　第二造床流量和洪水流量的关系

黄河下游的造床过程主要包括淤滩刷槽、涨冲落淤和大水冲小水淤及清水冲刷,1950～1959 年黄河下游淤滩刷槽作用强,主要通过增大滩槽高差增大平滩流量,1960 年以后,随着三门峡等水库的投入运用,淤滩刷槽作用减弱,黄河下游的主要造床过程是涨冲落淤和大水时冲小水淤及清水冲刷,清水冲刷也是涨水和大水时冲刷作用强。第二造床流量主要由年最大洪水的水沙过程决定,进入黄河下游的洪水传播到河口的时间约为 5 d,黄河下游各水文站 1960 ~ 2003 年的实测洪水过程和第二造床流量的计算结果表明,第二造床流量与年最大 5 d 洪水平均流量有较好的相关关系(见图 5-21 ~ 图 5-24),总体上说明黄河下游每个洪峰过程历时 5 d 即可取得较大的塑造河槽效果。

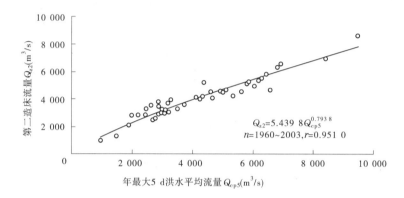

图 5-21　花园口水文站第二造床流量与年最大 5 d 洪水平均流量关系

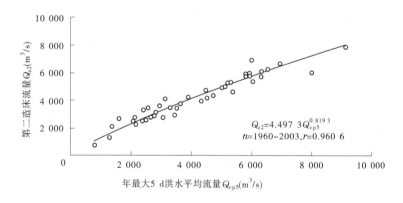

图 5-22　高村水文站第二造床流量与年最大 5 d 洪水平均流量关系

1960 ~ 2003 年高村水文站的第二造床流量与年最大 5 d 洪水平均流量的相关关系为

$$Q_{z2} = 4.497\,3 Q_{cp5}^{0.819\,3} \tag{5-10}$$

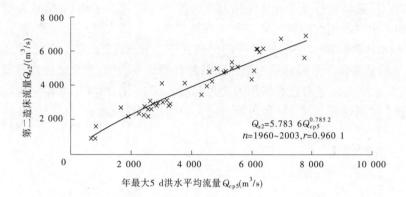

图 5-23　艾山水文站第二造床流量与年最大 5 d 洪水平均流量关系

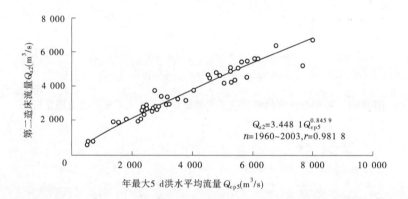

图 5-24　利津水文站第二造床流量与年最大 5 d 洪水平均流量关系

式中：Q_{z2} 为第二造床流量，m^3/s；Q_{cp5} 为年最大 5 d 洪水平均流量，m^3/s；相关系数为 0.960 6。

　　根据式(5-10)计算，当高村水文站的年最大 5 d 洪水平均流量 $Q_{cp5}=4\,106$ m^3/s 时，其第二造床流量 $Q_{z2}=Q_{cp5}$；当 $Q_{cp5}>4\,106$ m^3/s 时，$Q_{z2}>Q_{cp5}$；当 $Q_{cp5}<4\,106$ m^3/s 时，$Q_{z2}<Q_{cp5}$，说明黄河下游上段（高村以上）形成大于约 4 100 m^3/s 的第二造床流量需要更大的洪峰过程。

　　1960~2003 年利津站的第二造床流量与年最大 5 d 洪水平均流量的相关关系为

$$Q_{z2} = 3.448\ 1 Q_{cp5}^{0.845\ 9} \tag{5-11}$$

其相关系数为 0.981 8。根据式(5-11)计算,利津水文站的最大 5 d 洪水平均流量 $Q_{cp5} = 3\,080\ \mathrm{m^3/s}$ 时,其第二造床流量 $Q_{z2} = Q_{cp5}$;当 $Q_{cp5} > 3\,080\ \mathrm{m^3/s}$ 时,$Q_{z2} > Q_{cp5}$;当 $Q_{cp5} < 3\,080\ \mathrm{m^3/s}$ 时,$Q_{z2} < Q_{cp5}$,说明黄河下游下段(艾山以下)形成大于约 $3\,000\ \mathrm{m^3/s}$ 的第二造床流量需要更大的洪峰过程。

5.4　维持黄河下游均衡稳定河槽的规模和措施

5.4.1　维持黄河下游均衡稳定河槽的规模

第二造床流量决定河槽的断面大小和过流能力,而河槽的断面形态则主要由来水含沙量和来沙级配及河床条件决定[1],因此分析黄河下游第二造床流量与平滩流量的关系,可以分析恢复和维持黄河下游中水河槽的规模。

第二造床流量反映了当年最大洪水综合造床作用的大小,平滩流量是一定时期(几年)的第二造床流量累积塑造作用的结果,平滩流量的响应调整滞后于第二造床流量的变化,根据黄河下游各水文站 1960~2003 年的资料分析,平滩流量与前 5 年平均第二造床流量可以建立较好的相关关系(见图 5-25~图 5-28),1960~2003 年高村水文站平滩流量与前 5 年平均第二造床流量的相关关系为

$$Q_{PT} = 1\,343\exp(0.000\,295Q_{z2}) \tag{5-12}$$

式中:Q_{PT} 为平滩流量,$\mathrm{m^3/s}$;Q_{z2} 为第二造床流量,$\mathrm{m^3/s}$;相关系数 r 为 0.865 3。

1960~2003 年利津水文站平滩流量与前 5 年平均第二造床流量的相关关系为

$$Q_{PT} = 1\,825\exp(0.000\,25Q_{z2}) \tag{5-13}$$

相关系数 r 为 0.915 8。

由于黄河下游上段(高村以上)易于形成约 $4\,100\ \mathrm{m^3/s}$ 的第二造床流量,由式(5-12)计算对应的平滩流量为 $4\,500\ \mathrm{m^3/s}$,由于黄河下游下段(艾山以下)易于形成约 $3\,080\ \mathrm{m^3/s}$ 的第二造床流量,由式(5-13)计算对应的平滩流量为 3 942 $\mathrm{m^3/s}$,因此黄河下游上段(高村以上)易于塑造形成平滩流量约为 $4\,500\ \mathrm{m^3/s}$ 的中水河槽,黄河下游下段(艾山以下)易于塑造形成平滩流量约为 $4\,000\ \mathrm{m^3/s}$ 的中水河槽。

理论上第二造床流量越大,塑造河槽形成的平滩流量也越大,但要使黄河全下游造床流量超过 $4\,000\ \mathrm{m^3/s}$,就要求形成更大的洪峰过程。1990 年以来,利津

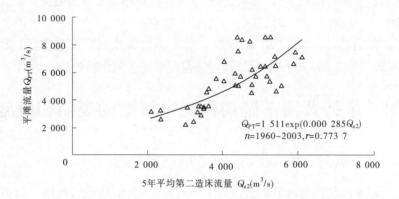

图 5-25　花园口水文站平滩流量与 5 年平均第二造床流量关系

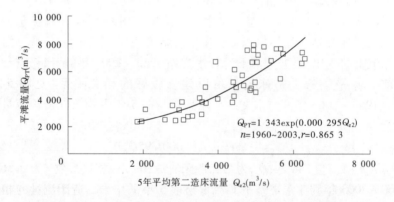

图 5-26　高村水文站平滩流量与 5 年平均第二造床流量关系

站只有 1996 年的最大流量达到 4 000 m³/s,针对目前黄河流域水资源严重短缺和大洪水稀少的状况,黄河全下游要维持平滩流量超过 4 000 m³/s 的中水河槽是比较困难的。从防洪安全角度考虑,由于黄河中上游水土保持工程的减水减沙和沿黄工农业生产的大量引水调水,进入黄河下游的水沙量已大幅减少,加之三门峡、刘家峡、龙羊峡和小浪底等大型水利枢纽对下游水沙过程的调节,已基本可以控制黄河下游的洪峰流量,维持平滩流量约 4 000 m³/s 的中水河槽已可满足黄河下游河道中等洪水的泄洪要求,大洪水的防洪安全只有通过水库联合调控、滩区综合治理和加强堤防建设来保障[15]。从“二级悬河”治理角度考虑,中水河槽的平滩流量越大,洪水漫滩淤滩的机遇就越少,这就不利于有计划地洪

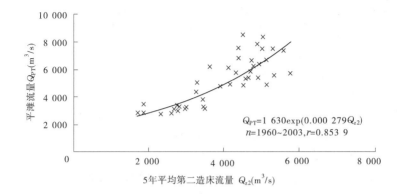

图 5-27　艾山水文站平滩流量与 5 年平均第二造床流量关系

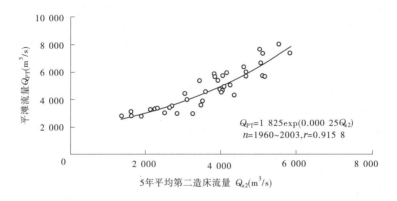

图 5-28　利津水文站平滩流量与 5 年平均第二造床流量关系

水漫滩淤滩治理和控制"二级悬河",因此黄河下游上段(高村以上)恢复和维持平滩流量约 4 500 m³/s 的均衡稳定中水河槽,黄河下游下段(艾山以下)恢复和维持平滩流量约 4 000 m³/s 的均衡稳定中水河槽,对于目前黄河下游的水沙河道条件是比较合理的。

5.4.2　强化小浪底水库调水调沙

黄河下游河槽的主要造床过程是大水冲刷、小水淤积和涨冲落淤过程,如果小浪底水库长期泄放小流量、非恒定性不强的流量过程,黄河下游河道将自动调整萎缩适应这种来水来沙条件。要恢复和维持黄河下游平滩流量 4 000 ~ 4 500 m³/s 的中水河槽,有必要进一步强化小浪底水库调水调沙运用,充分利用小浪底水库人造涨水迅速、洪峰频次多、洪峰流量递增的脉冲型非恒定流过程,这种脉冲型出库过程向下游传播过程中会自动演变为传播速度快、洪峰不衰减、输沙能力强的非恒定流过程。游荡型河段的河道整治,高村至孙口及河口等局部河槽萎缩严重河段的人工机械疏浚,也是恢复和维持黄河下游稳定中水河槽的重要辅助措施。进一步分析 2002~2004 年实测小浪底水库调水调沙过程,探讨强化小浪底水库调水调沙方案。

5.4.2.1　2002 年调水调沙

2002 年首次调水调沙试验方案是控制花园口断面平均流量约 2 600 m³/s,水库下泄水流含沙量小于 20 kg/m³,小浪底水库实测出库洪水过程为流量 2 500~3 500 m³/s 单峰(见图 5-29),历时 11 d,出库水量 26.12 亿 m³、沙量为 0.319 亿 t,平均含沙量 12.20 kg/m³。出库含沙量过程包括 4 个沙峰,沙峰含沙量分别为 25.7 kg/m³、66.2 kg/m³、83.3 kg/m³ 和 23.7 kg/m³,其中第 2 个和第 3 个沙峰为 70~80 kg/m³ 含沙量。洪水到花园口站,实测流量过程为流量 2 500~3 000 m³/s 的近似恒定流单峰(见图 5-30),水量为 27.36 亿 m³、沙量为 0.365 亿 t,平均含沙量 13.36 kg/m³。含沙量过程除第 1 个沙峰因涨水冲刷含沙量增大为 26.8 kg/m³ 外,第 2 个和第 3 个沙峰含沙量很快衰减为 37.2 kg/m³ 和 44.6 kg/m³,第 4 个沙峰含沙量衰减为 11.83 kg/m³。洪水到利津站,实测流量过程为流量 2 000~2 500 m³/s 的近似恒定流单峰(见图 5-31),水量 22.42 亿 m³,沙量为 0.493 亿 t,平均含沙量 21.97 kg/m³,沙峰含沙量进一步衰减为约 30 kg/m³。2002 年调水调沙出库水量 26.12 亿 m³,下游冲刷 0.174 亿 t,这种单峰历时长的近似恒定流调水调沙不利于刷深下游河槽,而且洪水传播速度慢,也证明了含沙量为 70~80 kg/m³ 的洪水是不利输送的,对塑造窄深河槽也是不利的。

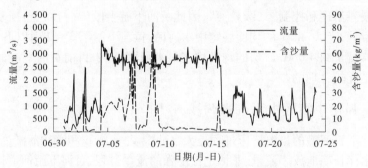

图 5-29　2002 年调水调沙小浪底水库出库水沙过程

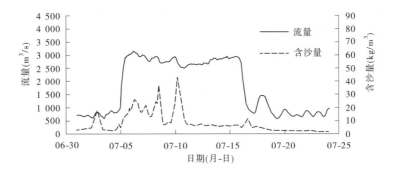

图 5-30　2002 年调水调沙花园口站实测水沙过程

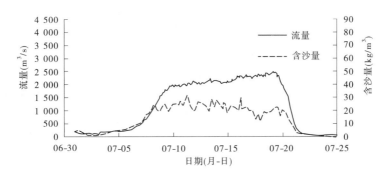

图 5-31　2002 年调水调沙利津站实测水沙过程

5.4.2.2　2003 年调水调沙

2003 年调水调沙运用方案是控制形成花园口流量约 2 400 m³/s、含沙量约 30 kg/m³ 的水沙过程。小浪底水库主要调水调沙过程为 9 月 6 ~ 18 日,历时 13 d(见图 5-32),9 月 6 日之前有一个流量小于 500 m³/s、沙峰含沙量约 60.7 kg/m³ 的小水大沙过程。调水调沙期间,前 3 d 出库虽然出现了大于 120 kg/m³、最大达 149.4 kg/m³ 的有利含沙量,但相应出库流量小于 1 500 m³/s,最大含沙量对应的出库流量仅 846 m³/s,也是严重的小水带大沙,后 7 d 出库为流量约 2 200 m³/s、含沙量约 30 kg/m³ 的近似恒定水沙过程,出库水量 18.14 亿 m³、沙量为 0.709 亿 t,平均含沙量为 39.09 kg/m³。这种水沙过程到了花园口站,虽然伊洛沁河补水,调水调沙之前出现了洪峰流量 2 780 m³/s 的非恒定过程,但大沙峰很快衰减(见图 5-33),花园口站调水调沙流量过程为 2 500 m³/s 近似恒定流,大于 120 kg/m³ 的有利含沙量很快衰减为 60 ~ 80 kg/m³ 的不利含沙量,后 7 d

的含沙量减为约 20 kg/m³,也证明花园口河段恒定流输沙能力约为 20 kg/m³,花园口站水量为 38.81 亿 m³,沙量为 0.947 亿 t,平均含沙量为 24.40 kg/m³。洪水到利津站变为流量 2 070 ~ 2 750 m³/s 有较小非恒定性的过程(见图 5-34),有利于沙峰的输送,与下游多来多排的特性也有关。利津站水量为 36.34 亿 m³,沙量为 1.407 亿 t,平均含沙量为 38.72 kg/m³,下游冲刷 0.698 亿 t。总之,如果小浪底出库出现了大于 120 kg/m³ 的有利含沙量,要尽可能加大出库流量,防止出现小水带大沙过程。

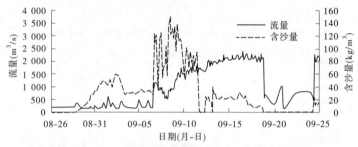

图 5-32　2003 年调水调沙小浪底水库出库水沙过程

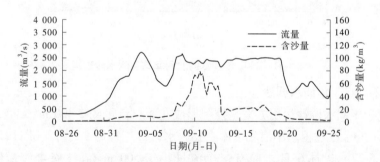

图 5-33　2003 年调水调沙花园口站实测水沙过程

5.4.2.3　2004 年调水调沙

2004 年调水调沙小浪底出库基本是流量为 2 500 ~ 3 000 m³/s 的清水(见图 5-35),流量过程以流量 1 500 m³/s 为界,基本可以分为 4 个单峰段,第 1 个单峰段从 6 月 16 日 00:24 至 17 日 22:36,历时 1 d 22 h 12 min,最大流量为 3 190 m³/s,水量为 3.98 亿 m³,沙量为 0;第 2 个单峰段从 6 月 19 日 09:30 至 21 日 13:12,历时 2 d 3 h 42 min,最大流量为 3 270 m³/s,水量为 5.30 亿 m³,沙量为 0;第 3 个单峰段从 6 月 21 日 13:54 至 28 日 23:30,历时 7 d 9 h 36 min,流量为

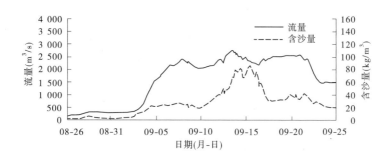

图 5-34　2003 年调水调沙利津站实测水沙过程

2 500 ~ 3 000 m³/s,水量为 17.60 亿 m³,沙量为 0;第 4 个单峰段从 7 月 3 日
21:00 至 13 日 08:30,历时 9 d 11 h 30 min,流量为 2 500 ~ 3 000 m³/s,期间有一
个最大含沙量 11.9 kg/m³ 的小沙峰,水量为 21.68 亿 m³,沙量为 437.84 万 t。4
个单峰段合计水量为 48.56 亿 m³、沙量为 437.84 万 t,平均含沙量为 0.90
kg/m³;3 个间隔时间分别为 34 h 54 min、42 min 和 4 d 21 h 30 min。

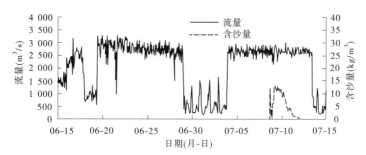

图 5-35　2004 年调水调沙小浪底水库出库水沙过程

这种水沙过程到花园口站,4 个单峰段变为 3 个单峰段(见图 5-36),第 1 个
单峰段从 6 月 17 日 00:00 至 18 日 20:00,历时 1 d 20 h,最大流量为
2 330 m³/s,水量为 3.78 亿 m³,沙量为 221.06 万 t;第 2 个单峰段从 6 月 20 日
04:00 至 29 日 22:00,历时 9 d 18 h,流量为 2 500 ~ 3 000 m³/s,水量为 22.20 亿
m³,沙量为 857.75 万 t;第 3 个单峰段从 7 月 4 日 17:24 至 14 日 08:00,历时 9 d
14 h 36 min,流量为 2 500 ~ 3 000 m³/s,水量为 22.50 亿 m³,沙量为 1 183.77
万 t。3 个单峰段合计水量为 48.48 亿 m³,沙量为 2 262.58 万 t,平均含沙量为
4.67 kg/m³。2 个间隔时间分别为 1 d 8 h 和 4 d 19 h 24 min。花园口站各个单
峰的涨水出现明显的沙峰,说明涨水冲刷。小浪底出库的第一个峰段由于平峰

时间太短,最大流量由 3 190 m³/s 降为 2 330 m³/s,小浪底出库的第二个间隔太短,使第二个峰段在花园口被第三个峰段赶上,使第三个峰段的涨水冲刷减弱。花园口站的第二个和第三个峰段历时太长,各历时近 10 d,长时间恒定流使第二个峰段的后部分和第三个峰段的前部分输沙效果很差,如果每个峰段一分为二,每个峰段 5 d,间隔 1 d,增加洪峰频次,效果会更好。

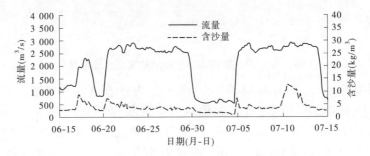

图 5-36　2004 年调水调沙花园口站实测水沙过程

水沙过程到利津站变为较好的非恒定流过程(见图 5-37),第 1 个单峰段从 6 月 20 日 02:00 至 21 日 08:00,历时 1 d 6 h,最大流量为 1 930 m³/s,水量为 4.33 亿 m³,沙量为 675.65 万 t;第 2 个单峰段从 6 月 23 日 00:00 至 7 月 2 日 14:00 历时 9 d 14 h,流量约为 2 700 m³/s,水量为 21.66 亿 m³,沙量为 3 570.81 万 t;第 3 个单峰段从 7 月 7 日 14:00 至 17 日 02:00 历时 9 d 12 h,流量为 2 500 ~ 3 000 m³/s,水量为 22.46 亿 m³,沙量为 3 188.07 万 t。3 个单峰段合计水量为48.45 亿 m³,沙量为 7 434.53 万 t,平均含沙量为 15.35 kg/m³。2 个间隔时间分别为 1 d 16 h 和 5 d。各个涨水沙峰增大到 23 ~ 24 kg/m³,且沙峰和涨水同步,反映涨冲落淤,第 2 个单峰段的后部分和第 3 个峰段的前部分恒定流段含沙量为 15 ~ 20 kg/m³,也证明利津河段恒定流输沙能力为 18 kg/m³,恒定流的造床效果差。第 2 个间隔时间(5 d)太长(因库区打捞沉船),输沙不连续也使第 3 峰段的涨水沙峰小。

总体来说,对于小浪底水库下泄清水的调水调沙,2004 年的调水调沙过程是较好的,洪峰频次增多,总水量为 48.5 亿 m³,下游冲刷量约为 0.7 亿 t,因此 2004 年调水调沙河床刷深效果较好,但小浪底出库流量过程的单峰段平峰时间和间隔时间仍然不合理,洪峰流量也未递增。

5.4.2.4　强化小浪底水库调水调沙方案探讨

目前,小浪底水库调水调沙的运用方案是下泄近似恒定流,2002 年首次调

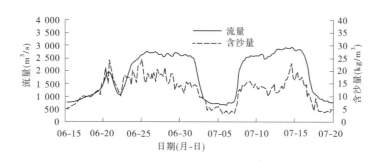

图 5-37　2004 年调水调沙利津站实测水沙过程

水调沙试验方案是控制花园口断面平均流量约 2 600 m³/s,水库下泄水流含沙量小于 20 kg/m³;2003 年调水调沙运用方案是控制形成花园口断面流量约 2 400 m³/s、含沙量约 30 kg/m³ 的近似恒定输水输沙;2004 年调水调沙小浪底出库基本是流量为 2 500～3 000 m³/s 的清水,只有异重流排沙期间有一个最大含沙量 11.9 kg/m³ 的小沙峰,水沙过程到利津站变为较好的非恒定流过程,第二个和第三个峰段历时较长,各历时近 10 d,各个涨水沙峰增大到 23～24 kg/m³,且沙峰和涨水同步,涨水冲刷含沙量增大现象明显,利津站的含沙量为 15～20 kg/m³,基本恢复到利津站的恒定流输沙能力 18 kg/m³,恒定流的输沙能力小。第二造床流量的分析结果表明,黄河下游每个洪峰过程历时 5 d 即可取得较大的塑造河槽效果,洪水历时太长,洪峰频次少,涨水冲刷机会少;洪水历时太短,洪水输沙能力小,造床效果差。如果每个峰段一分为二,每个峰段历时 5 d,间隔 1 d,增加洪峰频次,效果会更好。通过改善小浪底出库流量过程的单峰段平峰时间和间隔时间,增多洪峰频次,洪峰流量适当递增,输沙能力可以进一步提高。黄河下游输沙有多来多排的特点,来水冲泻质含沙量对提高输沙能力起着重要作用,小浪底水库滞洪拦粗排细可以提高黄河下游输沙能力。

小浪底水库调水调沙主要有下泄清水和滞洪排沙两种方式。在小浪底水库上游来低含沙量洪水或小浪底水库汛前腾空迎洪条件下,水库下泄基本为清水,下泄清水调水调沙方案不宜多用,否则会使下游游荡型河段塌滩,使弯曲河段过于窄深,弯曲率增大,不利于维护下游现有河势和堤防守护,建议小浪底水库调水调沙尽可能采用滞洪排沙方案,滞洪排沙既有利于减轻水库淤积,又实现了拦粗排细,有利于塑造下游窄深稳定的中水河槽,还有利于维护下游现有河势和堤防守护。在小浪底水库上游来较高含沙量洪水条件下,小浪底水库应尽可能降低运用水位,进行滞洪排沙调水调沙,滞洪达到出库含沙量降为 50 kg/m³ 以下的目的[1]，滞洪排沙可自动达到拦粗排细的效果。目前，黄河下游河道淤积萎缩，过流能力小，不具备输送含沙量大于 120 kg/m³ 高含沙水流的条件，高含沙水流输送要求流量大、河道窄深，否则会出现多来多淤多排的现象，不利于恢复下游稳定的中水河槽。

强化小浪底水库调水调沙设计方案见表 5-6，滞洪排沙调水调沙泄流过程和下泄清水调水调沙过程基本相同，各单峰段历时 5 d，各间隔历时 1 d，考虑到高村河段控制排洪能力为前一个汛期的安全泄量，经过一个非汛期后，实际安全泄流量会有所减小，加之小浪底水库泄流有约 500 m³/s 的不稳定变幅，到花园口站基本调平，因此小浪底泄流的第一个峰段最大流量比高村河段控制排洪能力小 500 m³/s，第二个峰段最大流量和高村河段控制排洪能力相同，第三个峰段控制最大流量比高村河段控制排洪能力大 500 m³/s，为了保证涨水冲刷的效果和防止清水冲刷过大及小水淤积，导致冲河南淤山东，各间隔的流量比第一峰段流量小约 2 000 m³/s，为了保持各间隔的传播，各单峰段的涨落尽可能在短时间内完成。第三峰段按来洪量决定是否重复或省去，强化调水调沙设计方案要求水量 26 亿～57 亿 m³。

表 5-6　强化小浪底水库调水调沙设计方案

项目	高村控制排洪能力（m³/s）	第一间隔（m³/s）	第一峰段（m³/s）	第二间隔（m³/s）	第二峰段（m³/s）	第三间隔（m³/s）	第三峰段（m³/s）	第三峰段洪量（亿 m³）	设计总洪量（亿 m³）
历时		1 d	5 d	1 d	5 d	1 d	5 d		
方案①	3 000	500	2 500	1 000	3 000	1 500	3 500	15.120	41.472
方案②	3 500	1 000	3 000	1 500	3 500	2 000	4 000	17.280	49.248
方案③	4 000	1 500	3 500	2 000	4 000	2 500	4 500	19.440	57.024

各单峰段和间隔的流量和历时可根据调水调沙的实际情况略有调整，如果调水调沙期间，伊、洛、沁河来水较大，小浪底水库泄流对应的单峰段流量应减小，防止高村河段流量超过安全泄量，为了保证调水调沙的效果，小浪底水库调水调沙期间合理控制下游引水。需要特别说明的是，强化小浪底水库调水调沙设计方案的非恒定水流输沙和冲刷能力强，但洪水过程涨落较快，要加强调水调沙期间黄河下游河道的防洪预警，保障人员安全，预防次生灾害。

5.5　小　结

本章根据黄河下游来水来沙变化和滩槽冲淤变化,揭示了黄河下游河道均衡形态变化机制。通过计算黄河下游的第一造床流量和第二造床流量,分析黄河下游河槽的萎缩机利,提出维持黄河下游均衡稳定中水河槽的规模,并探讨强化小浪底水库调水调沙运用的方案,得到如下主要结论:

(1)小浪底水库运用后,进入黄河下游的沙量大幅度减小。2000～2012 年进入黄河下游年平均水量为 252.93 亿 m³,比上一时段(1986～1999 年)减少 19.07 亿 m³,减小幅度为 7%;沙量为 0.68 亿 t,比上一时段减少 6.69 亿 t,减小幅度为 91%。下游河道年平均冲刷量约为 1.322 亿 t,其中主河槽年平均冲刷约 1.396 亿 t,主河槽得到冲刷扩大,滩地年平均淤积约 0.074 亿 t,滩地淤积少。

(2)黄河下游各河段的主河槽弯曲系数对比表明,小浪底水库运用后,黄河下游各河段的主河槽弯曲系数有所增大,其中游荡型河段的由 1.12 增大到 1.29,有向弯曲型转化的趋势;过渡型河段的由 1.23 增大到 1.35,基本转变为弯曲型;弯曲型河段的由 1.19 增大到 1.25。游荡型河道稳定性增强,为修建防护堤创造了有利条件。

(3)河道断面形态计算结果表明,来水含沙量大,河道断面宽浅,来水含沙量小,河道断面窄深;泥沙粒径大,河道断面宽浅,泥沙粒径小,河道断面窄深;高含沙水流,河道断面窄深,平衡输沙比降大。不同河型的形成机制是,在宽浅河段,粗颗粒泥沙易于沉积为洲,洪峰涨落快,沙洲不稳,主流不定,河道游荡;在窄深河段,表层水流惯性大,弯道环流强,河道弯曲。

(4)河型沿程变化机制分析表明,黄河下游宽浅游荡型河段的滞洪沉沙作用使泥沙沿程分选变细、水流含沙量减小、洪峰调平,促使下段窄深弯曲型河段的形成。同理,小浪底水库的滞洪沉沙作用,下泄水流的含沙量减小、泥沙粒径变小、洪峰调平,使下游游荡型河段有向弯曲型转化的趋势,主河槽弯曲系数增大。

(5)河道弯曲变化机制分析表明,含沙量大的河流河道比降大,而河道弯曲系数小;反之,含沙量小的河流河道比降小,而河道弯曲系数大,从理论上解释了修建水库后下泄水流含沙量减小,导致下游主河槽弯曲系数增大。

(6)通过计算黄河下游第一造床流量和第二造床流量,分析了黄河下游河槽的萎缩过程,指出造床流量和平滩流量是既有差别又有联系的两个概念,黄河下游造床流量的变化过程,较好地反映了下游河道的输水输沙能力和平滩流量变化以及河槽萎缩过程。

(7)第一造床流量与年水沙量的关系分析表明,黄河下游的深槽平浅滩流量 700 ~ 1 000 m³/s 是相对稳定的,恒定流的平衡输沙能力为 18 ~ 21 kg/m³,通过小浪底水库拦粗排细,年平均拦沙约 3 亿 t,并在汛期强化调水调沙运用,增加洪峰频次,基本可以控制黄河下游河槽的淤积萎缩。

(8)第二造床流量和平滩流量的关系分析表明,黄河下游上段(高村以上)恢复和维持平滩流量约 4 500 m³/s 的均衡稳定中水河槽,黄河下游下段(艾山以下)恢复和维持平滩流量约 4 000 m³/s 的均衡稳定中水河槽,对于目前黄河下游的水沙河道条件是比较合理的。结合小浪底水库调水调沙现状分析,探讨了强化小浪底水库调水调沙运用的方案。

参 考 文 献

[1] 陈绪坚,胡春宏. 河床演变的均衡稳定理论及其在黄河下游的应用[J]. 泥沙研究,2006 (3):14-22.

[2] 胡春宏,安催花,陈建国,等. 黄河泥沙优化配置[M]. 北京:科学出版社,2012.

[3] 陈绪坚,陈清扬. 黄河下游河型转换及弯曲变化机理[J]. 泥沙研究,2013(1):1-6.

[4] Yang C T,C C S Song. Theory of Minimum Rate of Energy Dissipation [J]. Journal of the Hydraulics Division, ASCE,1979,105(7):769-784.

[5] Chang H H. Minimum Stream Power and River Channel Patterns [J]. Journal of Hydrology, 1979(41):303-327.

[6] White W R,Bettes R,Paris E. Analytical approach to river regime [J]. Journal of the Hydraulics Division, ASCE. 1982,108(10):1179-1193.

[7] 黄河水利科学研究院. 黄河下游断面法冲淤量分析与评价[R]. 2002:18-30.

[8] 陈绪坚,胡春宏. 河流最小可用能耗率原理和统计熵理论研究[J]. 泥沙研究,2004(6): 10-15.

[9] 陈绪坚,韩其为,方春明. 黄河下游造床流量的变化及其对河槽的影响[J]. 水利学报, 2007(1):15-22.

[10] 钱宁,张仁,周志德. 河床演变学[M]. 北京:科学出版社,1987.

[11] Leopold L B,Wolman M G,Miller J P. Fluvial Processes in Geomorphology[M]. W. M. Freeman Co. ,1964.

[12] Wolman M G,Miller J P. Magnitude and Frequency of Forces in Geomorphic Processes[J]. Journal of Geology, 1960,68:54-74.

[13] 韩其为. 黄河下游输沙及冲淤的若干规律[J]. 泥沙研究,2004(3):1-13.

[14] 赵业安,周文浩,费祥俊. 黄河下游河道演变基本规律[M]. 郑州:黄河水利出版社,
1998.

[15] 胡春宏,陈建国,郭庆超,等. 塑造黄河下游中水河槽措施研究[R]. 北京:中国水利水电
科学研究院,2005.

第6章　河流泥沙均衡配置方法和模型

本章介绍了河流泥沙均衡配置方法和模型,河流泥沙均衡配置方法采用多目标规划层次分析法,河流泥沙均衡配置数学模型采用流域水沙资源多目标优化配置数学模型,通过流域水沙资源联合优化配置,达到河流泥沙均衡配置。

6.1　河流泥沙均衡配置方法

6.1.1　流域水沙资源优化配置

河流输送适量泥沙对维护河道均衡稳定和生态环境健康起着重要作用,近年来,由于自然气候条件的变化和人类活动的影响,我国很多河流的水沙条件出现了明显变化,特别是大型水利工程的建设,显著改变了河流泥沙的时空分布,水库泥沙淤积,水库下游河槽冲刷,河口三角洲退蚀。人类对河流的开发治理改变了流域水沙资源的时空分布,以水资源开发为中心的治河模式虽然使水能资源和水资源得到充分利用,但也出现了水库淤积、河槽萎缩、生态恶化、水沙灾害加剧等问题。在目前社会系统、经济系统及环境系统与河流系统高度依存的条件下,江河治理只能向建立全流域甚至跨流域的人与自然和谐的水沙调控体系发展,通过流域水沙资源联合优化配置,达到河流泥沙均衡配置。

流域水沙资源优化配置是对流域系统从产水产沙经过水土保持减水减沙后进入河流的水沙资源总量,进一步通过水库联合拦水拦沙和调水调沙运用改善河道水沙条件,通过合理分配水库调节水量、工农业用水量、输沙用水量和生态用水量等方式优化配置水资源,结合河道、滩区及河口的综合治理,改善河道输水输沙能力和维持河道稳定,通过水土保持、水库拦沙、放淤利用、机淤固堤、引水引沙、维持河槽、滩区淤沙、河口造陆和深海输沙等多种方式优化配置和合理利用泥沙资源,创造最大的社会、经济和生态多目标水沙资源利用综合效益[1]。

河流泥沙均衡配置涉及产流产沙、水土保持、水库运用、水沙运动、河床演变和河道治理等多方面的理论,通过流域水沙资源联合优化配置,河流泥沙均衡配置要达到两个重要目的:一是优化配置水沙资源,改善河道输水输沙能力和维持河道均衡稳定;二是合理利用水沙资源,创造最大的社会、经济和生态多目标综合效益。

流域水沙资源优化配置方法可采用多目标规划方法,包括多目标线性规划和多目标动态规划两种方法,相应的流域水沙资源优化配置数学模型包括多目标线性规划和多目标动态规划两种。优化配置数学模型一般由综合目标函数和约束条件方程两部分构成,求解模型得到一个最优或拟最优的规划方案。从理论上讲,河道输水输沙、引水引沙和水库蓄水拦沙过程是一个非线性的动态过程,可将优化理论与水沙数学模型相结合,以水库运行、水沙运动及河床变形方程为约束条件可以构造非线性动态规划模型[2],但以目前的数学和计算机水平求解该模型困难,有关水沙数学模型也不能计算流域面上的水沙资源优化配置。由于流域水沙资源优化配置措施包括水土保持和引水引沙等流域面上的措施,因此对于流域面上的水沙资源总量优化配置,宜采用多目标线性规划数学模型。根据流域水沙资源联合多目标优化配置理论,结合水资源优化配置,以泥沙资源优化配置为重点,结合层次分析和专家调查方法,构造综合目标函数,对配置措施和方式进行分析,确定配置约束条件,建立流域水沙资源多目标优化配置数学模型。

6.1.2 泥沙配置层次分析

流域水沙资源优化配置方法采用多目标规划层次分析法,根据资源利用常规分析,水沙资源多目标优化配置有3个子目标:生态效益、社会效益和经济效益(见表6-1)。生态效益子目标是指通过水沙资源的优化配置,减轻水沙不合理利用引起的环境污染和恶化,尽可能利用水沙资源改善生态环境,促进河流健康发展;社会效益子目标是指采取一定措施对水沙资源进行优化配置,达到防洪减灾减淤和改善河道治理的目的,使两岸的居民安居乐业,增强全社会的治河信心和安全感,达到改善社会经济发展环境的社会效益目标;经济效益子目标是指水沙资源优化配置要节省有限的水资源,配置措施要尽可能节省人力物力,泥沙资源利用还要注重创造经济收入。根据以上分析确定生态效益子目标有3个效益指标:改善生态环境、促进河流健康和减轻环境污染;社会效益子目标有3个效益指标:防洪减灾减淤、改善河道治理和增强治河信心;经济效益子目标有3个效益指标:创造经济收入、节省人力物力和节省水资源。

表6-1　　流域水沙资源多目标优化配置层次分析

层次	层次分析内容								
总目标层 A	流域水沙资源多目标优化配置 A								
子目标层 B	生态效益目标 B1			社会效益目标 B2			经济效益目标 B3		
效益指标层 C	改善生态环境 C1	促进河流健康 C2	减轻环境污染 C3	防洪减灾减淤 C4	改善河道治理 C5	增强治河信心 C6	创造经济收入 C7	节省人力物力 C8	节省水资源 C9
配置方式层 D	水土保持减水	水库调节水	放淤利用耗水	引水引沙	工农业生活引水	汛期输沙用水	非汛期生态用水		
配置方式层 D	水土保持 D1	水库拦沙 D2	放淤利用 D3	引水引沙 D4	机淤固堤 D5	维持河槽 D6	滩区淤沙 D7	河口造陆 D8	深海输沙 D9
配置措施层 E	梯田、造林、种草和淤地坝等	干支流水库拦蓄和调控	人工渠引机械泵抽水库清淤	引水渠引和提水泵抽	淤临淤背和人工机械挖泥	调水调沙河道整治疏浚采砂	洪水漫滩人工渠引滩区治理	规划入海流路河口综合治理	风浪侵蚀和潮汐海流输沙

流域水资源优化配置方式主要包括水土保持减水量、水库调节水量、放淤利用耗水量、工农业生活引水量、汛期输沙用水量和非汛期生态用水量等,按泥沙的最终归属划分,泥沙配置方式主要有以下几种:

(1)水土保持。水土保持方式包括梯田、造林、种草和淤地坝等具体措施,水土保持可以直接治理流域的水沙灾害,改善流域生态,发展农、林、牧业生产。对于黄河流域缺水严重的黄土高原,水土保持在减沙的同时产生一定的减水[3]。

(2)水库拦沙。水库拦沙方式包括支流水坝拦蓄泥沙和干流水利枢纽调控水沙,干流水利枢纽调控水沙又包括蓄水拦沙、滞洪排沙和蓄清排浑等运用方式。水库拦沙对多沙河流能直接减轻下游河道的泥沙灾害,但水库拦沙应以不影响下游河道稳定为前提,因此充分利用水库合理拦沙,特别是上中游多库联合调度,对改善下游河道水沙条件尤为重要。

(3)放淤利用。放淤利用方式包括人工渠引高含沙水流放淤、机械泵抽高含沙水流放淤和水库清淤高含沙水流管渠输送放淤等具体措施。放淤利用应以不恶化环境为前提,高含沙水流放淤可以达到淤滩固堤、改土治碱造地和建筑材料等利用泥沙资源目的,水库清淤放淤可以减轻水库淤积。由于滩区淤沙方式也包括了人工渠引高含沙水流自流放淤措施,机淤固堤方式也包括了机械泵抽高含沙水流放淤措施,本书放淤利用方式主要是指通过高含沙水流向河道大堤以外放淤利用泥沙资源。

(4)引水引沙。引水引沙方式包括人工渠引水和机械泵提水等具体措施,引水必然会引出一部分泥沙,需要综合利用引水渠及渠首沉沙池淤沙,并改造渠系提高输沙能力,利用粉沙、黏沙可以达到淤灌肥田、改土治碱和减轻淤积三重功效,特别是河口三角洲的土地改良,改善河口湿地环境。过度的引水引沙不利于河流健康发展,也不利于灌区的生态环境,引沙的建筑材料利用是改善灌区生态环境的重要措施。

(5)机淤固堤。机淤固堤方式包括机械泵抽高含沙水流淤临淤背和人工机械挖泥固堤等具体措施。机淤固堤是泥沙资源利用的重要配置措施,通过总体规划,采用机械挖泥、疏浚和管道输送等技术,加固大堤,结合引沙沉沙淤筑相对地下河,但要求处理好对环境的影响。

(6)维护河槽。维持稳定的输水输沙河槽是流域水沙资源优化配置的重要目的,维持河槽方式包括河道整治、疏浚挖泥、合理采砂和水库调水调沙等具体措施。维持河槽是通过水库拦水拦沙和调水调沙运用改善河道水沙条件,辅以河道整治、合理采砂及局部河段机械清淤,改善河槽冲淤,控制河道淤积萎缩,提高河道输水输沙能力,恢复和维持稳定的输水输沙河槽。

(7)滩区淤沙。滩区淤沙方式包括汛期洪水漫滩淤沙、人工渠引高含沙水流淤滩和人工机械疏浚主槽淤滩等具体措施。对于具有宽阔滩地的河流,淤滩可以护滩固堤,提高滩地土壤肥力,综合治理滩区,利用滩区滞洪淤沙,通过淤滩刷槽提高河道输水输沙能力。

(8)河口造陆。泥沙的造陆作用是泥沙资源利用的重要方面,充分利用河道输沙能力排沙入海,通过河口综合治理和合理规划河口流路,充分利用泥沙资源合理造陆,改善河口湿地环境,抵御海洋动力侵蚀和减缓三角洲岸线蚀退。

(9)深海输沙。依靠河口海洋动力深海输沙,包括风浪侵蚀和潮汐海流输沙。排沙入海虽然要耗费一定的水资源,但对河道减淤和维持河道稳定及河口生态起着重要作用,满足抵御海洋动力侵蚀沙量,充分利用海洋动力输沙深海,也能缓减河口延伸速度,尽可能延长河口流路的使用年限。

总之,流域水沙资源优化配置理论方法是基本通用的,但对于不同河流以及同一河流的不同区域,水沙资源优化配置和利用的具体方式可以有一定的差别,例如对于泥沙相对较少的河流,没有高含沙水流放淤利用配置方式,但为了控制河道采砂的私采乱挖对河道稳定带来不利影响,河道采砂可以作为独立的泥沙资源优化配置方式;对于河流的中上游区域,没有河口造陆和深海输沙配置方式,而变为区域出口水沙量;对于河流的下游区域,通常没有水土保持配置方式。需要说明的是,湖泊淤沙和滞洪区拦沙不宜作为泥沙资源优化配置和利用的方式,通过退田还湖和平垸行洪,恢复和维持湖泊及滞洪区的滞洪能力是改善洪涝灾害的重要措施,否则会引起生态恶化和防洪能力下降。

6.2　河流泥沙均衡配置数学模型

数学模型是根据基本理论用数学语言描述和计算所要解决的具体问题,河流泥沙均衡配置数学模型采用流域水沙资源多目标优化配置数学模型[1]。流域水沙资源多目标优化配置数学模型采用多目标线性规划方法,其方程由综合目标函数和配置约束条件构成,求解模型得到一个最优或拟最优的规划方案。

综合目标函数

$$F(X) = \sum_{j=1}^{n} \beta_j X_j = \max \tag{6-1}$$

配置约束条件

$$\sum_{j=1}^{n} a_{ij} \cdot X_j \leq b_i \qquad (\text{或} \geq b_i, = b_i, i = 1,2,\cdots,m) \tag{6-2}$$

式中: $F(X)$ 为综合目标函数; β_j 为综合目标函数的权重系数; X_j 为泥沙配置变量;n 为泥沙配置变量个数; b_i 为各约束条件的水沙资源约束量; a_{ij} 为各约束条件下的水沙系数;m 为配置约束条件个数。

上述模型方程的求解为求一组水沙资源配置变量的值,满足水沙资源优化配置约束条件,使水沙资源优化配置的综合目标函数达到最大或拟最大。由于水沙资源优化配置子目标之间常常存在效益冲突,因此利用层次分析和专家调查方法来确定权重系数,构造综合目标函数,根据水沙配置要求、处理泥沙能力、配置平衡关系和控制条件确定配置约束条件。

6.2.1　综合目标函数

由于综合目标函数决定水沙资源优化配置的效果评价,甚至影响水沙资源配置方案,因此建议采用层次数学分析和专家调查统计两种方法构造水沙资源优化配置的综合目标函数。通过发放水沙资源多目标优化配置层次分析重要性排序评价专家调查表,结合专家调查统计结果,利用层次数学分析方法[4],对各配置层次的组成元素进行两两比较,由 9 标度法得到判断矩阵,求判断矩阵最大特征值对应的归一化权重系数特征向量,通过逐层的矩阵运算方法求各决策变量的权重系数 β_j ,构造综合目标函数

$$F(X) = \sum_{j=1}^{n} \beta_j X_j \qquad (6\text{-}3)$$

构造综合目标函数的具体步骤如下:

(1)建立系统的层次分析结构。分析系统中各个因素的关系,结合水资源优化配置,以泥沙资源优化配置为重点,建立系统的层次分析结构,对于复杂的流域水沙资源多目标优化配置问题,结合层次结构分析,建立并发放水沙资源多目标优化配置层次分析重要性排序评价专家调查表(见表6-2),统计专家调查结果。

表 6-2　流域水沙资源多目标优化配置层次分析重要性排序评价专家调查表

专家姓名:　　　　　　　　　　　　工作单位:

层次	层次分析内容								
总目标层 A	流域水沙资源多目标优化配置 A								
子目标层 B	生态效益目标 B1			社会效益目标 B2			经济效益目标 B3		
B 层重要性排序									
效益指标层 C	改善生态环境 C1	促进河流健康 C2	减轻环境污染 C3	防洪减灾减淤 C4	改善河道治理 C5	增强治河信心 C6	创造经济收入 C7	节省人力物力 C8	节省水资源 C9
C 层重要性排序									
配置方式层 D	水土保持减水		水库调节水	放淤利用耗水	工农业生活引水		汛期输沙用水	非汛期生态用水	
	水土保持 D1	水库拦沙 D2	放淤利用 D3	引水引沙 D4	机淤固堤 D5	维持河槽 D6	滩区淤沙 D7	河口造陆 D8	深海输沙 D9
D 层重要性排序									
配置目的	减水减沙,改善生态发展经济	拦粗沙排细沙,减轻下游淤积	造地建材利用,减轻水库淤积	肥田改土治碱,淤堤建材利用	人工机淤固堤,造相对地下河	控制河槽萎缩,整治游荡河段	治理"二级悬河",综合治理难区	改造湿地环境,河口沉积造陆	海洋动力输沙,减缓河口延伸

(2)构造各层次的两两比较判断矩阵。结合专家调查统计结果,对同一层次的各元素关于上一层次中某一准则的重要性进行两两比较,由 9 标度法构造两两比较判断矩阵 $A = (a_{ij})_{n \times n}$,Satty[4]建议用 1~9 及其倒数作为标度来确定 a_{ij} 的值,1~9 比例标度的含义为配置措施或变量 X_i 比 X_j 重要的程度(见

表6-3）。

表6-3　层次分析重要性程度9标度法取值表

X_i/X_j	同等重要	稍重要	重要	很重要	极重要
a_{ij}	1	3	5	7	9
	2	4	6	8	

（3）根据判断矩阵最大特征值对应的特征向量确定排序权重系数向量。设构造两两比较判断矩阵 $A = (a_{ij})_{n \times n}$，计算排序权重系数向量过程如下：

①计算矩阵 A 的最大特征值 $\lambda_{\max}$ 及相应的归一化（标准化）特征向量 μ，可采用 MATLAB 矩阵计算通用软件计算。

②确定判断矩阵一致性指标 $C.I.$（Consistency Index）

$$C.I. = \frac{\lambda_{\max} - n}{n - 1} \tag{6-4}$$

③查表6-4求相应的平均随机一致性指标 $R.I.$（Consistency Index）：

表6-4　平均随机一致性指标表

矩阵阶 n	3	4	5	6	7	8	9	10	11	12	13
$R.I.$	0.58	0.90	1.12	1.24	1.32	1.41	1.45	1.49	1.51	1.54	1.56

④计算一致性比率 $C.R.$（Consistency Ratio）

$$C.R. = \frac{C.I.}{R.I.} \tag{6-5}$$

⑤判断矩阵一致性。当 $C.R. < 0.1$ 时，认为判断矩阵 A 的一致性可接受；否则，若 $C.R. \geq 0.1$，应考虑修正判断矩阵 A。

（4）计算各层元素对系统总目标的合成权重。层次分析法的最终目的是求资源配置变量对总目标层的权重系数，从而构造水沙资源优化配置综合目标函数(6-3)。需要说明的是，如果配置约束条件个数达到配置变量个数，综合目标函数主要决定水沙资源优化配置的效果评价，水沙资源配置方案由配置约束条件决定。

6.2.2　配置约束条件

流域水沙资源多目标优化配置方案受配置约束条件控制，通过深入研究水沙资源优化配置的方式和措施,确定其水沙配置要求和处理泥沙能力。根据水沙配置要求、处理泥沙能力和配置水沙平衡关系等,确定水沙资源优化配置数学模型的约束条件,这些约束条件既可以是线性方程,也可以是非线性方程,对于流域面上的水沙资源总量优化配置,采用线性约束方程式(6-2),这些约束条件主要包括:

(1)水土保持能力约束。深入调查流域各子流域的水土保持情况,包括淤地坝和其他(梯田、造林和种草)措施,统计水土保持减水减沙资料,建立减沙与减水的关系,分析确定水土保持能力约束。

(2)水库拦沙能力约束。研究水库运用方案,特别是上中游多个水库联合调度运用方案,通过水库多年调节平衡,拦粗排细、蓄清排浑和敞泄排沙等措施合理拦沙,尽量延长拦沙库容使用寿命,从水沙资源优化配置的角度确定拦沙库容使用年限,确定水库拦沙能力约束。

(3)放淤利用能力约束。放淤利用包括人工渠引高含沙水流放淤、机械泵抽高含沙水流放淤和水库清淤高含沙水流管渠输送放淤等措施,通常通过人工渠引高含沙水流自流放淤措施进行淤滩,通过机械泵抽高含沙水流放淤措施进行固堤,通过水库清淤高含沙水流管渠输送放淤措施进行恢复库容。对于通过高含沙水流向河道大堤以外放淤利用泥沙资源,泥沙放淤利用主要受放淤区和管渠输送系统制约,因此需要深入研究放淤利用泥沙的方案,确定泥沙放淤利用能力约束。

(4)引水引沙能力约束。由于工农业和生活用水需要必须引水,引水会挟带出一部分泥沙,过量引水不利于河道输水输沙,甚至导致河道功能性断流,危害河流健康,因此必须合理确定引水量及引水引沙能力约束。多沙河流引水引沙能力是比较大的,应特别重视灌区泥沙资源的综合利用,依据规划引水分配方案,通常采用河段进出站平均含沙量的70%计算引沙量及单位引沙用水量,建立引水引沙能力约束。

(5)机淤固堤能力约束。机淤固堤是泥沙资源利用的重要措施,机淤固堤主要依靠人工机械措施,包括挖河固堤和疏浚高含沙水流淤临淤背,机淤固堤规划应与标准化大堤建设相结合,计算各河段大堤淤临淤背的泥沙可容量,机淤固堤能力主要受经济投入的约束,因此要参考既有的机淤固堤水平,确定机淤固堤能力约束。

(6)维持河槽稳定约束。目前,河流普遍出现河槽淤积萎缩的不利趋势,要深入研究河道输水输沙和河床演变均衡稳定的规律,结合河道综合治理,通过河床演变均衡稳定数学模型或河道水沙数学模型计算,确定维持河槽要求泥沙冲淤调整量约束。

(7)滩区淤沙能力约束。对于有宽阔滩地的河流,应结合滩区的综合治理,从水沙资源优化配置和利用的角度,提出可行合理的综合治理方案,计算滩区的面积和容积,结合滩区历史实测滞纳泥沙的能力分析,确定滩区淤沙能力约束。

(8)维持河口稳定约束。河口三角洲的稳定受径流来水来沙、风浪侵蚀和潮汐海流输沙共同影响,水沙资源优化配置要达到维持河口三角洲稳定和限制河口延伸的目标,从水沙资源优化配置和利用的角度,提出可行合理的河口综合治理方案,根据实测资料分析计算河口海洋动力侵蚀的年沙量和河口海域的容沙体积,确定维持河口三角洲稳定约束。

(9)维持河流健康的水资源约束。水沙资源优化配置是在一定水资源总量条件下进行的优化配置,因此要统计不同历史阶段流域的径流产水总量经过上中游的水土保持、水库拦蓄和工农业引水等减水后进入下游的径流水资源总量,预测未来的水资源条件,提出水库合理调节利用水资源的方案,合理分配水库调节水量、放淤利用等耗水量、工农业生活引水量、汛期输沙用水量和非汛期生态用水量,确定维持河流健康的水资源约束。

(10)泥沙资源总量约束。水沙资源优化配置也是在一定泥沙资源总量条件下进行的优化配置,因此要统计不同历史阶段流域的径流产水总量经过上中游的水土保持、水库拦沙、引水引沙和河道冲淤等减沙后进入下游的泥沙资源总量,预测未来的泥沙资源条件,从泥沙资源总量配置计算的角度,可以得到泥沙资源总量约束。

综上所述,通过合理分配水库调节水量、放淤利用等耗水量、工农业生活引水量、汛期输沙用水量和非汛期生态用水量等配置方式优化配置水资源,通过水土保持、水库拦沙、放淤利用、引水引沙、机淤固堤、维持河槽、滩区淤沙、河口造陆和深海输沙等配置方式优化配置泥沙资源。通过层次分析和专家调查方法对配置层次进行重要性评价,构造水沙资源优化配置综合目标函数,并对各配置方式和措施进行分析,确定各配置约束条件,建立水沙资源多目标优化配置数学模型。

6.2.3　数学模型计算

流域水沙资源多目标优化配置数学模型方程见式(6-1)和式(6-2),可采用线性规划单纯形法计算求解[4,5]。先引入松弛变量,把流域水沙资源多目标优化配置数学模型方程表达为线性规划标准等式形式,再采用单纯形法求解,线性规划单纯形法的基本思路是沿边界域的转轴运算。

6.2.3.1 线性规划标准形式

引入松弛变量,把流域水沙资源多目标优化配置线性规划数学模型方程式(6-1)和式(6-2)表达为线性规划标准等式形式。

综合目标函数

$$\text{Max}(z) = \sum_{l=1}^{n} a_{0l} x_l \tag{6-6}$$

配置约束条件

$$\sum_{l=1}^{n} a_{il} x_l + y_i = b_i \quad i = 1, \cdots, m_1 \tag{6-7}$$

$$\sum_{l=1}^{n} a_{jl} x_l - y_j = b_j \quad j = m_1 + 1, \cdots, m_1 + m_2 \tag{6-8}$$

$$\sum_{l=1}^{n} a_{kl} x_l = b_k \quad k = m_1 + m_2 + 1, \cdots, m \tag{6-9}$$

式中: y_i ($i = 1, 2, \cdots, m_1 + m_2$)为松弛变量。

6.2.3.2 单纯形法求解

求解标准等式形式的线性规划数学问题。

目标函数

$$\text{Max}(z) = a^{\text{T}} x \tag{6-10}$$

约束条件

$$Ax = b \tag{6-11}$$

式中: $A \in R^{m \times n}$, $a \in R^n$, $x \in R^n$, $b \in R^m$ 。

设 $A = (A_1, \cdots, A_n)$, $B = (A_{i_1}, \cdots, A_{i_m})$ 为一初始基。单纯形法的基本方法如下[4,5]:

(1)对基 B 有基可行解 $x_B = B^{-1}b = (x_{i_1}, \cdots, x_{i_m})$, $x_N = 0$, x_N 的分量为非基变量,该基可行解对应的目标函数值为 $F(x) = a_B^{\text{T}} x_B$, $a_B = (a_{i_1}, \cdots, a_{i_m})^{\text{T}}$ 。

(2)设 $W^{\text{T}} = a_B^{\text{T}} B^{-1}$,对所有非基变量计算判别系数 $\lambda_i = W^{\text{T}} A_j - a_j$ (或 $\mu_j = -\lambda_j$), $j \in R$, R 表示非基变量的下标集,令 $\lambda_k = \underset{z \in R}{\text{Min}}\{\lambda_j\}$ (或 $u_k = \underset{j \in R}{\text{Max}}\{u_j\}$,对极小化问题 $\lambda_k = \underset{j \in R}{\text{Min}}\{\lambda_j\}$)。这里当有多个 k 可取时,取最小的 k ,以避免退化时基的循环。若 $\lambda_k \geqslant 0$ (或 $\mu_k \leqslant 0$,对极小化问题 $\lambda_k \leqslant 0$),则这时已得到最优基可行解,停止计算,否则转下一步。

（3）计算 $y_k = B^{-1}A_k = (y_{1k}, \cdots, y_{mk})^{\mathrm{T}}$（或 $z_k = -y_k$），若 $y_k \leqslant 0$（或 $z_k \geqslant 0$），则停止计算，问题不存在有限最优解，即目标函数无界，否则转下一步。

（4）计算 $\tilde{b} = B^{-1}b = (\tilde{b}_1, \cdots, \tilde{b}_m)^{\mathrm{T}}$，确定指标 r 使 $\tilde{b}_r / y_{rk} = \underset{i \in E}{\mathrm{Min}} \{ \tilde{b}_i / y_{ik} : y_{ik} > 0 \}$（或 $\tilde{b}_r / z_{rk} = \underset{i \in E}{\mathrm{Min}} \{ \tilde{b}_i / z_{ik} : z_{ik} < 0 \}$），这里 E 表示基变量的指标集，于是 x_{ir} 为离基变量，x_k 为进基变量，用 A_k 替换 A_{ir} 后得新的基 B，返回（1）。

若设 $A = (B, N)$，$B \in R^{m \times m}$ 可逆，记 $x = \begin{bmatrix} x_B \\ x_N \end{bmatrix}$，$a = \begin{bmatrix} a_B \\ a_N \end{bmatrix} \in R^n$（可能经列调换），则式（6-10）和式（6-11）等价于

目标函数
$$\mathrm{Max}(z) = (a_B^{\mathrm{T}} B^{-1} N - a_N^{\mathrm{T}}) x_N + a_B^{\mathrm{T}} B^{-1} b \tag{6-12}$$
约束条件
$$x_B + B^{-1} N x_N = B^{-1} b \tag{6-13}$$

把上述线性规划方程的系数置于单纯形表，见表 6-5。

表 6-5　单纯形表

系数	b	x_B	x_N
z	$a_B^{\mathrm{T}} B^{-1} b$	0	$\lambda^{\mathrm{T}} = a_B^{\mathrm{T}} B^{-1} N - a_N^{\mathrm{T}}$
x_B	$\tilde{b} = B^{-1} b$	I_m	$Y = B^{-1} N$

于是得到单纯形法的基本步骤如下：

（1）$(x_B, x_N) = (B^{-1}b, 0)$ 即是一基可行解，对应的目标函数为 $z = a^{\mathrm{T}}\tilde{b}$，$\tilde{b} = B^{-1}b$。

（2）若 $\lambda_k \geqslant 0$，则现行基可行解即为最优解。

（3）设 $\lambda_k = \underset{z \in R}{\mathrm{Min}} \{ \lambda_j \}$，当 $y_k = B^{-1}A_k = (y_{1k}, \cdots, y_{mk})^{\mathrm{T}} \leqslant 0$ 时，停止计算，问题无有限最优解。

（4）选主元，进行转轴运算。令 $\tilde{b}_r / y_{rk} = \underset{i \in E}{\mathrm{Min}} \{ \tilde{b}_i / y_{ik} : y_{ik} > 0 \}$，则 y_{rk} 即为主元。

转轴运算：对单纯形表中的系数构成的矩阵进行主元消去法（把主元列 y_k 变为 $e_k \in R^m$，λ_k 也变为 0），且交换基变元 x_{ir} 与非基变元 x_k，使 x_k 进入基变元，

得新的单纯形表,重复之,直至找到最优解或确定无最优解。

流域水沙资源多目标优化配置线性规划模型计算程序用 Visual Basic 语言开发,模型程序引用了线性规划数学方法标准程序模块[5],模型程序基本通用。

6.3　小　结

本章介绍河流泥沙均衡配置方法和数学模型,河流泥沙均衡配置方法采用多目标规划层次分析法,河流泥沙均衡配置数学模型采用流域水沙资源多目标优化配置数学模型,通过流域水沙资源联合优化配置,达到河流泥沙均衡配置。

(1)流域水沙资源优化配置是对流域系统从产水产沙经过水土保持减水减沙后进入河流的水沙资源总量,进一步通过水库联合拦水拦沙和调水调沙改善河道水沙条件,通过合理分配水库调节水量、放淤利用耗水量、工农业生活引水量、汛期输沙用水量和非汛期生态用水量等方式优化配置水资源,结合河道、滩区及河口的综合治理,改善河道输水输沙能力和维持河道稳定,通过水土保持、水库拦沙、放淤利用、机淤固堤、引水引沙、维持河槽、滩区淤沙、河口造陆和深海输沙等多种方式优化配置泥沙资源,创造最大的社会、经济和生态多目标水沙资源利用综合效益。

(2)通过层次分析和专家调查方法对配置层次进行重要性评价,构造水沙资源优化配置综合目标函数,并对水土保持、水库拦沙、放淤利用、机淤固堤、引水引沙、维持河槽、滩区淤沙、河口造陆和深海输沙等各配置方式进行分析,提出水土保持能力、水库拦沙能力、放淤利用能力、机淤固堤能力、引水引沙能力、维持河槽稳定、滩区淤沙能力、维持河口稳定、水资源总量和泥沙资源总量等配置约束条件的确定方法,建立流域水沙资源多目标优化配置数学模型,并采用线性规划单纯形法求解。

参 考 文 献

[1] 胡春宏,陈绪坚. 流域水沙资源优化配置理论与模型及其在黄河下游的应用[J]. 水利学报,2006(12):1460-1469.

[2] 孙昭华. 水沙变异条件下河流系统调整机理及其功能维持初步研究[D]. 武汉:武汉大学,2004.

[3] 汪岗,范昭. 黄河水沙变化研究(第二卷)[M].郑州:黄河水利出版社,2002.

[4] 吴祈宗. 运筹学与最优化方法[M]. 北京:机械工业出版社, 2003.

[5] 何光渝. Visual Basic 常用数值算法集[M]. 北京:科学出版社, 2002.

第 7 章　黄河下游泥沙均衡 配置数学模型

本章初步应用河流泥沙均衡配置方法和模型,研究典型区域黄河下游的水沙资源优化配置,探讨黄河下游的泥沙配置方式,建立黄河下游泥沙均衡配置线性规划数学模型。

7.1　黄河下游泥沙配置层次分析

黄河下游水沙资源多目标优化配置是指对黄河流域产水产沙经过上中游水土保持、引水引沙、水库拦蓄等减水减沙后进入黄河下游的水沙资源总量,进一步通过小浪底水库拦水拦沙和调水调沙运用改善下游河道的水沙条件,通过合理分配小浪底水库调节水量、放淤机淤等耗水量、工农业生活用水量、汛期输沙入海水量和非汛期河口生态水量等方式优化配置水资源,结合河道、滩区及河口的综合治理,改善河道输水输沙能力和维持河道稳定,通过水库拦沙、放淤利用、机淤固堤、引水引沙、维持河槽、滩区淤沙、河口造陆和深海输沙等多种方式优化配置和合理利用泥沙资源,创造最大的社会、经济和生态多目标水沙资源利用综合效益。

根据水沙资源多目标优化配置层次分析方法,黄河下游水沙资源多目标优化配置层次包括总目标层、子目标层、效益指标层、配置方式层和配置方案层共 5 个层次(见表 7-1),黄河下游水资源优化配置方式主要包括水库调节水量 W_1、放淤机淤耗水量 W_2、工农业生活引水量 W_3、汛期输沙入海水量 W_4 和非汛期河口生态水量 W_5。黄河下游泥沙资源优化配置方式主要有以下几种:

(1)水库拦沙。小浪底水库拦沙能直接减轻黄河下游的泥沙灾害,但水库拦沙应以不影响下游河道稳定为前提,黄河下游汛期含沙量通常大于 30 kg/m³,黄河下游河床演变均衡稳定数学模型计算结果表明,黄河下游河道恒定流平衡输沙能力为 15 ~ 20 kg/m³,特别是粒径大于临界粒径 0.05 mm 的粗沙输送是困难的,易于造成下游河槽严重淤积[1],充分利用小浪底水库的拦沙库容合理滞洪拦粗排细,并拦蓄含沙量为 60 ~ 100 kg/m³ 的中等含沙水流,滞流沉淀调整为 50 kg/m^3 以下较低含沙量的非恒定水流下泄，减轻下游河道淤积，节省输沙水资源。因此，充分利用水库合理拦沙改善下游河道水沙条件尤为重要，水库拦沙是社会效益较好、生态效益一般而经济效益较差的措施。

表 7-1　黄河下游水沙资源多目标优化配置层次分析

层次	层次分析内容								
总目标层 A	水沙资源多目标优化配置 A								
子目标层 B	生态效益目标 B1			社会效益目标 B2			经济效益目标 B3		
效益指标层 C	改善生态环境 C1	促进河流健康 C2	减轻环境污染 C3	防洪减灾减淤 C4	改善河道治理 C5	增强治黄信心 C6	创造经济收入 C7	节省人力物力 C8	节省水资源 C9
配置方式层 D	水库调节水量 W_1		放淤机淤水量 W_2		工农业生活引水量 W_3		汛期输沙入海水量 W_4		非汛期河口生态水量 W_5
	水库拦沙 X_1	放淤利用 X_2	引水引沙 X_3	机淤固堤 X_4	维持河槽 X_5	滩区淤沙 X_6	河口造陆 X_7		深海输沙 X_8
配置方案层 E	拦粗沙排细沙，减轻下游淤积	造地建材利用，减轻水库淤积	肥田改土治碱，淤堤建材利用	人工机淤固堤，造相对地下河	控制河槽萎缩，整治游荡河段	治理"二级悬河"，综合治理滩区	改造湿地环境，河口沉积造陆		海洋动力输沙，减缓河口延伸
小浪底水库	Y_1	Y_2							
小浪底至花园口河段			Y_3	Y_8	Y_{13}	Y_{18}			
花园口至高村河段			Y_4	Y_9	Y_{14}	Y_{19}			
高村至艾山河段			Y_5	Y_{10}	Y_{15}	Y_{20}			
艾山至利津河段			Y_6	Y_{11}	Y_{16}	Y_{21}			
利津至渔洼河段			Y_7	Y_{12}	Y_{17}	Y_{22}			
河口入海							Y_{23}		Y_{24}

（2）放淤利用。放淤利用方式包括人工渠引高含沙水流放淤、机械泵抽高含沙水流放淤和水库清淤高含沙水流管渠输送放淤等具体措施。由于滩区淤沙方式包括了人工渠引高含沙水流自流放淤措施，机淤固堤方式包括了机械泵抽高含沙水流放淤措施，对于河道大堤以外的泥沙资源放淤利用，放淤利用方式主要是探讨通过水库清淤高含沙水流管渠输送放淤措施进行恢复库容。将来小浪底水库的拦沙库容淤满后，建议对水库淤沙进行清淤放淤，通过固堤造地、改土治碱和建筑材料等利用泥沙资源，减轻水库淤积，长期维持水库库容。水库放淤应以不恶化环境为前提，水库放淤利用泥沙目前是经济投入较大、生态效益较差而社会效益较好的措施，将来是生态效益、社会效益和经济效益最好的措施。

（3）引水引沙。黄河下游工农业引水必然会引出一部分泥沙，结合引水沉沙淤堤的总体布局，尽可能将原来淤积在灌区沉沙池和骨干渠道内的较粗泥沙淤筑到大堤的两侧固堤，改造渠系提高输沙能力，利用粉沙、黏沙可以达到淤灌肥田、改土治碱和减轻淤积三重功效，特别是河口三角洲的土地改良，改造河口湿地环境。过度的引水引沙不利于河流健康发展，也不利于灌区的生态环境，引沙的建筑材料利用是改善灌区生态环境的重要措施。引水引沙的生态效益较差而社会效益和经济效益较好。

（4）机淤固堤。机淤固堤是黄河下游泥沙资源利用的重要配置方式，通过总体规划，采用机械挖泥、疏浚和管道输送等技术，加固黄河大堤，结合引黄沉沙淤筑相对地下河，但要求处理好对环境的影响。该措施的经济投入较大，生态效益一般，但社会效益较好。

（5）维持河槽。20 世纪 80 年代中期以后，黄河下游来水来沙条件的显著改变与下游河道既有的宽浅边界条件不相适应，导致下游河道淤积萎缩，通过强化小浪底水库调水调沙运用改善下游河道水沙条件，辅以河道整治及局部河段机械清淤，结合游荡型河段的综合治理，调整主槽河宽水深，改善河道淤积萎缩，恢复和维持稳定的输水输沙河槽。该措施的经济投入较大，生态效益和社会效益好。

（6）滩区淤沙。黄河下游具有宽阔滩地，综合治理滩区，利用滩区滞洪淤沙，通过淤滩刷槽提高河道输水输沙能力，抓住黄河下游来大洪水的有利时机，有计划地利用滩区滞洪淤滩，也可通过人工机械疏浚主槽和结合人工渠引高含沙水流淤滩，淤滩可以护堤固滩，提高滩地土壤肥力，治理"二级悬河"。本措施的生态、社会效益和经济效益都较好。

（7）河口造陆。黄河入海泥沙的 60% ~70% 沉积在河口滨海区，黄河泥沙造就了广阔的华北平原，泥沙的造陆作用是黄河泥沙资源利用的重要方式。输沙入海受水资源限制,通过改善小浪底水库运用,充分利用河道输沙能力排沙入海,节省水资源。通过河口综合治理和合理规划河口流路,充分利用泥沙资源合理造陆,改善河口湿地环境,抵御海洋动力侵蚀和缓减三角洲岸线蚀退。该措施的生态、社会效益和经济效益都较好。

(8)深海输沙。深海输沙依靠河口海洋动力,包括风浪侵蚀和潮汐海流输沙。河口海洋动力侵蚀深海输沙基本是不随黄河来水来沙条件的改变而客观存在的,黄河输沙入海要满足抵御海洋动力侵蚀沙量,同时充分利用海洋动力输沙深海,也能缓减河口延伸速度,尽可能延长黄河河口流路的使用年限。该措施的生态效益和社会效益好,而经济效益较差。

黄河下游泥沙均衡配置按泥沙配置的河段位置分7个区段:小浪底水库、小浪底至花园口河段、花园口至高村河段、高村至艾山河段、艾山至利津河段、利津至渔洼河段和河口入海。小浪底水库包括2个配置方案变量:水库拦沙和放淤利用(Y_1和Y_2)。小浪底至花园口、花园口至高村、高村至艾山、艾山至利津和利津至渔洼5个河段各包括4个配置方案变量:引水引沙、机淤固堤、维持河槽和滩区淤沙($Y_3 \sim Y_{22}$)。河口入海包括2个配置方案变量:河口造陆和深海输沙(Y_{23}和Y_{24})。

通过以上层次分析,结合水资源优化配置,以泥沙资源优化配置为重点,确定黄河下游水资源优化配置包括5个配置变量($W_1 \sim W_5$),泥沙资源优化配置包括8个配置变量($X_1 \sim X_8$),共24个配置方案变量($Y_1 \sim Y_{24}$),由于泥沙均衡配置子目标之间存在效益冲突,因此利用层次数学分析和专家调查统计两种方法确定权重系数,根据权重系数构造综合目标函数,根据水沙配置要求、配置平衡关系和控制条件确定配置约束条件,建立黄河下游水沙资源多目标优化配置数学模型,对于流域面上的水沙资源总量优化配置,采用多目标线性规划模型。

黄河下游水沙资源多目标优化配置线性规划数学模型方程为

综合目标函数:

$$F(X) = \sum_{j=1}^{n} \beta_j X_j = \max \tag{7-1}$$

配置约束条件:

$$\sum_{j=1}^{n} a_{ij} X_j \leqslant b_i \quad (或 \geqslant b_i, = b_i, i = 1,2,\cdots,m) \tag{7-2}$$

式中:$F(X)$为综合目标函数;β_j为综合目标函数的权重系数;X_j为泥沙配置方式变量;n为泥沙配置方式变量个数,$n=8$;b_i为各约束条件的水沙资源约束量;

a_{ij} 为各约束条件的水沙系数;m 为配置约束条件个数。

模型求解为求一组水沙资源配置变量值,满足泥沙均衡配置约束条件,使泥沙均衡配置的综合目标函数达到最大或拟最大。如果配置约束条件个数达到配置方式变量个数,综合目标函数主要决定泥沙均衡配置的效果评价,模型求解的计算结果由配置约束条件决定。

7.2 构造综合目标函数

由于综合目标函数决定泥沙均衡配置的效果评价,分别采用层次数学分析和专家调查统计两种方法构造泥沙均衡配置综合目标函数的表达式。

7.2.1 层次数学分析构造方法

根据黄河下游水沙资源多目标优化配置层次分析表(见表7-1),结合水资源优化配置,以泥沙资源优化配置为重点,利用层次数学分析方法[2],对各配置层次的组成元素进行两两比较,由9标度法得到判断矩阵,求判断矩阵最大特征值对应的归一化权重系数特征向量,通过逐层次的矩阵运算方法求各配置变量的权重系数 β_j,构造综合目标函数

$$F(X) = \sum_{j=1}^{n} \beta_j X_j \tag{7-3}$$

7.2.1.1 子目标层 B 对于总目标层 A 的评价

子目标层 B 包括社会效益、经济效益和生态效益三个子目标,对于目前的经济技术水平和黄河治理程度,社会效益 B2 稍重要,其次是生态效益 B1,然后是获得经济效益 B3,由9标度法取值表(见表6-3),可得到子目标层 B 关于总目标层 A 的判断矩阵(见表7-2)。

表 7-2 子目标层 B 关于总目标层 A 的判断矩阵

总目标 A	生态效益 B1	社会效益 B2	经济效益 B3
生态效益 B1	1	1/2	2
社会效益 B2	2	1	3
经济效益 B3	1/2	1/3	1

求出上述三阶正互反矩阵的最大特征值 $\lambda_{max} = 3.009\,2$,对应的归一化权重系数特征向量为 $u = [0.297\,0, 0.539\,6, 0.163\,4]$。计算一致性指标及一致性

比率

$$C.I. = \frac{\lambda_{max} - 3}{3 - 1} = 0.004\,6 \quad C.R. = \frac{C.I.}{R.I.} = \frac{0.004\,6}{0.58} = 0.007\,9$$

因为 $C.R. < 0.1$，故这个判断矩阵的一致性可接受。

7.2.1.2　效益指标层 C 对于子目标层 B 的评价

对于生态效益子目标 $B1$ 的三个效益指标，根据黄河下游的治理要求和治理现状，最重要的生态效益指标是促进河流健康发展 $C2$，其次是减轻环境污染 $C3$，然后是努力改善生态环境 $C1$。由 9 标度法可得到 C 层三个生态效益指标对生态效益子目标 $B1$ 的判断矩阵（见表 7-3）。

表 7-3　C 层生态效益指标关于生态效益子目标层 $B1$ 的判断矩阵

生态效益子目标 $B1$	改善生态环境 $C1$	促进河流健康 $C2$	减轻环境污染 $C3$
改善生态环境 $C1$	1	1/6	1/2
促进河流健康 $C2$	6	1	3
减轻环境污染 $C3$	2	1/3	1

计算特征向量 $u_1^{(3)} = [0.111\,1, 0.666\,7, 0.222\,2]$，$\lambda_{max} = 3$，该矩阵为一致性矩阵。

对于社会效益子目标 $B2$ 的三个效益指标，根据黄河下游的治理要求和治理现状，最重要的社会效益指标是防洪减灾减淤 $C4$，其次是改善河道治理 $C5$，然后是增强治黄信心 $C6$，黄河水沙灾害目前仍然是中华民族的忧患。由 9 标度法可得到 C 层三个社会效益指标对社会效益子目标 $B2$ 的判断矩阵（见表 7-4）。

表 7-4　C 层社会效益指标关于社会效益子目标 $B2$ 的判断矩阵

社会效益子目标 $B2$	防洪减灾减淤 $C4$	改善河道治理 $C5$	增强治黄信心 $C6$
防洪减灾减淤 $C4$	1	3	7
改善河道治理 $C5$	1/3	1	5
增强治黄信心 $C6$	1/7	1/5	1

计算特征向量 $u_2^{(3)} = [0.649\,1, 0.279\,0, 0.071\,9]$，$\lambda_{max} = 3.064\,9$，计算一致性指标及一致性比率

$$C.I. = \frac{\lambda_{max} - 3}{3 - 1} = 0.032\,5 \quad C.R. = \frac{C.I.}{R.I.} = \frac{0.032\,5}{0.58} = 0.056$$

因为 C.R. <0.1,故这个判断矩阵的一致性可接受。

对于经济效益子目标 B3 的三个效益指标,根据黄河下游的治理要求和治理现状,最重要的经济效益指标是节省水资源 C9,黄河流域水资源极为短缺;其次是节省人力物力 C8,治理黄河投入的人力物力很大;然后是创造经济收入 C7,充分利用黄河泥沙资源。由 9 标度法可得到 C 层三个经济效益指标对经济效益子目标 B3 元素的判断矩阵(见表 7-5)。

表 7-5　C 层经济效益指标关于经济效益子目标 B3 的判断矩阵

经济效益子目标 B3	创造经济收入 C7	节省人力物力 C8	节省水资源 C9
创造经济收入 C7	1	1/3	1/5
节省人力物力 C8	3	1	1/3
节省水资源 C9	5	3	1

计算特征向量 $u_3^{(3)} = [0.104\,7, 0.258\,3, 0.637\,0]$, $\lambda_{max} = 3.038\,5$,计算一致性指标及一致性比率

$$C.I. = \frac{\lambda_{max}-3}{3-1} = 0.019 \quad C.R. = \frac{C.I.}{R.I.} = \frac{0.019}{0.58} = 0.032\,76$$

因为 C.R. <0.1,故这个判断矩阵的一致性可接受。

7.2.1.3　效益指标层 C 对于总目标层 A 的评价

由效益指标层 C 对于子目标层 B 判断矩阵的计算特征向量,可以得到效益指标层 C 的合成特征矩阵

$$U^{(3)} = \begin{bmatrix} 0.111\,1 & 0.666\,7 & 0.222\,2 & 0 & 0 & 0 & 0 & 0 & 0 \\ 0 & 0 & 0 & 0.649\,1 & 0.279\,0 & 0.071\,9 & 0 & 0 & 0 \\ 0 & 0 & 0 & 0 & 0 & 0 & 0.104\,7 & 0.258\,3 & 0.637\,0 \end{bmatrix}$$

得到 C 层各效益指标对总目标 A 的归一化权重系数向量:

$$\beta^{(3)} = uU^{(3)} = [0.033\,0, 0.198\,0, 0.066\,0, 0.350\,3, 0.150\,5, 0.038\,8, 0.017\,1, 0.042\,2, 0.104\,1]$$

根据权重系数,C 层各效益指标对总目标 A 的排序为:防洪减灾减淤 C4、促进河流健康 C2、改善河道治理 C5、节省水资源 C9、减轻环境污染 C3、节省人力物力 C8、增强治黄信心 C6、改善生态环境 C1、创造经济收入 C7。此排序基本符合目前黄河下游综合治理和泥沙资源化利用的要求:防洪减灾减淤是黄河治理的主要任务,维持黄河健康是目前黄河治理迫切需要解决的问题,利用泥沙资源

改善下游河道治理是目前黄河泥沙资源利用的主要方面,水资源短缺是黄河下游泥沙均衡配置的主要困难,泥沙资源化利用要求减轻环境污染,还要求节省人力物力。随着经济技术水平和对河流系统调整机制认识的提高,黄河水沙资源利用和河道输水输沙优化措施将不断改善,将来可以提高利用黄河泥沙资源改善生态环境 $C1$ 和创造经济收入 $C7$ 的权重系数。

7.2.1.4　配置方式层 D 对于效益指标层 C 的评价

配置方式层 D 对效益指标层 C 有 9 个判断矩。

(1)对于改善生态环境 $C1$,泥沙资源利用改善生态环境包括以下几方面:泥沙中富含一系列无机成分和有机成分,是滩地农业的重要肥源;泥沙对改造河口湿地环境起重要作用;适度的水库放淤可以改地、造地和治碱,改善土地的生态结构;适度的机淤固堤并辅以植被绿化,美化河流环境;适度的引水引沙可提高农田的肥力;一定的河道输沙有利于维持河道及河口的水生植物、浮游生物和鱼类赖以生存的相对稳定的河流生态系统。泥沙资源化利用和配置应有利于改善河道和流域面的生态环境,根据以上泥沙资源利用改善生态环境分析,配置方式层 D 的重要性排序为滩区淤沙 $D6$、河口造陆 $D7$、放淤利用 $D2$、机淤固堤 $D4$、引水引沙 $D3$、维持河槽 $D5$、水库拦沙 $D1$、深海输沙 $D8$。此排序可能因研究者和专家的要求及理解不同而略有差异,河口造陆要通过河道输沙实现,河口造陆 $D7$ 和滩区淤沙 $D6$ 对于改善生态环境排前两位可以基本认同。由 9 标度法可得到配置方式层 D 对改善生态环境效益指标 $C1$ 的判断矩阵(见表 7-6)。

表 7-6　D 层配置方式关于改善生态环境效益指标 $C1$ 的判断矩阵

改善生态环境 $C1$	水库拦沙 $D1$	放淤利用 $D2$	引水引沙 $D3$	机淤固堤 $D4$	维持河槽 $D5$	滩区淤沙 $D6$	河口造陆 $D7$	深海输沙 $D8$
水库拦沙 $D1$	1	1/5	1/3	1/4	1/2	1/7	1/6	2
放淤利用 $D2$	5	1	3	2	4	1/3	1/2	6
引水引沙 $D3$	3	1/3	1	1/2	2	1/5	1/4	4
机淤固堤 $D4$	4	1/2	2	1	3	1/4	1/3	5
维持河槽 $D5$	2	1/4	1/2	1/3	1	1/6	1/5	3
滩区淤沙 $D6$	7	3	5	4	6	1	2	8
河口造陆 $D7$	6	2	4	3	5	1/2	1	7
深海输沙 $D8$	1/2	1/6	1/4	1/5	1/3	1/8	1/7	1

计算归一化特征向量 $u_1^{(4)} = [0.032\,7, 0.157\,2, 0.070\,9, 0.105\,9, 0.047\,7,$
$0.331\,3, 0.230\,6, 0.023\,6]$，$\lambda_{\max} = 8.288\,3$，计算一致性指标及一致性比率

$$C.I. = \frac{\lambda_{\max} - 8}{8 - 1} = 0.041\,2 \quad C.R. = \frac{C.I.}{R.I.} = \frac{0.041\,2}{1.41} = 0.029\,2$$

因为 $C.R. < 0.1$，故这个判断矩阵的一致性可接受。

（2）对于促进河流健康 C2，河流健康的主要标准包括河道能顺利输水输沙、河道不淤积萎缩、水质不恶化和河道不断流。泥沙均衡配置促进河流健康主要包括改善河道输水输沙能力、控制河槽淤积萎缩、维持河道稳定、防止河道断流、改善河流水质。配置方式层 D 的重要性排序为维持河槽 D5、放淤利用 D2、机淤固堤 D4、滩区淤沙 D6、深海输沙 D8、水库拦沙 D1、河口造陆 D7、引水引沙 D3。由 9 标度法可得到配置方式对促进河流健康效益指标 C2 的判断矩阵（见表 7-7）。

表 7-7　D 层配置方式关于促进河流健康效益指标 C2 的判断矩阵

促进河流健康 C2	水库拦沙 D1	放淤利用 D2	引水引沙 D3	机淤固堤 D4	维持河槽 D5	滩区淤沙 D6	河口造陆 D7	深海输沙 D8
水库拦沙 D1	1	1/5	3	1/4	1/6	1/3	2	1/2
放淤利用 D2	5	1	7	2	1/2	3	6	4
引水引沙 D3	1/3	1/7	1	1/6	1/8	1/5	1/2	1/4
机淤固堤 D4	4	1/2	6	1	1/3	2	5	3
维持河槽 D5	6	2	8	3	1	4	7	5
滩区淤沙 D6	3	1/3	5	1/2	1/4	1	4	2
河口造陆 D7	1/2	1/6	2	1/5	1/7	1/4	1	1/3
深海输沙 D8	2	1/4	4	1/3	1/5	1/2	3	1

计算归一化特征向量 $u_2^{(4)} = [0.047\,7, 0.230\,6, 0.023\,6, 0.157\,2, 0.331\,3,$
$0.105\,9, 0.032\,7, 0.070\,9]$，$\lambda_{\max} = 8.288\,3$，计算一致性指标及一致性比率

$$C.I. = \frac{\lambda_{\max} - 8}{8 - 1} = 0.041\,2 \quad C.R. = \frac{C.I.}{R.I.} = \frac{0.041\,2}{1.41} = 0.029\,2$$

因为 $C.R. < 0.1$，故这个判断矩阵的一致性可接受。

（3）对于减轻环境污染 *C*3，泥沙配置应避免在陆地过分集中堆放，否则会导致风沙污染、土地沙化等环境污染，放淤利用最有可能导致环境污染，机淤固堤如果不加强绿化固沙，会引起风沙污染，引水引沙的渠首泥沙常在陆地过分集中堆放，泥沙配置分布面越广越好。因此，配置方式层 *D* 的重要性排序为深海输沙 *D*8、滩区淤沙 *D*6、河口造陆 *D*7、维持河槽 *D*5、水库拦沙 *D*1、引水引沙 *D*3、机淤固堤 *D*4、放淤利用 *D*2。由 9 标度法可得到配置方式层 *D* 对减轻环境污染效益指标 *C*3 的判断矩阵（见表 7-8）。

表 7-8　*D* 层配置方式关于减轻环境污染效益指标 *C*3 的判断矩阵

减轻环境污染 *C*3	水库拦沙 *D*1	放淤利用 *D*2	引水引沙 *D*3	机淤固堤 *D*4	维持河槽 *D*5	滩区淤沙 *D*6	河口造陆 *D*7	深海输沙 *D*8
水库拦沙 *D*1	1	4	2	3	1/2	1/4	1/3	1/5
放淤利用 *D*2	1/4	1	1/3	1/2	1/5	1/7	1/6	1/8
引水引沙 *D*3	1/2	3	1	2	1/3	1/5	1/4	1/6
机淤固堤 *D*4	1/3	2	1/2	1	1/4	1/6	1/5	1/7
维持河槽 *D*5	2	5	3	4	1	1/3	1/2	1/4
滩区淤沙 *D*6	4	7	5	6	3	1	2	1/2
河口造陆 *D*7	3	6	4	5	2	1/2	1	1/3
深海输沙 *D*8	5	8	6	7	4	2	3	1

计算归一化特征向量 $u_3^{(4)} = [0.070\,9, 0.023\,6, 0.047\,7, 0.032\,7, 0.105\,9, 0.230\,6, 0.157\,2, 0.331\,3]$，$\lambda_{max} = 8.288\,3$，同样可知这个判断矩阵的一致性可接受。

（4）对于防洪减灾减淤 *C*4，黄河下游防洪减灾减淤的主要目标是减少下游河道淤积，控制主槽的淤积萎缩和"二级悬河"的恶化发展；减少黄河河口淤积，延长河口流路的使用寿命；减少小浪底水库淤积，延长小浪底水库库容的使用寿命。因此，配置方式层 *D* 的重要性排序为深海输沙 *D*8、维持河槽 *D*5、放淤利用 *D*2、引水引沙 *D*3、机淤固堤 *D*4、滩区淤沙 *D*6、水库拦沙 *D*1、河口造陆 *D*7。由 9 标度法可得到配置方式层 *D* 对防洪减灾减淤效益指标 *C*4 的判断矩阵（见表 7-9）。

表7-9 D层配置方式关于防洪减灾减淤效益指标 C4 的判断矩阵

防洪减灾 减淤 C4	水库拦沙 D1	放淤利用 D2	引水引沙 D3	机淤固堤 D4	维持河槽 D5	滩区淤沙 D6	河口造陆 D7	深海输沙 D8
水库拦沙 D1	1	1/5	1/4	1/3	1/6	1/2	2	1/7
放淤利用 D2	5	1	2	3	1/2	4	6	1/3
引水引沙 D3	4	1/2	1	2	1/3	3	5	1/4
机淤固堤 D4	3	1/3	1/2	1	1/4	2	4	1/5
维持河槽 D5	6	2	3	4	1	5	7	1/2
滩区淤沙 D6	2	1/4	1/3	1/2	1/5	1	3	1/6
河口造陆 D7	1/2	1/6	1/5	1/4	1/7	1/3	1	1/5
深海输沙 D8	7	3	4	5	2	6	8	1

计算归一化特征向量 $u_4^{(4)} = [0.032\ 7, 0.157\ 2, 0.105\ 9, 0.070\ 9, 0.230\ 6,$ $0.047\ 7, 0.023\ 6, 0.331\ 3]$，$\lambda_{max} = 8.288\ 3$，同样可知这个判断矩阵的一致性可接受。

（5）对于改善河道治理 C5，泥沙配置应有利于提高河流治理程度，黄河下游河道治理主要包括标准化大堤建设、河槽萎缩及"二级悬河"的综合治理和游荡型河段改造等[3]。因此，配置方式层 D 的重要性排序为机淤固堤 D4、滩区淤沙 D6、维持河槽 D5、引水引沙 D3、放淤利用 D2、水库拦沙 D1、河口造陆 D7、深海输沙 D8。由9标度法可得到配置方式层 D 对改善河道治理效益指标 C5 的判断矩阵（见表7-10）。

表7-10 D层配置方式关于改善河道治理效益指标 C5 的判断矩阵

改善河道 治理 C5	水库拦沙 D1	放淤利用 D2	引水引沙 D3	机淤固堤 D4	维持河槽 D5	滩区淤沙 D6	河口造陆 D7	深海输沙 D8
水库拦沙 D1	1	1/2	1/3	1/6	1/4	1/5	2	3
放淤利用 D2	2	1	1/2	1/5	1/3	1/4	3	4
引水引沙 D3	3	2	1	1/4	1/2	1/3	4	5
机淤固堤 D4	6	5	4	1	3	2	7	8
维持河槽 D5	4	3	2	1/3	1	1/2	5	6
滩区淤沙 D6	5	4	3	1/2	2	1	6	7
河口造陆 D7	1/2	1/3	1/4	1/7	1/5	1/6	1	2
深海输沙 D8	1/3	1/4	1/5	1/8	1/6	1/7	1/2	1

计算归一化特征向量 $u_5^{(4)}=[\,0.047\,7,0.070\,9,0.105\,9,0.331\,3,0.157\,2,$ $0.230\,6,0.032\,7,0.023\,6\,]$，$\lambda_{\max}=8.288\,3$，同样可知这个判断矩阵的一致性可接受。

（6）对于增强治黄信心 $C6$，黄河治理虽然取得了巨大成绩，由于对河流系统调整机制的认识不全面，新问题仍然不断涌现，泥沙配置应有利于提高治黄信心，提高社会对黄河的安全感。因此，配置方式层 D 的重要性排序为深海输沙 $D8$、水库拦沙 $D1$、放淤利用 $D2$、引水引沙 $D3$、机淤固堤 $D4$、滩区淤沙 $D6$、河口造陆 $D7$、维持河槽 $D5$。由 9 标度法可得到配置方式层 D 对增强治黄信心效益指标 $C6$ 的判断矩阵（见表 7-11）。

表 7-11　D 层配置方式关于增强治黄信心效益指标 $C6$ 的判断矩阵

增强治黄信心 $C6$	水库拦沙 $D1$	放淤利用 $D2$	引水引沙 $D3$	机淤固堤 $D4$	维持河槽 $D5$	滩区淤沙 $D6$	河口造陆 $D7$	深海输沙 $D8$
水库拦沙 $D1$	1	2	3	4	7	5	6	1/2
放淤利用 $D2$	1/2	1	2	3	6	4	5	1/3
引水引沙 $D3$	1/3	1/2	1	2	5	3	4	1/4
机淤固堤 $D4$	1/4	1/3	1/2	1	4	2	3	1/5
维持河槽 $D5$	1/7	1/6	1/5	1/4	1	1/3	1/2	1/8
滩区淤沙 $D6$	1/5	1/4	1/3	1/2	3	1	2	1/6
河口造陆 $D7$	1/6	1/5	1/4	1/3	2	1/2	1	1/7
深海输沙 $D8$	2	3	4	5	8	6	7	1

计算归一化特征向量 $u_6^{(4)}=[\,0.230\,6,0.157\,2,0.105\,9,0.070\,9,0.023\,6,$ $0.047\,7,0.032\,7,0.331\,3\,]$，$\lambda_{\max}=8.288\,3$，同样可知这个判断矩阵的一致性可接受。

（7）对于创造经济收入 $C7$，泥沙资源化利用可以产生隐性经济收入和直接经济收入，目前黄河泥沙资源的利用主要带来隐性经济收入，包括放淤固堤造地、淤滩提高土地农田肥力、引水引沙改土治碱、淤临淤背巩固堤防和改造河道的填充材料等。利用黄河泥沙资源创造直接经济收入的最好途径是把泥沙转化为建筑材料[4-6]，粒径中沙以上的泥沙可以直接作为建筑材料加以利用，粉细沙因粒径太小而黏性和强度不够，必须研究新的利用措施，如作为填充辅料，或进一步加工成新材料,在目前的经济技术水平下,本书未将建筑材料利用作为独立的黄河泥沙资源配置方式,随着国家经济实力和技术水平的提高,建筑材料利用将是黄河泥沙资源最重要的利用方式,最终把黄河泥沙资源利用作为"沙产业"来发展[7-9]。配置方式层 D 的重要性排序为放淤利用 D2、滩区淤沙 D6、机淤固堤 D4、引水引沙 D3、河口造陆 D7、维持河槽 D5、深海输沙 D8、水库拦沙 D1。由 9 标度法可得到配置方式对创造经济收入 C7 的判断矩阵(见表 7-12)。

表 7-12　D 层配置方式关于创造经济收入效益指标 C7 的判断矩阵

创造经济收入 C7	水库拦沙 D1	放淤利用 D2	引水引沙 D3	机淤固堤 D4	维持河槽 D5	滩区淤沙 D6	河口造陆 D7	深海输沙 D8
水库拦沙 D1	1	1/8	1/5	1/6	1/3	1/7	1/4	1/2
放淤利用 D2	8	1	4	3	6	2	5	7
引水引沙 D3	5	1/4	1	1/2	3	1/3	2	4
机淤固堤 D4	6	1/3	2	1	4	1/2	3	5
维持河槽 D5	3	1/6	1/3	1/4	1	1/5	1/2	2
滩区淤沙 D6	7	1/2	3	2	5	1	4	6
河口造陆 D7	4	1/5	1/2	1/3	2	1/4	1	3
深海输沙 D8	2	1/7	1/4	1/5	1/2	1/6	1/3	1

计算归一化特征向量 $u_7^{(4)} = [0.023\,6, 0.331\,3, 0.105\,9, 0.157\,2, 0.047\,7, 0.230\,6, 0.070\,9, 0.032\,7]$,$\lambda_{max} = 8.288\,3$,同样可知这个判断矩阵的一致性可接受。

(8)对于节省人力物力 C8,就是要充分利用大自然的力量优化配置泥沙资源,深海输沙是利用大自然的海洋动力改善黄河下游泥沙资源的配置,维持河槽是利用水流动力输沙改善泥沙淤积。配置方式层 D 的重要性排序为深海输沙 D8、维持河槽 D5、滩区淤沙 D6、河口造陆 D7、引水引沙 D3、机淤固堤 D4、水库拦沙 D1、放淤利用 D2。由 9 标度法可得到配置方式对节省人力物力效益指标 C8 的判断矩阵(见表 7-13)。

计算归一化特征向量 $u_8^{(4)} = [0.032\,7, 0.023\,6, 0.070\,9, 0.047\,7, 0.230\,6, 0.157\,2, 0.105\,9, 0.331\,3]$,$\lambda_{max} = 8.288\,3$,同样可知这个判断矩阵的一致性可接受。

(9)对于节省水资源 C9,对于水少沙多的黄河下游,泥沙均衡配置应考虑提高水资源利用率,对于泥沙资源配置,水库拦沙不耗水资源,引水引沙是工农业生活引水需要引起的结果,漫滩水流还可利用和回归河槽,输沙入海、维持河槽、机淤固堤和放淤利用都要耗用一定水资源。因此,配置方式层 D 的重要性排序为水库拦沙 $D1$、引水引沙 $D3$、滩区淤沙 $D6$、放淤利用 $D2$、机淤固堤 $D4$、维持河槽 $D5$、河口造陆 $D7$、深海输沙 $D8$。由 9 标度法可得到配置方式层 D 对节省水资源效益指标 $C9$ 的判断矩阵(见表 7-14)。

表 7-13　D 层配置方式关于节省人力物力效益指标 $C8$ 的判断矩阵

节省人力物力 $C8$	水库拦沙 $D1$	放淤利用 $D2$	引水引沙 $D3$	机淤固堤 $D4$	维持河槽 $D5$	滩区淤沙 $D6$	河口造陆 $D7$	深海输沙 $D8$
水库拦沙 $D1$	1	2	1/3	1/2	1/6	1/5	1/4	1/7
放淤利用 $D2$	1/2	1	1/4	1/3	1/7	1/6	1/5	1/8
引水引沙 $D3$	3	4	1	2	1/4	1/3	1/2	1/5
机淤固堤 $D4$	2	3	1/2	1	1/5	1/4	1/3	1/6
维持河槽 $D5$	6	7	4	5	1	2	3	1/2
滩区淤沙 $D6$	5	6	3	4	1/2	1	2	1/3
河口造陆 $D7$	4	5	2	3	1/3	1/2	1	1/4
深海输沙 $D8$	7	8	5	6	2	3	4	1

表 7-14　D 层配置方式关于节省水资源效益指标 $C9$ 的判断矩阵

节省水资源 $C9$	水库拦沙 $D1$	放淤利用 $D2$	引水引沙 $D3$	机淤固堤 $D4$	维持河槽 $D5$	滩区淤沙 $D6$	河口造陆 $D7$	深海输沙 $D8$
水库拦沙 $D1$	1	4	2	5	6	3	7	8
放淤利用 $D2$	1/4	1	1/3	2	3	1/2	4	5
引水引沙 $D3$	1/2	3	1	4	5	2	6	7
机淤固堤 $D4$	1/5	1/2	1/4	1	2	1/3	3	4
维持河槽 $D5$	1/6	1/3	1/5	1/2	1	1/4	2	3
滩区淤沙 $D6$	1/3	2	1/2	3	4	1	5	6
河口造陆 $D7$	1/7	1/4	1/6	1/3	1/2	1/5	1	2
深海输沙 $D8$	1/8	1/5	1/7	1/4	1/3	1/6	1/2	1

计算归一化特征向量 $u_9^{(4)} = [0.331\ 3, 0.105\ 9, 0.230\ 6, 0.070\ 9, 0.047\ 7,$
$0.157\ 2, 0.032\ 7, 0.023\ 6]$，$\lambda_{max} = 8.288\ 3$，同样可知这个判断矩阵的一致性可接受。

7.2.1.5 配置方式层 D 对于总目标层 A 的评价

由配置方式层 D 对效益指标层 C 的特征向量，可以得到合成特征矩阵 $U^{(4)}$（9×8）：

$u_1^{(4)} = [0.032\ 7, 0.157\ 2, 0.070\ 9, 0.105\ 9, 0.047\ 7, 0.331\ 3, 0.230\ 6, 0.023\ 6]$

$u_2^{(4)} = [0.047\ 7, 0.230\ 6, 0.023\ 6, 0.157\ 2, 0.331\ 3, 0.105\ 9, 0.032\ 7, 0.070\ 9]$

$u_3^{(4)} = [0.070\ 9, 0.023\ 6, 0.047\ 7, 0.032\ 7, 0.105\ 9, 0.230\ 6, 0.157\ 2, 0.331\ 3]$

$u_4^{(4)} = [0.032\ 7, 0.157\ 2, 0.105\ 9, 0.070\ 9, 0.230\ 6, 0.047\ 7, 0.023\ 6, 0.331\ 3]$

$u_5^{(4)} = [0.047\ 7, 0.070\ 9, 0.331\ 3, 0.157\ 2, 0.230\ 6, 0.032\ 7, 0.023\ 6]$

$u_6^{(4)} = [0.230\ 6, 0.157\ 2, 0.105\ 9, 0.070\ 9, 0.023\ 6, 0.047\ 7, 0.032\ 7, 0.331\ 3]$

$u_7^{(4)} = [0.023\ 6, 0.331\ 3, 0.105\ 9, 0.157\ 2, 0.047\ 7, 0.230\ 6, 0.070\ 9, 0.032\ 7]$

$u_8^{(4)} = [0.032\ 7, 0.023\ 6, 0.070\ 9, 0.047\ 7, 0.230\ 6, 0.157\ 2, 0.105\ 9, 0.331\ 3]$

$u_9^{(4)} = [0.331\ 3, 0.105\ 9, 0.230\ 6, 0.070\ 9, 0.047\ 7, 0.157\ 2, 0.032\ 7, 0.023\ 6]$

由 C 层各效益指标对总目标 A 的归一化权重系数向量：

$$\beta^{(3)} = [0.033\ 0, 0.198\ 0, 0.066\ 0, 0.350\ 3, 0.150\ 5,$$
$$0.038\ 8, 0.017\ 1, 0.042\ 2, 0.104\ 1]$$

可得到 D 层各配置方式对总目标 A 的归一化权重系数向量：

$$\beta^{(4)} = \beta^{(3)}U^{(4)} = [0.079\ 1, 0.141\ 9, 0.096\ 1, 0.126\ 3,$$
$$0.195\ 0, 0.127\ 3, 0.048\ 0, 0.186\ 1]$$

根据权重系数，D 层各配置方式对总目标 A 的重要性排序为维持河槽 $D5$、深海输沙 $D8$、放淤利用 $D2$、滩区淤沙 $D6$、机淤固堤 $D4$、引水引沙 $D3$、水库拦沙 $D1$、河口造陆 $D7$。此排序基本符合黄河下游综合治理和水沙资源综合利用的要求，和黄河下游泥沙资源优化配置重要性排序评价专家调查统计成果表中 D 层配置方式的资源利用型排序一致（见表 7-15）。

根据黄河下游河床演变均衡稳定数学模型计算和分析结果，恢复和维持黄河下游河槽的输水输沙能力及稳定河槽断面，要求利用泥沙资源将上段宽浅游荡河槽塑造为较窄深稳定河槽，夹河滩以上河段可容纳泥沙约 3.25 亿 t，使泥沙沿程分选细化，有利于冲刷下段萎缩河槽，恢复夹河滩以下河槽要求冲刷泥沙约 4.45 亿 t，因此黄河下游河槽淤上段冲下段有利，反之不利。综合而言，黄河下游河槽冲刷有利,淤积不利,维持河槽泥沙配置方式对应的配置变量权重系数采用负值,根据以上结果,由 D 层各配置方式对总目标 A 的归一化权重系数向量 $\beta^{(4)}$,可构造黄河下游泥沙均衡配置综合目标函数的层次分析法表达式

$$F(X) = 0.079\ 1X_1 + 0.141\ 9X_2 + 0.096\ 1X_3 + 0.126\ 3X_4 - 0.195\ 0X_5 +$$
$$0.127\ 3X_6 + 0.048\ 0X_7 + 0.186\ 1X_8 \qquad (7\text{-}4)$$

表 7-15　黄河下游水沙资源多目标优化配置层次分析重要性排序评价专家调查统计

层次	层次分析内容								
总目标层 A	泥沙资源多目标优化配置 A								
子目标层 B	生态效益目标 B1			社会效益目标 B2			经济效益目标 B3		
B 层重要性排序	2			1			3		
效益指标层 C	改善生态环境 C1	促进河流健康 C2	减轻环境污染 C3	防洪减灾减淤 C4	改善河道治理 C5	增强治黄信心 C6	创造经济收入 C7	节省人力物力 C8	节省水资源 C9
C 层重要性排序	3	1	2	1	3	3	3	2	1
配置方式层 D	水库拦沙 D1	放淤利用 D2	引水引沙 D3	机淤固堤 D4	维持河槽 D5	滩区淤沙 D6	河口造陆 D7	深海输沙 D8	
D 层资源利用型排序	7	3	6	5	1	4	8	2	
D 层灾害治理型排序	2	5	6	4	7	3	8	1	
配置方案层 E	拦粗沙排细沙,减轻下游淤积	造地建材利用,减轻水库淤积	肥田改土治碱,淤堤建材利用	人工机淤固堤,造相对地下河	控制河槽萎缩,整治游荡河段	治理"二级悬河",综合治理滩区	改造湿地环境,河口沉积造陆	海洋动力输沙,减缓河口延伸	

7.2.2 专家调查统计构造方法

综合目标函数的表达式除采用层次数学分析方法构造外,还可以通过专家调查统计方法构造。通过黄河下游泥沙均衡配置层次分析,建立并发放黄河下游水沙资源多目标优化配置层次分析重要性排序评价专家调查表(见表 7-15)。

结合水资源优化配置,以泥沙资源优化配置为重点,要求专家按配置效益指

标和配置目的进行综合判断排序。统计专家调查结果,专家们对各层次指标的
重要性排序基本一致,只对配置方式 D 层的水库拦沙、放淤利用和维持河槽 3
种方式的认识理解不同而排序有所差别,可将配置方式 D 层专家调查重要性排
序统计结果分为资源利用型和灾害治理型两种排序,资源利用型重要性排序为
维持河槽 $D5$、深海输沙 $D8$、放淤利用 $D2$、滩区淤沙 $D6$、机淤固堤 $D4$、引水引沙
$D3$、水库拦沙 $D1$、河口造陆 $D7$,该排序和层次数学分析方法的排序相同;灾害治
理型重要性排序为深海输沙 $D8$、水库拦沙 $D1$、滩区淤沙 $D6$、机淤固堤 $D4$、放淤
利用 $D2$、引水引沙 $D3$、维持河槽 $D5$、河口造陆 $D7$。因此,可以直接根据配置方
式专家调查排序统计的资源利用型和灾害治理型两种排序,由 9 标度法得到判
断矩阵,通过求判断矩阵最大特征值对应的归一化权重系数特征向量,求各配置
变量的权重系数 β_j,构造综合目标函数。

7.2.2.1 资源利用型表达式

根据配置方式 D 层专家调查的资源利用型重要性排序,由 9 标度法可得到
D 层配置方式对水沙优化配置总目标 A 的判断矩阵(见表 7-16)。

表 7-16 D 层配置方式关于水沙优化配置总目标 A 的判断矩阵

水沙优化配置总目标 A	水库拦沙 $D1$	放淤利用 $D2$	引水引沙 $D3$	机淤固堤 $D4$	维持河槽 $D5$	滩区淤沙 $D6$	河口造陆 $D7$	深海输沙 $D8$
水库拦沙 $D1$	1	1/5	1/2	1/3	1/7	1/4	2	1/6
放淤利用 $D2$	5	1	4	3	1/3	2	6	1/2
引水引沙 $D3$	2	1/4	1	1/2	1/6	1/3	3	1/5
机淤固堤 $D4$	3	1/3	2	1	1/5	1/2	4	1/4
维持河槽 $D5$	7	3	6	5	1	4	8	2
滩区淤沙 $D6$	4	1/2	3	2	1/4	1	5	1/3
河口造陆 $D7$	1/2	1/6	1/3	1/4	1/8	1/5	1	1/7
深海输沙 $D8$	6	2	5	4	1/2	3	7	1

计算归一化特征向量 $\beta^{(5)}=[0.032\,7,0.157\,2,0.047\,7,0.070\,9,0.331\,3,$
$0.105\,9,0.023\,6,0.230\,6]$,$\lambda_{max}=8.288\,3$,计算一致性指标及一致性比率

$$C.I.=\frac{\lambda_{max}-8}{8-1}=0.041\,2 \quad C.R.=\frac{C.I.}{R.I.}=\frac{0.041\,2}{1.41}=0.029\,2$$

因为 $C.R.<0.1$,故这个判断矩阵的一致性可接受。

同样,由 D 层各配置方式对总目标 A 的归一化权重系数向量 $\beta^{(5)}$,可构造黄河下游泥沙均衡配置综合目标函数的资源利用型表达式

$$F(X) = 0.032\ 7X_1 + 0.157\ 2X_2 + 0.047\ 7X_3 + 0.070\ 9X_4 - 0.331\ 3X_5 +$$
$$0.105\ 9X_6 + 0.023\ 6X_7 + 0.230\ 6X_8 \tag{7-5}$$

7.2.2.2　灾害治理型表达式

根据配置方式 D 层专家调查的灾害治理型重要性排序,由 9 标度法可得到 D 层配置方式对水沙优化配置总目标 A 的判断矩阵(见表 7-17)。

表 7-17　D 层配置方式关于水沙优化配置总目标 A 的判断矩阵

水沙优化配置总目标 A	水库拦沙 $D1$	放淤利用 $D2$	引水引沙 $D3$	机淤固堤 $D4$	维持河槽 $D5$	滩区淤沙 $D6$	河口造陆 $D7$	深海输沙 $D8$
水库拦沙 $D1$	1	4	5	3	6	2	7	1/2
放淤利用 $D2$	1/4	1	2	1/2	3	1/3	4	1/5
引水引沙 $D3$	1/5	1/2	1	1/3	2	1/4	3	1/6
机淤固堤 $D4$	1/3	2	3	1	4	1/2	5	1/4
维持河槽 $D5$	1/6	1/3	1/2	1/4	1	1/5	2	1/7
滩区淤沙 $D6$	1/2	3	4	2	5	1	6	1/3
河口造陆 $D7$	1/7	1/4	1/3	1/5	1/2	1/6	1	1/8
深海输沙 $D8$	2	5	6	4	7	3	8	1

计算归一化特征向量 $\beta^{(6)} = [0.230\ 6, 0.070\ 9, 0.047\ 7, 0.105\ 9, 0.032\ 7, 0.157\ 2, 0.023\ 6, 0.331\ 3]$,$\lambda_{\max} = 8.288\ 3$,计算一致性指标及一致性比率

$$C.I. = \frac{\lambda_{\max} - 8}{8 - 1} = 0.041\ 2 \quad C.R. = \frac{C.I.}{R.I.} = \frac{0.041\ 2}{1.41} = 0.029\ 2$$

因为 $C.R. < 0.1$,故这个判断矩阵的一致性可接受。

同样,由 D 层各配置方式对总目标 A 的归一化权重系数向量 $\beta^{(6)}$,可构造黄河下游泥沙均衡配置综合目标函数的灾害治理型表达式

$$F(X) = 0.230\ 6X_1 + 0.070\ 9X_2 + 0.047\ 7X_3 + 0.105\ 9X_4 -$$
$$0.032\ 7X_5 + 0.157\ 2X_6 + 0.023\ 6X_7 + 0.331\ 3X_8 \tag{7-6}$$

对于不同流域以及同一流域不同区域,综合目标函数的权重系数是不同的,通过上述层次数学分析和专家调查统计两种方法,分别构造了泥沙均衡配置综合目标函数的层次分析法、资源利用型和灾害治理型三个不同表达式,对于水沙

资源多目标优化配置线性规划数学模型而言,综合目标函数权重系数的相对大小决定模型单纯形法求解转轴运算的秩序,权重系数的绝对值大小决定泥沙均衡配置的效果评价,泥沙均衡配置模型的计算结果由配置约束条件决定。由于本书数学模型的配置约束条件个数达到配置方式变量个数,综合目标函数的不同表达式不影响模型计算结果,综合目标函数的层次分析法表达式也是一种资源利用型表达式,因此数学模型以层次分析法表达式为主计算综合目标函数表达式,同时计算资源利用型和灾害治理型表达式的综合目标函数值,以便进行泥沙均衡配置的效果评价。

7.3　确定配置约束条件

在深入研究黄河下游泥沙均衡配置各种方式的基础上,确定其水沙配置要求和处理泥沙能力,根据水沙配置要求、配置平衡关系和处理泥沙能力,确定黄河下游水沙资源多目标优化配置数学模型的约束条件。

7.3.1　小浪底水库拦沙能力约束

小浪底水利枢纽是以防洪(包括防凌)、减淤为主,兼顾供水、灌溉和发电,除害兴利、综合利用的枢纽工程,小浪底水库最高水位 275 m,总库容 126.5 亿 m³,主汛期限制水位 254 m,死水位 230 m,有效库容 51 亿 m³,其滩库容 41 亿 m³,槽库容 10 亿 m³,拦沙容积初期 80 亿 m³、后期 72.5 亿 m³,下游平均减淤 78.7 亿 t[10]。按照初步设计阶段的划分[11,12],小浪底水库运用将采取分期逐年抬高水位的方式,水库运用分成"两期四阶段"。

运用初期为调水调沙拦沙运用期,是逐步形成高滩深槽的时期,分为 3 个阶段:

(1)蓄水拦沙阶段,历时 3 年。205 m 起调水位以下死库容淤积阶段,水库以异重流排沙为主。汛期 7~9 月调水,运用水位在 205 m 以上变化,不低于 205 m;在调节期,调蓄水量发电、灌溉,并蓄水造峰冲刷下游。每当起调水位以上蓄水量达 45 亿 m³时,即泄水造峰。此时,相应库水位在 244 m 左右。

(2)逐步抬高运用水位阶段,历时约 10 年。当 205 m 高程以下死库容淤满后,由起调水位 205 m 逐步抬高运用,淤积也逐步抬高至 245 m 高程,水库尽可能拦粗排细,其拦沙库容约 61.5 亿 m³,按泥沙干容重 1.4 t/m³计算,库区淤积量为 86.1 亿 t,水库拦沙作用基本结束。汛期调水调沙,调节期运用方式同前阶段。

（3）高滩深槽阶段，历时约 20 年。汛期调水调沙，库水位变幅较大。黄河洪水期的 7～9 月，库水位不超过 254 m。水库滩地逐步淤高至 254 m，河底逐步降至 226.3 m，形成滩槽高差 28 m 左右的高滩深槽，水库累积淤积量为 72.5 亿 m³，按泥沙干容重 1.4 t/m³ 计算，库区淤积量约 101.5 亿 t。调节期最高水位 275 m，运用方式同前阶段。

运用后期为蓄清排浑调水调沙期，也称正常运用期。在汛期利用槽库容调水调沙，使水库槽库容多年内冲淤平衡，保持有效库容在 40.5 亿～51.0 亿 m³。调节期最高水位 275 m，进行综合利用及人造洪峰调节。

小浪底水库是黄河梯级开发最下游的大型枢纽工程，肩负着黄河下游防洪减淤、维持河流健康的重要任务。水库淤积量由来水来沙条件和水库运用方式决定，小浪底水库运用前 3 年（2000～2002 年）平均年淤积量 3.201 亿 t。研究结果表明[13]，按照目前的运用规划，小浪底水库单独运用，对于不同的来水来沙系列，黄河下游的不淤年限为 21～33 年，届时水库的拦沙库容 72.5 亿 m³（约 101.5 亿 t）将被淤满，水库失去主要拦沙功能。从黄河下游泥沙均衡配置的观点，小浪底水库的拦沙库容应使用更长的时间，目前小浪底水库排沙困难，下游的清水冲刷过度会导致滩地冲失，并有冲上段淤下段的不利趋势。如果按小浪底水库拦沙初期 13 年淤满主要拦沙库容 61.5 亿 m³（约 86.1 亿 t），年平均拦沙量可达 6.623 亿 t，而拦沙后期 20 年只有拦沙库容 11 亿 m³（约 15.4 亿 t），年平均拦沙能力只有 0.77 亿 t，因此在调水调沙运用的同时，如何合理利用小浪底水库拦沙库容，尽量延长拦沙库容使用寿命，是目前水利工作者面对的重要课题。通过异重流排沙、泄洪期库区机械增淤、机械疏浚放淤、拦粗排细、蓄清排浑和敞泄排沙等都是维持水库拦沙库容的重要措施[14-18]，从泥沙均衡配置的角度考虑，小浪底水库合理拦沙，以滞洪拦粗排细运用为主，尽量延长拦沙库容使用寿命，将小浪底水库的拦沙库容使用寿命定为至少 33 年，充分利用这 33 年的有利时机对黄河下游的河道、滩区和大堤进行全面综合治理。因此，确定小浪底水库 33 年拦沙运用期的最大年拦沙能力为 6.623 亿 t，通过多年调节平衡，使拦沙运用期 33 年的年平均拦沙能力为 3.076 亿 t，可得到小浪底水库拦沙能力约束条件

$$X_1 = Y_1 \leqslant 3.076 亿 ～ 6.623 亿\ t \tag{7-7}$$

7.3.2 放淤利用能力约束

由于滩区淤沙方式包括了人工渠引高含沙水流自流放淤措施，机淤固堤方

式包括了机械泵抽高含沙水流放淤措施,此处放淤利用方式主要探讨通过水库清淤高含沙水流管渠输送放淤措施利用泥沙资源,将来恢复和长期维持小浪底水库调水调沙库容,改善下游河道输水输沙能力,维持下游河道稳定。以投资昂贵的有限库容拦蓄几乎无限的泥沙是很不经济的,也不是黄河泥沙治理的长久之策,许多水利工作者积极探索利用水库放淤处理泥沙的方法[19-21],水库放淤既可恢复小浪底水库有限的拦沙库容,长久维持水库的调水调沙能力,又可利用黄河的巨量泥沙创造经济效益。小浪底水库长期下泄清水引起的清水冲刷对下游河道稳定及堤防守护不利,维持下游河道适量的输沙量有利于维持下游河道均衡稳定,2004年小浪底水库虽然采用了库区人造异重流和机械扰动增紊措施,但水库排沙仍然非常困难,由于小浪底水库有发电和保障下游枯季供水的兴利要求,一般不允许泄空水库排沙,即使允许泄空水库排沙,也会引起下游河道泥沙的剧烈堆积,因此建议小浪底水库减淤采用机械清淤集中形成高含沙水流,通过管渠道输送方式放淤。管渠道放淤一方面可以给小浪底水库下泄的清水配沙,维持下游河道稳定需要的输沙量,这类似于德国莱茵河的人工喂沙维持航道及生态稳定[22];另一方面可以向广阔的黄河下游平原及河口输沙,充分利用黄河丰富的泥沙资源。管渠道放淤有两种方案:放淤配沙短渠方案和供水输沙配沙管渠系统方案。

(1)方案一:放淤配沙短渠方案(见图7-1)。在小浪底水库下游的黄河北岸规划盐碱洼地[19],如在小浪底水库下游沁河与黄河之间孟州市和温县的盐碱洼地放淤,使用功能强大的清淤设备对小浪底库区进行机械清淤,在清淤段库区边缘修建渠道,清出物经过稀释以300～500 kg/m³的浓度排入该渠,沿程集流后通过隧洞进入大坝下游,与坝下的输沙渠道相连接,一方面通过输沙渠道输送利用泥沙改土治碱造地,将放淤沉淀的清水利用;另一方面通过配沙渠道给小浪底水库下泄的清水配沙。该方案投资较小,但受可放淤区域限制,输沙渠道使用年限较短,特别是随着人口的增长,较难规划出面积较大的连片放淤区。只有配沙渠道可供长期使用,将来放淤配沙短渠变成使用功能单一的配沙短渠。

(2)方案二:供水输沙配沙管渠系统方案(见图7-2)。从黄河下游水沙灾害治理和水沙资源利用的长远角度考虑,应利用小浪底水库调水调沙使黄河下游清浑分流[20,21],严格地说是低、高含沙水流分流。供水输沙配沙管渠系统方案实际包含了放淤配沙短渠方案,是将放淤配沙短渠方案的输沙渠道进一步通过管渠系统延伸,向广阔的黄河下游平原及河口渤海供水和输沙。使用功能强大的清淤设备对库区进行机械清淤,在清淤段库区边缘修建渠道,清出物经过稀释

图 7-1　小浪底水库放淤配沙短渠方案示意图

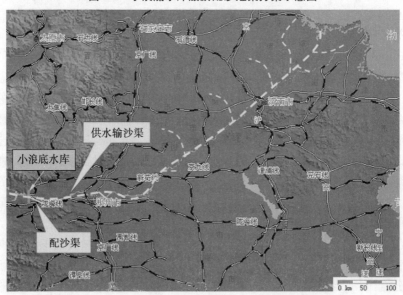

图 7-2　小浪底水库放淤供水输沙配沙管渠系方案示意图

以 $300 \sim 500$ kg/m³ 的浓度排入该渠,合理安排泵群的作业位置,使粒径小于

0.01 mm 的极细颗粒泥沙保持在 20% 以上,沿程集流后通过隧洞进入大坝下游,与坝下的输沙渠道相连接,根据高含沙水流的输沙特性,这样的水流可长距离输送,一方面通过输沙管渠系输送利用泥沙改土治碱造地及建筑材料利用,将放淤沉淀的清水利用;另一方面通过配沙渠道给小浪底水库下泄的清水配沙。如果把排沙渠首端高程设定为 250 m 左右,到海岸距离 800~850 km,平均比降可达 2.5‰~3.0‰,河床演变均衡稳定数学模型计算表明,对于含沙量大于 300 kg/m³ 的高含沙水流,输沙平衡的临界坡降 2‰~3‰,总体上具备渠道自流输送的条件,考虑到地形变化,有些地段也可用管道输送,个别比降不足地段可用泵站适当加压。管渠系统在一年中 4 个月的冬季和枯水期输送清水,防止管渠封冻淤堵,并用清水疏通管渠系统,保证一年中有 8 个月输送高含沙水流。供水输沙管渠系可根据需要设置汊道,将泥沙用于淤填堤河串沟、改土治碱肥田、放淤固堤造地和建筑材料利用等,清水用于工农业用水和生活用水。入海口的选择不限于现行河口,可以在渤海较大范围内选择几个海洋动力条件好、水下地形梯度大的地方作为入海口,甚至可以规划黄河南岸渠系向黄海输沙。在渠道的近海段即分为若干汊道,分别通向选定的入海海域,各汊道轮番使用,淤积一定数量后有足够的间歇时间,以实现淤积和退蚀的平衡,使入海口可长期使用,不致因河口淤积延伸影响渠道排沙。

方案二的投资较大,可以一次总体规划,分期分段实施。由于方案二实际上包括了方案一,该方案也可以灵活运用。如果规划小浪底水库拦沙运用初期结束时配沙短渠部分投入运用,通过配沙渠道给小浪底水库下泄的清水配沙,规划小浪底水库拦沙运用期结束时输沙渠道部分投入运用,一边运用一边延伸供水输沙管渠系,最终实现高含沙水流输沙入渤海。

在小浪底水库运用初期,强化小浪底水库调水调沙运用,配合河道整治工程,恢复下游均衡稳定的中水河槽。恢复中水河槽完成后,为了保障水库发电和下游枯季供水的兴利要求,小浪底水库主要采用蓄水拦沙运用方式,水库一般只泄放清水,通过配沙渠道配沙,汛期一般维持下游河道水流为含沙量 15~20 kg/m³ 的低含沙水流,配合小浪底水库相机调水调沙维持下游河槽,保持下游河道冲淤平衡和河口稳定。小浪底水库拦沙运用期结束后,将小浪底水库淤沙机械清淤形成高含沙水流给下游河道配沙,并通过供水输沙管渠系输送利用泥沙资源,长期维持小浪底水库的调水调沙库容。这个方案供水输沙配沙兼顾,利用库区清淤实现水库泥沙进出均衡,利用高含沙水流的输沙特性维持输沙渠道的进出均衡,利用淤泥质海岸的退蚀规律维持入海口淤积和退蚀的均衡,利用下游河道输沙能力维持河道及河口的均衡稳定。这样,可在动态平衡之下,实现泥沙的资源化利用和黄河的长治久安。

按方案二确定水库放淤利用能力约束。黄河三门峡站 1977 年 8 月实测最大瞬时含沙量高达 911 kg/m³,艾山站实测最大瞬时含沙量达 250 kg/m³,无定河及水槽试验的最大瞬时含沙量可达 1 000 kg/m³[23],如果采用新材料降低渠道阻力的能耗,可以实现输送含沙量 300 ~ 500 kg/m³ 的高含沙水流,如果按输送流量 60 m³/s 优化设计库区渠道断面,分别按输送流量 30 m³/s 优化设计配沙渠道断面和供水输沙渠道断面,设计流速 2.5 m/s,库区渠道断面面积 24 m²,配沙渠道和供水输沙渠道断面面积各 12 m²。配沙渠道输送流量 30 m³/s 含沙量 300 ~ 500 kg/m³ 的高含沙水流,可以将小浪底水库下泄流量 1 000 m³/s 的水流含沙量提高 9 ~ 15 kg/m³。供水输沙渠道按一年中保证 8 个月输送流量 30 m³/s 平均含沙量 300 ~ 500 kg/m³ 的高含沙水流,其余 4 个月主要输送清水及维持,防止管渠封冻淤堵,则一年可输送泥沙 1.866 亿 ~ 3.110 亿 t;还可以通过配沙渠道 8 个月可为小浪底水库下泄清水调配泥沙 1.866 亿 ~ 3.110 亿 t。因此,供水输沙配沙管渠系统处理泥沙的能力相当可观,考虑汛期小浪底水库相机调水调沙维持下游河槽输送一部分泥沙,基本可以解决黄河下游泥沙输送问题。一个供水输沙管渠系统按保守计算输沙渠道年输沙能力 1.866 亿 ~ 3.110 亿 t,基本可以长久替换小浪底水库按 33 年计算的平均拦沙能力 3.076 亿 t,从水沙资源利用角度看,规划供水输沙配沙管渠系统有重要意义。通过以上分析,可以得到水库放淤利用能力约束条件

$$X_2 = Y_2 \leqslant 1.866 \text{ 亿} ~ 3.110 \text{ 亿 t} \tag{7-8}$$

7.3.3　引水引沙能力约束

引水引沙能力约束由引水量和引水含沙量决定,黄河下游引水会挟带出黄河的一部分泥沙,因引黄河水造成河流挟沙能力降低增加的河道淤积量要大于引出黄河的那部分水量所带沙量在河道的淤积量[24],并不能使黄河河道减淤,反而会因引水而增淤,不能看成是处理黄河泥沙的有效措施。由于黄河下游工农业用水和生活用水需要,必须引用黄河水,因此根据黄河下游引水量和引水含沙量,确定黄河下游引水引沙能力约束。

根据黄河下游引水引沙统计资料(见表 7-18),计算下游各河段实际引水含沙量,1986 ~ 1999 年黄河下游年平均引水量为 111.51 亿 m³,年平均引沙量为 1.116 亿 t,平均引水含沙量 10.011 kg/m³,小浪底水库运用后主要下泄清水,

2000～2002 年黄河下游年平均引水量为 119.88 亿 m³,年平均引沙量为 0.650 亿 t,下游平均引水含沙量 5.419 kg/m³,可见黄河下游的引水引沙能力是比较大的,应特别重视引黄灌区泥沙资源的综合利用[25]。由于引黄退水进入排水河道,这些河道淤积严重,排涝标准降低,特别是引黄泥沙总量的 70% 左右(1986～1999 年年均约 0.8 亿 t)淤积在灌区的沉沙池和骨干渠道内,清淤负担繁重,加之清淤泥沙占地面积大,堆沙区周边土地沙化严重,因此要求采取工程措施改造渠系,加强用水管理、合理调配水量,尽可能长距离输沙入田,使泥沙分散到灌区处理,通过淤改稻改低洼盐碱荒地,充分利用泥沙肥力资源;对于渠首泥沙的处理利用,建筑材料的转化或农用转移是一个有效的措施,可以达到"以沙养沙、逐渐吃掉"的目的;通过总体规划,以现有的沉沙、挖沙、输沙和筑沙技术为基础,结合引黄供水沉沙淤筑相对地下河[26,27]。

表 7-18　黄河下游各河段年平均引水引沙量

河段		1950～1959 年	1960～1969 年	1970～1979 年	1980～1989 年	1990～1999 年	1950～1999 年	1960～1985 年	1986～1999 年	2000～2002 年
铁谢至花园口	引水量(亿 m³)	14.73	14.89	7.62	12.06	6.06	9.18	8.24	6.49	4.24
	引沙量(亿 t)	0.404	0.186	0.133	0.128	0.131	0.190	0.153	0.128	0.013
	含沙量(kg/m³)	27.406	12.492	17.454	10.614	21.655	20.717	18.586	19.782	3.181
花园口至高村	引水量(亿 m³)	20.21	8.86	23.72	21.58	19.41	18.76	17.60	19.98	14.03
	引沙量(亿 t)	0.479	0.149	0.560	0.335	0.267	0.357	0.355	0.279	0.098
	含沙量(kg/m³)	23.713	16.840	23.609	15.524	13.768	19.035	20.173	13.961	6.962
高村至艾山	引水量(亿 m³)	18.61	9.04	19.03	30.58	26.27	20.71	17.13	28.79	36.35
	引沙量(亿 t)	0.395	0.174	0.367	0.340	0.241	0.302	0.289	0.269	0.200
	含沙量(kg/m³)	21.208	19.281	19.296	11.118	9.173	14.585	16.872	9.344	5.515
艾山至利津	引水量(亿 m³)	10.45	5.53	26.15	49.62	50.08	28.37	22.01	56.25	59.31
	引沙量(亿 t)	0.208	0.080	0.389	0.409	0.430	0.302	0.267	0.440	0.315
	含沙量(kg/m³)	19.934	14.430	14.891	8.243	8.586	10.646	12.129	7.822	5.310
铁谢至利津	引水量(亿 m³)	63.99	38.32	76.52	113.84	101.83	77.01	64.98	111.51	119.88
	引沙量(亿 t)	1.486	0.589	1.450	1.212	1.070	1.151	1.064	1.116	0.650
	含沙量(kg/m³)	23.218	15.378	18.944	10.647	10.503	14.949	16.377	10.011	5.419

根据黄河下游的水资源利用研究[25]，未来黄河下游枯水年引水量约 120 亿 m³，平、丰水年引水 145 亿 ~ 160 亿 m³。黄河下游各河段的设计年引水量分别为[13]铁谢至花园口河段 9.5 亿 m³、花园口至高村河段 24 亿 m³、高村至艾山河段 33 亿 m³、艾山至利津河段 63.5 亿 m³。目前，利津至渔洼河段年引水量约 15 亿 m³，将来年引水量约 30 亿 m³[28-30]。

在目前小浪底水库运用初期，除汛期调水调沙和滞洪排沙外，小浪底水库主要下泄清水，河道水流含沙量沿程恢复，下游各河段引水引沙可以按 2000 ~ 2002 年引水含沙量计算，单位引沙用水量小浪底至花园口为 314.35 m³/t、花园口至高村为 143.64 m³/t、高村至艾山为 181.32 m³/t、艾山至利津为 188.31 m³/t、利津至渔洼为 188.31 m³/t。下游平均单位引沙耗水量为 184.535 m³/t，平均引水含沙量为 5.419 kg/m³，年引水量为 120 亿 ~ 145 亿 m³，年引沙量为 0.659 亿 ~ 0.796 亿 t，则可得到小浪底水库运用初期平均黄河下游低引水引沙能力约束

$$X_3 = Y_3 + Y_4 + Y_5 + Y_6 + Y_7 \leqslant 0.659 \text{ 亿} \sim 0.796 \text{ 亿 t} \qquad (7-9)$$

$$314.35Y_3 + 143.64Y_4 + 181.32Y_5 + 188.31Y_6 + 188.31Y_7 \leqslant 120 \text{ 亿} \sim 145 \text{ 亿 m}^3$$
$$(7-10)$$

其中，铁谢至花园口河段引沙量 $Y_3 \leqslant 0.030$ 亿 t；花园口至高村河段引沙量 $Y_4 \leqslant 0.167$ 亿 t；高村至艾山河段引沙量 $Y_5 \leqslant 0.182$ 亿 t；艾山至利津河段引沙量 $Y_6 \leqslant 0.337$ 亿 t；利津至渔洼河段引沙量 $Y_7 \leqslant 0.08$ 亿 t。

小浪底水库正常排沙运用后，也可通过配沙渠道给小浪底水库下泄的清水配沙，平、丰水年下游各河段引水引沙可以按恢复 1986 ~ 1999 年引水含沙量计算，单位引沙用水量小浪底至花园口为 50.550 m³/t、花园口至高村为 71.629 m³/t、高村至艾山为 107.026 m³/t、艾山至利津为 127.843 m³/t、利津至渔洼为 127.843 m³/t，下游平均单位引沙耗水量为 99.890 m³/t，平均引水含沙量为 10.011 kg/m³，丰水年引水量为 160 亿 m³，黄河下游的年引沙量为 1.563 亿 t(1989 年小浪底站的水沙量分别为 391 亿 m³ 和 8.05 亿 t，属丰水平沙年，下游引水量约为 152 亿 m³，引沙量为 1.72 亿 t[8]；1992 年小浪底站的水沙量分别为 258 亿 m³ 和 11.45 亿 t，属枯水丰沙年，下游引水量约为 103 亿 m³，引沙量为 1.69 亿 t[8]。因此，未来黄河下游平、丰水年引水量 160 亿 m³，引沙量 1.563 亿 t 是可以达到的)。枯水年各河段引水引沙可以按 2000 ~ 2002 年引水含沙量计算单位引沙用水量，平均引水含沙量为 5.419 kg/m³，枯水年引水量为 120 亿 m³，引沙量为 0.659 亿。则可得到下游引水引沙能力约束：

$$X_3 = Y_3 + Y_4 + Y_5 + Y_6 + Y_7 \leqslant 0.659 \text{ 亿} \sim 1.563 \text{ 亿 t} 50.550Y_3 + \qquad (7\text{-}11)$$

$$71.629Y_4 + 107.026Y_5 + 127.843Y_6 +$$

$$127.843Y_7 \leqslant 120 \text{ 亿} \sim 160 \text{ 亿 m}^3 \qquad (7\text{-}12)$$

其中小浪底至花园口河段引沙量 $Y_3 \leqslant 0.188$ 亿 t；花园口至高村河段引沙量 $Y_4 \leqslant 0.335$ 亿 t；高村至艾山河段引沙量 $Y_5 \leqslant 0.308$ 亿 t；艾山至利津河段引沙量 $Y_6 \leqslant 0.497$ 亿 t；利津至渔洼河段引沙量 $Y_7 \leqslant 0.235$ 亿 t。

7.3.4 机淤固堤能力约束

黄河下游机淤固堤是泥沙资源利用的重要措施,机淤固堤主要依靠人工机械措施,包括挖河固堤和疏浚高含沙水流淤临淤背。黄河下游的机淤固堤规划应与黄河标准化大堤建设相结合,充分利用小浪底水库合理拦沙的 33 年有利时机对黄河下游的河道、滩区和大堤进行全面综合治理,通过淤临淤背加宽加高加固黄河大堤,淤筑相对"地下河"。

黄河下游的悬河可分为"一级悬河"和"二级悬河","一级悬河"是相对堤外两岸地面而言的,"二级悬河"则是相对于"一级悬河"而言的。黄河下游"一级悬河"的问题在历史上就十分突出[3],从白鹤至东坝头为典型的游荡性河道,滩地一般高出堤外两岸地面 4~6 m,平均高出 5 m,最大为 10 m,该河段"一级悬河"问题十分严重;东坝头至陶城铺河段为过渡型河段,滩面一般高出堤外两岸地面 2~3 m,平均高出 2.5 m,最大为 5 m,该河段"一级悬河"问题也较突出;陶城铺至垦利宁海河段为弯曲型河段,滩地一般高出堤外两岸地面 2~4 m,平均高出 3 m,最大为 7.6 m,该河段"一级悬河"问题也较严重;宁海以下为河口段,滩地一般高出堤外两岸地面 0.5~2 m,平均高出 1.5 m,该河段也出现"一级悬河"问题。目前,黄河下游大堤高度平均约 10 m,最高达 15 m,大堤顶面平均宽度约 10 m,堤基宽度平均约 50 m,局部大堤经过淤临淤背加固,堤基宽度已达 100~200 m,大部分大堤堤身仍然较为单薄,加上大堤经年日久,堤基不固,"一级悬河"和"二级悬河"发展严重,危及大堤的灾害时有发生,因此通过机淤固堤淤临淤背加宽加固大堤、建设标准化大堤非常重要。

目前,黄河下游两岸临黄大堤总长 132 4 km,左岸总长 715.5 km,右岸总长 608.5 km,大堤堤顶平均宽度约 10 m,如果规划大堤堤顶淤临淤背加宽至 200 m[25,26],平均加宽 190 m,根据各河段的大堤长度和高度,可以估算各河段大堤淤临淤背的泥沙可容量(见表 7-19)。

表 7-19　黄河下游各河段淤临淤背固堤泥沙可容量估算

项目	小浪底至花园口	花园口至夹河滩	夹河滩至高村	高村至孙口	孙口至艾山	艾山至泺口	泺口至利津	利津至渔洼
大堤长度(km)	114.080	192.600	136.400	194.600	76.200	109.400	315.400	78.600
大堤高度(m)	5.000	12.000	11.000	10.000	10.000	10.000	11.500	9.000
固堤体积(亿 m^3)	1.084	4.391	2.851	3.697	1.448	2.079	6.891	1.344
泥沙干容重(t/m^3)	1.540	1.510	1.510	1.470	1.470	1.470	1.470	1.430
固堤沙重(亿 t)	1.669	6.631	4.305	5.435	2.128	3.056	10.130	1.922

　　小浪底至花园口河段大堤长度约为 114.080 km,可淤临淤背 1.669 亿 t;花园口至高村河段大堤长度约为 329.000 km,可淤临淤背 10.936 亿 t;高村至艾山河段大堤长度约为 270.800 km,可淤临淤背 7.563 亿 t;艾山至利津河段大堤长度约为 424.800 km,可淤临淤背 13.186 亿 t;利津至渔洼河段大堤长度约为 78.600 km,可淤临淤背 1.922 亿 t。黄河下游大堤淤临淤背固堤泥沙可容量总计 35.276 亿 t,如果按小浪底水库合理拦沙的 33 年进行全面综合治理计算,年平均可容泥沙量 1.069 亿 t,其容量是相当可观的。淤临淤背固堤应处理好淤筑区土地占用引起的人口安迁问题,采用工程技术和生物措施防治淤临淤背引起的风沙危害,淤临淤背退水会引起一定的地表水和地下水渗漏,应做好与既有排泄系统衔接贯通,并在淤筑区的周边按总体布局布置截渗排水沟,将退水引入灌渠加以利用,防止大量退水积水引起地下水位抬高,引起次生盐碱化。

　　机淤固堤能力主要受经济投入的约束,根据黄河下游各河段平均机淤固堤量统计资料(见表 7-20)可知,20 世纪 80 年代机淤固堤力度最大,年平均达到 0.309 亿 t,但 90 年代只有 0.168 亿 t,如果通过增加人工和机械设备,能将黄河下游各河段机淤固堤能力维持在 80 年代的水平 0.309 亿 t,同时结合引黄供水沉沙淤筑相对地下河的总体布局[25],对输沙渠、沉沙条池、衔接渠、筑高区等工程进行合理的布置,能够在沉沙和淤筑大堤的同时,将清水送回原有供水地区,不影响现有的排灌系统,可将引水引沙泥沙总量的 50% 约 0.78 亿 t(规划引水引沙 1.563 亿 t 的 50%),原来淤积在灌区的沉沙池和骨干渠道内的粗泥沙淤筑到大堤的两侧,进入引黄总干渠的泥沙粒径基本上小于 0.01 mm,将从根本上解决两岸引黄灌区处理大量泥沙的困难。

表7-20　黄河下游各河段年平均机淤固堤量　　（单位：亿t）

河段	规划可容量	1997年	1970~1979年	1980~1989年	1990~1999年	1950~1999年	1960~1985年	1986~1999年	2000~2002年
小浪底至花园口	0.051	0.010	0.005	0.011	0.011	0.005	0.005	0.011	0.011
花园口至高村	0.331	0.070	0.027	0.050	0.056	0.025	0.023	0.052	0.056
高村至艾山	0.229	0.040	0.066	0.108	0.046	0.045	0.059	0.047	0.046
艾山至利津	0.400	0.040	0.082	0.140	0.056	0.057	0.076	0.058	0.056
合计	1.011	0.160	0.179	0.309	0.168	0.132	0.162	0.168	0.168

考虑年平均引黄沉沙固堤0.78亿t和机淤固堤0.309亿t,总计1.089亿t,可以满足黄河下游淤临淤背固堤年平均1.069亿t的要求,则只需要33年左右,即可淤临淤背固堤35.276亿t,将下游大堤加宽加固至200 m。因此,可按恢复20世纪80年代的机淤固堤水平,确定机淤固堤能力约束条件:

$$X_4 = Y_8 + Y_9 + Y_{10} + Y_{11} + Y_{12} \leq 0.309 \text{亿t} \tag{7-13}$$

其中,配置变量$Y_8 \sim Y_{12}$的配置比例在黄河下游河道初步治理阶段,按各河段机淤固堤层次重要性评价归一化向量的比例计算较合理:[0.097 2,0.418 5,0.262 5,0.160 0,0.061 8],重点治理花园口至高村"一级悬河"严重河段的大堤,下游河道初步治理完成后,该比例可按各河段淤临淤背固堤容量比例计算:[0.047,0.310,0.214,0.374,0.055],下游大堤加宽加固完成,不考虑机淤固堤配置措施。

7.3.5　维持河槽要求约束

根据黄河下游河床演变均衡稳定数学模型计算结果,考虑黄河下游洪峰沿程传播调平和泥沙沉积分选细化,建议夹河滩以上宽浅游荡型河段按游荡型河段整治设计流量5 000 m³/s和输水输沙优化限制含沙量50 kg/m³的输水输沙能力塑造和维持均衡稳定中水河槽,夹河滩以下萎缩河段按流量4 000 m³/s和含沙量40 kg/m³的输水输沙能力恢复和维持均衡稳定中水河槽。利用泥沙资源将上段宽浅游荡河槽塑造为较窄深稳定河槽,夹河滩以上河段可容纳泥沙约3.25亿t,使泥沙沿程分选细化,有利于冲刷下段萎缩河槽,恢复夹河滩以下河槽要求冲刷泥沙约4.45亿t,通过强化小浪底水库调水调沙运用,以拦粗排细运用为主,结合河道整治和疏浚,恢复下游平滩流量4 000 m³/s的中水河槽是可以实现的。计算小浪底至夹河滩河段的均衡稳定河槽宽度为 1 240 m,均衡稳定河槽深度为 2. 18 m;夹河滩至孙口河段的均衡稳定河槽宽度为 650 m,均衡稳定河槽深度为 3. 54 m;孙口至泺口河段的均衡稳定河槽宽度为 440 m,均衡稳定河槽深度为 4. 62 m;泺口至河口河段的均衡稳定河槽宽度为 405 m,均衡稳定河槽深度为 5 m。

小浪底至花园口河段可淤积容纳泥沙 1. 625 亿 t;花园口至高村河段可淤积容纳泥沙 1. 024 亿 t;高村至艾山河段要冲刷 1. 067 亿 t;艾山至利津河段要冲刷 2. 308 亿 t;利津至渔洼河段要冲刷 0. 469 亿 t。如果规划在 8 年内通过下游河槽综合治理,恢复下游稳定中水河槽,下游各河段年平均冲淤调整容量为:小浪底至花园口河段可淤积 0. 203 亿 t;花园口至高村河段可淤积 0. 128 亿 t;高村至艾山河段要冲刷 0. 133 亿 t;艾山至利津河段要冲刷 0. 289 亿 t;利津至渔洼河段要冲刷 0. 059 亿 t。全下游各河段冲淤合计要求年平均冲刷泥沙量 0. 150 亿 t,各河段恢复河槽的泥沙冲淤调整量和不同历史时期主槽冲淤量有较大差别(见表 7-21),主要表现在:1986 ~ 1999 年下游各河段主槽全部淤积,合计年平均淤积 2. 500 亿 t,河槽淤积萎缩,"二级悬河"恶化发展;小浪底水库投入运用后的 2000 ~ 2002 年下游各河段主槽冲刷主要发生在高村以上河段,并冲刷上段深槽而淤积下段嫩滩,下游河槽有继续萎缩的不利趋势,合计年平均冲刷 0. 728 亿 t。

表 7-21　黄河下游各河段主槽不同时段年平均冲淤量　　(单位:亿 t)

河段	恢复稳定河槽调整量	1960 ~ 1969 年	1970 ~ 1979 年	1980 ~ 1989 年	1990 ~ 1999 年	1950 ~ 1999 年	1960 ~ 1985 年	1986 ~ 1999 年	2000 ~ 2002 年
小浪底至花园口	0. 203	- 0. 581	- 0. 013	0. 047	0. 502	0. 081	- 0. 263	0. 450	- 0. 639
花园口至高村	0. 128	- 0. 187	1. 184	- 0. 066	1. 210	0. 473	0. 209	1. 130	- 0. 368
高村至艾山	- 0. 133	- 0. 018	0. 613	0. 082	0. 361	0. 236	0. 215	0. 339	0. 034
艾山至利津	- 0. 289	- 0. 360	0. 244	0. 013	0. 403	0. 053	- 0. 088	0. 374	0. 193
利津至渔洼	- 0. 059	0. 274	0. 470	- 0. 005	0. 162	0. 183	0. 273	0. 132	0. 052
渔洼至河口	—	0. 244	0. 596	0. 009	0. 049	—	0. 316	0. 075	—
合计	- 0. 150	- 0. 628	3. 093	0. 081	2. 687	1. 026	0. 661	2. 500	- 0. 728

黄河下游各河段不同历史时段主槽冲淤量与恢复河槽的泥沙冲淤调整量要求不一致,这也决定恢复河槽要求强化小浪底水库调水调沙运用,以拦粗排细运用为主,使夹河滩以上游荡型河段适量淤积塑造为较窄深稳定河段,使泥沙沿程

分选细化,冲刷夹河滩以下主槽萎缩河段,因此恢复稳定中水河槽是一项非常艰巨的工程,要求调水调沙、机械疏浚和河道整治等多种措施并举,并积极在小浪底水库调水调沙实践中探索规律,进而不断调整调水调沙运用方案。通过以上分析计算,可得黄河下游恢复稳定中水河槽的年平均冲淤调整量要求约束条件:

$$X_5 = Y_{13} + Y_{14} + Y_{15} + Y_{16} + Y_{17} \geqslant -0.15 亿 t \tag{7-14}$$

其中,小浪底至花园口河段主槽冲淤调整泥沙淤积量 $Y_{13} \leqslant 0.203$ 亿 t;花园口至高村河段主槽淤积泥沙量 $Y_{14} \leqslant 0.128$ 亿 t;高村至艾山河段主槽冲刷和疏浚量 $Y_{15} \geqslant -0.133$ 亿 t;艾山至利津河段主槽冲刷和疏浚泥沙量 $Y_{16} \geqslant -0.289$ 亿 t;利津至渔洼河段主槽冲刷和疏浚泥沙量 $Y_{17} \geqslant -0.059$ 亿 t。稳定中水河槽恢复后,为了维持下游稳定的河槽,通过改善小浪底水库运用,也可配合供水输沙配沙系统的配沙短渠配沙,维持下游各河段主槽冲淤基本平衡,即 $Y_{13} = Y_{14} = Y_{15} = Y_{16} = Y_{17} = 0$。

7.3.6　滩区淤沙能力约束

滩区淤沙方式包括汛期洪水漫滩淤沙、人工渠引高含沙水流淤滩和人工机械疏浚主槽淤滩等具体措施。黄河下游泥沙均衡配置应有利于下游"二级悬河"及滩区的综合治理,很多专家对黄河下游"二级悬河"及滩区的综合治理提出治理对策和方案[26],从泥沙均衡配置与利用角度综合这些措施和方案,主要措施和方案是改造与加固生产堤,在滩区分段修隔堤,将部分滩区建成滞洪淤沙区,部分滩区建成居民安全生活区,防止漫入滩区的洪水沿程淹没,对滩区进行综合治理,将现有黄河大堤建成标准化堤防,有计划地采取机械疏浚、人工漫滩等措施淤积抬高滩区和堤河,逐渐消除"二级悬河",淤筑"相对地下河"。

通过调整、改造和加固现有生产堤,修建新防洪子堤,目前下游生产堤平均高度约 2 m,通过小浪底水库的调水调沙运用、淤滩刷槽和人工机械疏浚,恢复和维持下游河槽,泥沙通过有计划的分洪放淤和机械疏浚淤积到下游滩地上,清水退回河道刷槽。按小浪底水库 33 年拦沙运用期(从 1999 年起算)计算,从2005 年起算尚有 28 年综合治理下游滩区的有利时期,规划 28 年汛期有计划地漫滩淤滩治理"二级悬河",尽可能通过分洪放淤和机械疏浚利用泥沙淤平各河段目前的"二级悬河"高差。"二级悬河"治理完成后,汛期继续利用规划的滩地滞洪淤沙区滞洪纳沙,各河段滞洪淤沙区面积按滩地面积的一半计算,将滞洪淤沙区滩面平均淤积抬升约 2.0 m,抬高至目前下游生产堤顶高程;如果滞洪淤沙区淤满,洪水漫滩淤沙困难,可将滞洪淤沙区和居民居住区有序置换,居民移至淤高的滞洪淤沙区内,新建居民居住区,将原居民居住区作为新的滞洪淤沙区,继续保持下游滩区滞洪纳沙的能力。根据以上规划,可以计算出不同时段下游各河段滩区年平均滞纳泥沙的容量(见表7-22)。

表7-22　黄河下游河道各河段滩区年平均滞纳泥沙容量

项目		小浪底至花园口	花园口至夹河滩	夹河滩至高村	高村至孙口	孙口至艾山	艾山至泺口	泺口至利津	利津至渔洼	合计
"二级悬河"治理	滩地治理面积(km²)	304.33	338.51	455.87	377.13	86.22	175.69	258.07	67.28	2 063.09
	悬河平均高差(m)	1.00	0.77	2.02	2.16	1.46	1.46	1.46	1.46	
	泥沙总体积(亿m³)	3.04	2.61	9.21	8.15	1.26	2.57	3.77	0.98	31.58
	泥沙干容重(t/m³)	1.54	1.51	1.51	1.47	1.47	1.47	1.47	1.43	
	泥沙总容量(亿t)	4.69	3.94	13.91	11.97	1.85	3.77	5.54	1.40	47.07
	28年平均容量(亿t)	0.167	0.141	0.497	0.428	0.066	0.135	0.198	0.050	1.68
滩区综合治理	滞洪淤沙区面积(km²)	152.16	169.26	227.94	188.56	43.11	87.84	129.03	33.64	1 031.55
	淤沙厚度(m)	2.00	2.00	2.00	2.00	2.00	2.00	2.00	2.00	
	淤沙总体积(亿m³)	3.04	3.39	4.56	3.77	0.86	1.76	2.58	0.67	20.63
	泥沙干容重(t/m³)	1.54	1.51	1.51	1.47	1.47	1.47	1.47	1.43	
	淤沙总容量(亿t)	4.69	5.11	6.88	5.54	1.27	2.58	3.79	0.96	30.83
	20年平均容量(亿t)	0.234	0.256	0.344	0.277	0.063	0.129	0.190	0.048	1.542

黄河下游各河段滩地不同时段年平均冲淤量见表7-23,如果规划在未来28年中有计划地漫滩淤滩治理"二级悬河",枯水年不考虑淤滩,平水年淤滩1.680亿t,丰水年利用高含沙水流多淤滩,平均基本达到20世纪70年代平均淤滩1.673亿t的水平,通过滩区综合治理和有计划漫滩淤滩是可以实现的。如果下游滩地滞洪淤沙区失去滞纳泥沙的能力,将滞洪淤沙区和居民居住区有序置换,下游滩区仍然可以保持滞洪纳沙能力。

小浪底至花园口河段滩区年平均滞纳泥沙的容量为0.167亿t;花园口至高村河段为0.637亿t;高村至艾山河段为0.494亿t;艾山至利津河段为0.332亿t;利津至渔洼河段为0.050亿t。可得到治理"二级悬河"的平均滩区淤沙能力约束条件

$$X_6 = Y_{18} + Y_{19} + Y_{20} + Y_{21} + Y_{22} \leqslant 1.680 \text{亿 t} \tag{7-15}$$

表 7-23　黄河下游各河段滩地不同时段年平均冲淤量　　（单位：亿 t）

河段	二级悬河治理	滩区综合治理	1950～1959 年	1960～1969 年	1970～1979 年	1980～1989 年	1990～1999 年	1950～1985 年	1960～1999 年	1986～1999 年
小浪底至花园口	0.167	0.234	0.598	-0.076	0.172	0.053	-0.029	0.123	0.015	0.072
花园口至高村	0.637	0.600	1.245	-0.107	0.668	0.061	0.188	0.377	0.214	0.180
高村至艾山	0.494	0.341	0.827	0.055	0.306	0.235	-0.010	0.274	0.206	0.043
艾山至利津	0.332	0.319	-0.017	0.278	0.322	0.052	0.002	0.134	0.209	0.093
利津至渔洼	0.050	0.048	0.036	0.006	0.181	-0.013	0.009	0.043	0.067	0.005
渔洼至河口	—	—	—	0.026	0.023	0.015	-0.003	—	0.022	0.002
合计	1.680	1.542	2.689	0.181	1.673	0.401	0.158	0.950	0.733	0.395

其中，$Y_{18} \leqslant 0.167$ 亿 t，$Y_{19} \leqslant 0.637$ 亿 t，$Y_{20} \leqslant 0.494$ 亿 t，$Y_{21} \leqslant 0.332$ 亿 t，$Y_{22} \leqslant 0.050$ 亿 t。

"二级悬河"治理完成后，可利用综合治理后的滩地滞洪区继续滞洪纳沙 20 年，枯水年不考虑淤滩，平水年淤滩 1.542 亿 t，丰水年利用高含沙水流多淤滩，小浪底至花园口河段滩区年平均滞纳泥沙的容量为 0.234 亿 t；花园口至高村河段为 0.600 亿 t；高村至艾山河段为 0.341 亿 t；艾山至利津河段为 0.319 亿 t；利津至渔洼河段为 0.048 亿 t。可得相应的平均滩区淤沙能力约束条件

$$X_6 = Y_{18} + Y_{19} + Y_{20} + Y_{21} + Y_{22} \leqslant 1.542 \text{ 亿 t} \tag{7-16}$$

其中，$Y_{18} \leqslant 0.234$ 亿 t，$Y_{19} \leqslant 0.600$ 亿 t，$Y_{20} \leqslant 0.341$ 亿 t，$Y_{21} \leqslant 0.319$ 亿 t，$Y_{22} \leqslant 0.048$ 亿 t。

7.3.7　维持河口稳定及深海输沙能力约束

黄河口三角洲面积约 6 000 km²，沿海浅水海域面积约 4 800 km²，滩涂面积 1 200 km²，该地区有我国的第二大油田和沿海经济开放区东营市，蕴藏丰富的油、气、卤水、盐、海产、草场和湿地等资源，是我国重要的工农业基地和新兴的经济区，黄河河口是我国最有发展前景的河口。泥沙均衡配置在黄河河口及三角洲地区尤为重要，历史上黄河输送至河口的泥沙量巨大（1960～1985 年平均年 9.549 亿 t），海洋动力相对较弱，绝大部分泥沙沉积在河口及浅海水域，河口海岸不断地淤积外延，引起河口流路频繁变迁[29]，1986 年以后黄河口来水来沙减少（1986～1999 年年均 3.994 亿 t），特别是小浪底水库拦沙运用后，输送至黄河

口的泥沙迅速减少（2000～2002 年年均 0.267 亿 t），黄河口及三角洲地区的大部分海岸处于退蚀状态[30]。黄河口三角洲地区的泥沙均衡配置目标是：通过黄河下游来水来沙过程的改善和河口的综合治理，合理规划黄河入海流路及其汊道，结合河口疏浚，维持入海流路畅通，尽可能将淤积在河口陆地上的泥沙及引水的引沙利用于改良盐碱荒洼地，维持适量的泥沙输送入海，使河口滨海区的泥沙沉积能抵御海洋动力侵蚀，利用水沙资源改善湿地生态环境和合理造陆，维持黄河三角洲的均衡稳定，同时限制河口的淤积延伸，尽可能延长各流路的使用年限。

　　黄河自 1855 年 8 月注入渤海以来，至 2000 年实际行河 111 年，黄河三角洲新生陆地面积约 2 500 km²，年平均造陆面积 22.5 km²[29,31]。1953 年以前，河口流路大改道 6 次，基本是自然决口形成的；1953 年 7 月通过人工裁弯并汊，河口流路走神仙沟（见图 7-3）；1964 年 1 月凌汛人工破堤，河口流路走钓口沟；1976 年 5 月有计划人工改道走清水沟流路至今，其中 1996 年 5 月在清 8 断面以上 950 m 处人工改汊，实施造陆采油工程；未来河口流路的安排是：尽可能延长清水沟流路的使用年限，以钓口沟流路为备用流路，并规划马新河流路和十八户流路为远期流路。

　　根据黄河河口治理研究[29,32]，在西河口流量 10 000 m³/s 的设防水位 12 m 的控制条件下，西河口以下限制河长约 83 km，清水沟以外的海域有约 2 100 km² 的容沙面积，共约 420 亿 m³ 的容沙体积，考虑小浪底水库的拦沙运用和黄河来水来沙的减少，合理规划利用清水沟老河道、汊河流路和北汊 1 流路 3 条汊道，清水沟流路（3 汊道）还可行河 50 年左右（1993 年起算）；如果西河口改道控制条件为流量 10 000 m³/s 的相应水位为 13 m（西河口设防水位提高 1 m），清水沟流路还可行河 80 年左右。今后进入黄河口的年沙量为 2 亿～5 亿 t（海流可输走 2 亿 t 左右），如辅以河口疏浚（每年 500 万 m³）和河道整治工程（双导堤等），长期稳定清水沟流路是可能的，把钓口河流路作为备用流路和分洪道也是必要的。

　　黄河口三角洲的均衡稳定受径流来水来沙、风浪侵蚀和潮汐海流输沙共同影响，河口演变总体上表现为现行流路河口淤伸、老流路河口蚀退，而且现行流路河口汛期淤伸、非汛期蚀退。随着黄河来水来沙的减少和小浪底水库的拦沙运用，现行河口淤积延伸缓慢，整个黄河三角洲岸线以蚀退为主。在黄河口区域内存在两个潮流高速区，一个在钓口沟和神仙沟口，一个在清水沟口，它们均构成封闭式的辐射中心，其中以清水沟之外的最大流速变化最为显著，这与黄河口

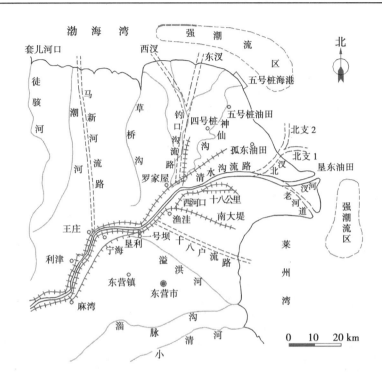

图7-3　黄河口规划流路示意图

口门不断向外淤积延伸有关,实测最大流速达 2.2 m/s。

　　黄河输送至河口渔洼以下的泥沙大约 10% 淤积在陆地上,60% 沉积在滨海区,30% 随潮海流输往深海区,根据 1965 年 6 月至 1974 年 9 月钓口沟地形测量资料,得到 1965~1974 年沉积在钓口沟流路滨海区的泥沙沉积总量是 71.0 亿 t[33],1965~1974 年钓口沟流路滨海区沉积物平均干容重为 1.36 t/m³,可用作将其他流路滨海区的沉积体积换算成质量的平均干容重。同期利津站实测年平均沙量 10.56 亿 t,利津至渔洼河段年平均淤积 0.07 亿 t,渔洼推算年平均沙量 10.49 亿 t,其中淤积在渔洼以下陆地上的年平均沙量为 0.29 亿 t,沉积在滨海区的年平均沙量为 7.68 亿 t,输送深海的年平均沙量为 2.53 亿 t(见表7-24)。

　　根据 1976 年 6 月至 1995 年 10 月清水沟流路实测断面资料,得到 1976~1995 年间沉积在清水沟流路滨海区的泥沙沉积总量是 67.38 亿 t,海洋动力的年输沙量基本维持在 2.0 亿~2.4 亿 t,表明清水沟流路海洋动力输送泥沙的作用是相对稳定的[31]。同期利津站实测年平均沙量 6.50 亿 t,利津至渔洼河段年平均淤积 0.01 亿 t,渔洼推算年平均沙量 6.49 亿 t,其中淤积在渔洼以下陆地上的年平均沙量为 0.81 亿 t,沉积在滨海区的年平均沙量为 3.49 亿 t,输送深海的年平均沙量为 2.19 亿 t。由于钓口沟口外的强潮流区范围大于清水沟,因此钓口沟流路海洋动力侵蚀输送泥沙能力(年平均沙量为 2.53 亿 t)略大于清水沟流路(年平均沙量为 2.19 亿 t),钓口沟和清水沟流路的海洋动力侵蚀输送泥沙能力合计平均的年沙量为 2.30 亿 t。

表 7-24　黄河河口泥沙分布统计　　　　　　（单位:亿 t）

河口		利津站实测	利津至渔洼冲淤	渔洼推算	渔洼以下		
					陆地	滨海	深海
钓口沟(9.25 年) 1965 年 6 月至 1974 年 9 月	总量	97.71	0.68	97.03	2.66	71.00	23.37
	年平均	10.56	0.07	10.49	0.29	7.68	2.53
清水沟(19.33 年) 1976 年 6 月至 1995 年 10 月	总量	125.68	0.18	125.50	15.73	67.38	42.39
	年平均	6.50	0.01	6.49	0.81	3.49	2.19
钓口沟和清水沟 合计(28.58 年)	总量	223.39	0.86	222.53	18.39	138.38	65.76
	年平均	7.82	0.03	7.79	0.64	4.84	2.30

目前,小浪底水库拦沙运用,河口来水来沙量减少,清水沟流路河口淤积延伸速度减缓甚至退蚀,通过对黄河下游水沙资源的合理配置维持河口稳定和合理造陆,但为了尽可能延长清水沟流路,对未来河口的来沙量应有所限制,按清水沟以外的海域有约 420 亿 m³ 的容沙体积计算,沉积泥沙干容重为 1.36 t/m³,可以容纳泥沙约 570 亿 t,如果规划清水沟流路长期使用年限应大于 200 年,则清水沟流路口外泥沙年沉积量应小于 2.85 亿 t,可得到限制清水沟流路河口延伸的维持河口稳定约束条件为

$$X_7 = Y_{23} \leqslant 2.85 \ 亿 \ t \tag{7-17}$$

虽然黄河输送至河口的年沙量受来水条件限制,但清水沟流路河口海洋动力侵蚀的深海输沙年沙量基本为常量 2.19 亿 t,加上河口造陆沙量 2.85 亿 t,合计为 5.04 亿 t,未来河口的年来沙量应约小于 5 亿 t,根据以上分析,可得到海洋动力侵蚀的深海输沙能力约束条件为

$$X_8 = Y_{24} = 2.19 \ 亿 \ t \tag{7-18}$$

7.3.8 维持河流健康的水沙资源总量约束

黄河下游泥沙均衡配置是在下游某一来水来沙资源总量条件下进行配置，黄河下游 1960~1985 年、1986~1999 年和 2000~2002 年三个时段的来水来沙量明显递减(见表 7-25)，三个时段的年平均来水量分别为 448.66 亿 m³、273.60 亿 m³ 和 178.88 亿 m³，年平均来沙量分别为 12.163 亿 t、8.168 亿 t 和 3.556 亿 t (包括小浪底水库年平均淤积量 3.201 亿 t)。根据黄河中上游水沙资源分布统计分析，预测黄河流域未来将重遇丰水期，下游来水来沙会增多[34,35]。

表 7-25 黄河下游不同时段年平均水沙资源总量统计

时段	1950~1959 年	1960~1969 年	1970~1979 年	1980~1989 年	1990~1999 年	1950~1999 年	1960~1985 年	1986~1999 年	2000~2002 年
三门峡站水量(亿 m³)	424.28	447.17	356.82	364.50	236.83	365.92	403.83	253.83	153.62
三门峡站沙量(亿 t)	18.904	11.447	13.980	8.587	8.279	12.122	11.909	8.061	3.551
小浪底站水量(亿 m³)	440.22	458.31	354.17	367.93	236.18	371.36	408.23	253.70	166.16
小浪底站沙量(亿 t)	18.779	11.312	13.921	8.275	7.928	11.929	11.728	7.797	0.342
小黑武三站水量(亿 m³)	495.92	507.61	382.87	405.23	252.38	410.65	448.66	273.60	178.88
小黑武三站沙量(亿 t)	19.485	11.766	14.164	8.781	8.352	12.408	12.163	8.168	0.355

维持黄河健康生命的标志是实现"堤防不决口，河道不断流，污染不超标，河床不抬高"[36]，包括四个方面的指标条件:改善和维持下游河槽基本排洪输沙功能的水沙条件、维持下游河道水体质量标准的水流条件、维持河口生态环境的需水量、维持下游健康水循环的基本流量。小浪底水库建成运用后，黄河水资源分配应符合维持黄河下游河流健康的指标要求，据黄河水资源利用研究[37-41]，考虑小浪底水库拦沙、调水调沙和上游水土保持减水减沙作用，将来下游河道汛期低限输沙入海年均水量应维持在约 150 亿 m³，黄河下游非汛期综合最小生态流量，不同时段 4~6 月应分别不低于 300~600 m³/s，11 月至次年 3 月不低于 50~300 m³/s，非汛期河口三角洲最小生态需水量平均应不低于 50 亿 m³，非汛期最小生态入海流量平均约 240 m³/s。将来黄河要求汛期低限输沙入海年均水量约 150 亿 m³，非汛期河口三角洲最小生态需水量不低于 50 亿 m³，要求黄河全年限额入海水量 200 亿 m³，加上黄河下游规划设计 160 亿 m³ 的工农业生活引

水,黄河下游年需水总量约 360 亿 m^3,而黄河下游 1986～1999 年小黑武三站实测年平均水量为 273.60 亿 m^3,2000～2002 年小黑武三站实测年平均水量为 178.88 亿 m^3,黄河下游的可用水资源通常远不能满足将来下游河道输沙、生态环境和工农业生活需水量,通过小浪底水库调节合理配置进入黄河下游的水沙资源尤为重要,通过优化小浪底水库调水调沙,提高下游河道输沙效率和节省水资源是泥沙均衡配置的重要措施。要解决黄河下游水资源短缺问题,必须充分发挥小浪底水库的蓄水拦沙减淤和调水调沙综合作用,小浪底水库按水沙多年平衡调节,合理拦水拦沙、相机调水调沙运用[24]。因此,对于黄河下游不同来水来沙资源总量条件,泥沙均衡配置应采用不同的配置模式。

汛期通过改善小浪底水库调水调沙运用,提高下游河道输沙效率,如果小浪底水库下泄清水通过供水输沙配沙管渠系统的配沙短渠配沙,也可提高非汛期输沙入海能力,使下游河道全年输沙入海能力基本恢复到略低于 1986～1999 年的水平,按 1986～1999 年利津站实测年平均含沙量 27.769 kg/m^3 计算输沙入海的单位输沙用水量为 36.012 m^3/t,其中汛期平均含沙量 37.60 kg/m^3,计算输沙入海的单位输沙用水量为 26.596 m^3/t,非汛期平均含沙量 7.98 kg/m^3,计算输沙入海的单位输沙用水量为 125.313 m^3/t,将来黄河下游汛期高效、一般、低效输沙入海能力的单位输沙用水量分别采用 26.596 m^3/t、36.012 m^3/t、125.313 m^3/t。尽可能保证非汛期(11 月至次年 6 月)河口三角洲最小生态需水量 50 亿 m^3,相应非汛期入海平均含沙量 7.98 kg/m^3。下游引水低引沙能力的引水平均含沙量采用 2000～2002 年下游引水平均含沙量 5.419 kg/m^3,相应单位引沙耗水量为 184.535 m^3/t,引水高引沙能力的引水平均含沙量采用 1986～1999 年下游引水平均含沙量 10.011 kg/m^3,相应单位引沙耗水量为 99.89 m^3/t,放淤利用和机淤固堤按含沙量 500 kg/m^3 计算的单位耗水量为 2 m^3/t。

对于下游来水量 200 亿 m^3 以下的枯水年(代表水沙量为 2000～2002 年小黑武三站年平均水量 178.88 亿 m^3,年平均沙量 3.556 亿 t),考虑下游水资源严重短缺,合理控制下游工农业生活引水,通过上游水库联合调度,丰水年向枯水年补水,汛期小浪底水库相机调水调沙运用恢复和维持下游河槽,非汛期保证黄河下游不断流,尽可能保证非汛期河口三角洲最小生态需水量,汛期输沙入海采用低效输沙能力的单位输沙用水量 125.313 m^3/t,下游引水采用低引沙能力的单位引沙耗水量为 184.54 m^3/t。忽略水面蒸发和渗漏等耗水量,放淤利用、引水引沙、机淤固堤耗水量和汛期输沙入海水量及非汛期河口生态水量之和等于进入黄河下游的水资源总量加水库补水量。可以得到枯水年维持河流健康的水

资源总量约束方程

$$2X_2 + 184.535X_3 + 2X_4 + 125.313(X_7 + X_8 - 0.00798W_5) + W_5 = G_w + W_1$$

$$(7-19)$$

式中：X_2 为放淤利用沙量；X_3 为引水引沙量；X_4 为机淤固堤沙量；X_7 为河口造陆沙量；X_8 为深海输沙量；G_w 为下游来水总量；W_1 为水库补水量；W_5 为非汛期生态入海水量。

对于下游来水量 200 亿 ~ 360 亿 m^3 的平水年（代表水沙量为 1986 ~ 1999 年小黑武三站实测年平均水量 273.60 亿 m^3，年平均沙量 8.168 亿 t），小浪底水库合理拦沙、相机调水调沙运用，保障下游工农业生活引水，汛期强化小浪底水库调水调沙运用恢复和维持下游河槽，尽可能淤滩治理"二级悬河"，保证非汛期河口三角洲最小生态需水量 50 亿 m^3，汛期输沙入海采用一般输沙能力的单位输沙用水量 36.012 m^3/t，下游引水采用正常引沙能力的单位引沙耗水量 99.890 m^3/t。忽略水面蒸发和渗漏等耗水量，放淤利用、引水引沙、机淤固堤耗水量和汛期输沙入海水量及非汛期河口生态水量之和等于进入黄河下游的水资源总量。可以得到平水年维持河流健康的水资源总量约束方程：

$$2X_2 + 99.890X_3 + 2X_4 + 36.012(X_7 + X_8 - 0.00798W_5) + W_5 = G_w \quad (7-20)$$

对于下游来水量 360 亿 m^3 以上的丰水年（代表水沙量为 1960 ~ 1985 年小黑武三站实测年平均水量为 448.66 亿 m^3，年平均沙量为 12.163 亿 t），小浪底水库合理拦沙、相机空库排沙运用，保障下游工农业生活引水，汛期强化小浪底水库调水调沙运用恢复和维持下游河槽，形成较大流量的高含沙水流进行有计划的淤滩刷槽，综合治理滩区，保证非汛期河口三角洲最小生态需水量不低于 50 亿 m^3，小浪底水库拦蓄富余水量向枯水年补水。汛期输沙入海采用高效输沙能力的单位输沙用水量 26.596 m^3/t，下游引水采用正常引沙能力的单位引沙耗水量 99.890 m^3/t。忽略水面蒸发和渗漏等耗水量，放淤利用、引水引沙、机淤固堤耗水量和汛期输沙入海水量及非汛期河口生态水量之和等于进入黄河下游的水资源总量减去水库拦蓄水量。可以得到丰水年维持河流健康的水资源总量约束方程

$$2X_2 + 99.890X_3 + 2X_4 + 26.596(X_7 + X_8 - 0.00798W_5) + W_5 = G_w - W_1$$

$$(7-21)$$

从泥沙资源总量配置计算的角度，可以得到泥沙资源总量约束方程

$$\sum_{j=1}^{8} X_j = G_s \quad (7-22)$$

式中：G_s 为下游来沙总量。

综上所述,结合水资源优化配置,以泥沙资源优化配置为重点,通过层次数学分析和专家调查统计两种方法,黄河下游水沙资源多目标优化配置线性规划模型构造了综合目标函数的层次分析法、资源利用型和灾害治理型 3 个不同表达式,确定了小浪底水库拦沙能力、放淤利用能力、机淤固堤能力、引水引沙能力、维持河槽稳定要求、滩区淤沙能力、维持河口稳定要求、深海输沙能力、水资源总量和泥沙资源总量共 10 个泥沙资源配置约束条件,其中隐含放淤机淤耗水量、工农业生活引水量和非汛期河口生态水量 3 个水资源配置约束条件,总共 13 个配置约束条件。模型计算配置方式变量也为 13 个,包括 8 个泥沙资源配置方式变量和 5 个水资源配置方式变量,配置约束条件个数等于配置方式变量个数,模型计算以放淤利用能力、引水引沙能力、机淤固堤能力、维持河槽稳定要求、滩区淤沙能力、深海输沙能力、水资源总量和泥沙资源总量等 8 个约束为泥沙资源配置方式变量计算约束条件,以小浪底水库拦沙能力和维持河口稳定两个约束为水资源配置方式变量计算约束条件,确定小浪底水库调节水量和汛期输沙入海水量。在此种约束条件下,模型计算表明,综合目标函数权重系数的相对大小决定数学模型单纯形法求解转轴运算的秩序,权重系数的绝对值大小决定泥沙均衡配置的效果评价,泥沙均衡配置模型的计算结果由配置约束条件决定,综合目标函数的不同表达式不影响模型计算结果,说明泥沙均衡配置是由客观约束条件决定的。需要说明的是,本章初步应用河流泥沙均衡配置方法和模型,建立了一种线性规划数学模型,也可以进一步研究建立其他形式的黄河下游泥沙均衡配置数学模型。

7.4　小　结

本章初步应用河流泥沙均衡配置方法和模型,研究典型区域黄河下游的泥沙均衡配置,探讨黄河下游的泥沙配置方式,建立了黄河下游泥沙均衡配置线性规划数学模型。

(1)黄河下游水沙资源多目标优化配置是指对黄河流域产水产沙经过上中游水土保持、引水引沙、水库拦蓄等减水减沙后进入黄河下游的水沙资源总量,进一步通过小浪底水库拦水拦沙和调水调沙运用改善下游河道的水沙条件,通过合理分配小浪底水库调节水量、放淤机淤耗水量、工农业生活用水量、汛期输沙入海水量和非汛期河口生态水量等方式优化配置水资源,结合河道、滩区及河口的综合治理,改善河道输水输沙能力和维持河道稳定,通过水库拦沙、放淤利用、机淤固堤、引水引沙、维持河槽、滩区淤沙、河口造陆和深海输沙等多种方式优化配置和合理利用泥沙资源,创造最大的社会、经济和生态多目标水沙资源利用综合效益。

(2)结合水资源优化配置,以泥沙资源优化配置为重点,通过层次分析数学方法和专家调查统计方法,分别构造了泥沙均衡配置综合目标函数的层次分析法、资源利用型和灾害治理型 3 个不同表达式,综合目标函数权重系数的相对大小决定模型单纯形法求解转轴运算的秩序,权重系数的绝对值大小决定泥沙均衡配置的效果评价,泥沙均衡配置模型的计算结果由配置约束条件决定。

(3)从泥沙均衡配置的角度考虑,小浪底水库合理拦沙,尽量延长拦沙库容使用寿命,将小浪底水库的拦沙库容使用寿命定为至少 33 年,通过多年调节平衡,使拦沙运用期 33 年的年平均拦沙能力为 3.076 亿 t。

(4)将来小浪底水库放淤减淤可以建立机械清淤高含沙水流供水输沙配沙管渠系统,不仅可以给小浪底水库下泄的清水配沙维持下游河道稳定,还可以向黄河下游平原及河口放淤输沙利用泥沙约 3.110 亿 t。

(5)综合利用引黄灌区泥沙资源,黄河下游的设计年引水量将逐渐提高到 145 亿~160 亿 m³,小浪底水库拦沙运用初期下泄清水,下游低引水引沙能力约为 0.796 亿 t,当小浪底水库排沙运用或通过配沙渠道为下游河道配沙时,下游正常引水引沙能力约为 1.563 亿 t。

(6)通过机淤固堤淤临淤背加宽加固建设标准化大堤,结合引黄供水沉沙淤筑相对地下河,规划黄河下游大堤堤顶淤临淤背加宽至 200 m,大堤淤临淤背固堤泥沙可容量总计 35.276 亿 t,33 年平均可容泥沙量为 1.069 亿 t,按恢复 20 世纪 80 年代的机淤固堤水平,机淤固堤能力约为 0.309 亿 t。

(7)滩区淤沙应结合下游"二级悬河"及滩区的综合治理,通过治理下游"二级悬河",滩区年平均滞纳泥沙能力可达 1.680 亿 t,通过滩区综合治理,将滞洪淤沙区和居民居住区有序置换,下游滩区年平均滞纳泥沙能力仍然可达 1.542 亿 t。

(8)通过改善黄河河口来水来沙条件和综合治理河口,合理规划黄河入海流路及其汊道,规划清水沟流路长期使用年限大于 200 年,清水沟流路河口造陆泥沙年沉积量应小于 2.85 亿 t,清水沟流路河口深海输沙年沙量基本为常量 2.19 亿 t,未来河口的年来沙量应约小于 5 亿 t。

(9)通过对各配置方式进行深入分析,确定了小浪底水库拦沙能力、放淤利用能力、机淤固堤能力、引水引沙能力、维持河槽稳定要求、滩区淤沙能力、维持河口稳定要求、深海输沙能力、水资源总量和泥沙资源总量共 10 个配置约束条件,初步建立了黄河下游未来不同水沙条件的水沙资源多目标优化配置线性规划数学模型。

参 考 文 献

[1] 徐建华,牛玉国. 水利水保工程对黄河中游多沙粗沙区径流泥沙影响研究[M].郑州:黄河水利出版社,2000.

[2] 吴祈宗. 运筹学与最优化方法[M].北京:机械工业出版社,2003.

[3] 高季章,胡春宏,陈绪坚. 论黄河下游河道的改造与"二级悬河"的治理[J]. 中国水利水电科学研究院学报,2004(1):8-18.

[4] 胡春宏,王延贵,张世奇,等. 官厅水库泥沙淤积与水沙调控[M]. 北京:中国水利水电出版社,2003.

[5] 王延贵,胡春宏. 引黄灌区水沙综合利用及渠首治理[J]. 泥沙研究,2000(2):39-43.

[6] 李义天,孙昭华,邓金运,等. 河流泥沙的资源化与开发利用[J]. 科技导报,2002(2):57-61.

[7] 樊胜岳,李斌. 沙产业理论内涵探讨[J]. 中国沙漠,1999(3):256-260.

[8] 黄河水利科学研究院. 黄河下游断面法冲淤量分析与评价[R]. 郑州:黄河水利科学研究院. 2002.

[9] 程义吉,曹文洪,陈东. 黄河口挖河疏浚道路风沙污染分析[J]. 泥沙研究,2001(4):53-56.

[10] 涂启华,安催花,曾芹. 小浪底水库开发任务的库容要求分析[J]. 人民黄河,2000(4):20-22.

[11] 吴致尧,陈效国. 小浪底水库运用方式研究的回顾与进展[J]. 人民黄河,2000(8):1-2.

[12] 王江涛,孙文怀.《小浪底水利枢纽拦沙初期调度规程》中的若干问题[J]. 人民黄河,2003(10):10-11.

[13] 中国水利水电科学研究院泥沙研究所. 古贤水库对黄河下游河道减淤作用研究[R]. 北京:中国水利水电科学研究院泥沙研究所,2003.

[14] 侯素珍,焦恩泽. 小浪底水库异重流有关问题分析[J]. 水利水电技术,2003,34(6):11-14.

[15] 安新代,石春先,余欣,等. 水库调水调沙回顾与展望——兼论小浪底水库运用方式研究[J]. 泥沙研究,2002(5):36-42.

[16] 申冠卿,李勇,岳德军. 拦减粗泥沙对下游河道的减淤效果[J]. 人民黄河,2000(6):

13-15.

[17] 焦恩泽,李红良. 浅谈小浪底水库泥沙问题[J]. 人民黄河,2002(1):16-17.

[18] 包锡成,包婷. 对近期修订黄河下游规划的意见[J]. 人民黄河,2000(3):1-3.

[19] 谢鉴衡. 黄河下游悬河现状与治理刍议[J]. 泥沙研究,1999(1):7-11.

[20] 王渭泾. 黄河下游河南段"二级悬河"的形成和治理问题[M]//黄河水利委员会. 黄河下游"二级悬河"成因及治理对策. 郑州:黄河水利出版社,2003.

[21] 费祥俊. 黄河小浪底水库运用与下游河道防洪减淤问题[J]. 水利水电技术,1999(3):1-5.

[22] Thomas Wenka. Simulation of artificial grain feeding in order to reach dynamical bed stabilization along the river Rhine[M]. Proceedings of the Ninth International Symposium on River Sedimentation,October 18-21, 2004, Yichang, China. Tsinghua University Press,Volume Ⅲ,2004(9):1709-1715.

[23] 惠遇甲,李义天,胡春宏,等. 高含沙水流紊动结构和非均匀沙运动规律的研究[M]. 武汉:武汉水利电力大学出版社,2000.

[24] 赵业安. 21 世纪黄河泥沙处理的基本思路和对策[EB/OL]. 国际泥沙信息网,2004.

[25] 陈霁巍. 黄河治理与水资源开发利用(综合卷)[M]. 郑州:黄河水利出版社,1998.

[26] 黄河水利委员会. 黄河下游"二级悬河"成因及治理对策[M]. 郑州:黄河水利出版社,2003.

[27] 刘树坤. 加速黄河泥沙资源化的研究[M]//黄河下游"二级悬河"成因及治理对策. 郑州:黄河水利出版社,2003:86-92.

[28] 张启舜,胡春宏,何少苓,等. 黄河口的治理与三角洲地区泥沙的利用[J]. 水利水电技术,1997(7):1-4.

[29] 曾庆华,张世奇,胡春宏,等. 黄河口演变规律及整治[M]. 郑州:黄河水利出版社,1997.

[30] 李泽刚. 黄河口治理与水沙资源综合利用[J]. 人民黄河,2001(2):32-34.

[31] 胡春宏,曹文洪. 黄河口水沙变异与调控Ⅰ——黄河口水沙运动与演变基本规律[J]. 泥沙研究,2003(5):1-8.

[32] 胡春宏,曹文洪. 黄河口水沙变异与调控Ⅱ——黄河口治理方向与措施[J]. 泥沙研究,2003(5):9-14.

[33] 师长兴,章典,尤联元,等. 黄河口泥沙淤积估算问题和方法——以钓口河亚三角洲为例[J]. 地理研究,2003(1):49-59.

[34] 饶素秋,霍世青. 黄河上中游来水来沙变化特点分析及未来趋势展望[J]. 泥沙研究,2001(2):74-77.

[35] 汪岗,范昭. 黄河水沙变化研究(第二卷)[M]. 郑州:黄河水利出版社,2002.

[36] 刘晓燕. 维持黄河健康生命的若干科学技术问题[J]. 人民黄河,2004(4):10-12.

[37] 连煜,崔树彬. 黄河水资源状况及小浪底水库以下河段生态用水研究[J]. 南阳师范学院学报(自然科学版),2003(12):59-64.

[38] 陈霁巍. 黄河治理与水资源开发利用(综合卷)[M]. 郑州:黄河水利出版社,1998.

[39] 倪晋仁,金玲,赵业安,等. 黄河下游河流最小生态环境需水量初步研究[J]. 水利学报,2002(10):1-7.

[40] 王光谦,石伟. 黄河下游生态需水量及其估算[J]. 地理学报,2002(5):595-602.

[41] 刘小勇,李天宏,赵业安,等. 黄河下游河道输沙用水量研究[J]. 应用基础与工程科学学报,2002(3):253-262.

第 8 章　黄河下游泥沙均衡
配置方案及其评价

　　本章分析黄河下游水沙空间分布,并根据黄河中上游产水产沙和减水减沙资料,分析黄河下游未来的水沙条件。结合黄河下游的综合治理,探讨未来黄河下游分别以恢复中水河槽、滩区综合治理和泥沙放淤利用为重点的 3 种泥沙均衡配置模式,每种模式考虑枯、平、丰 3 种不同来水来沙条件(来水量 200 亿 m³以下的枯水年、200 亿 ~ 360 亿 m³ 的平水年和 360 亿 m³ 以上的丰水年),通过黄河下游泥沙均衡配置线性规划数学模型计算,给出未来不同来水来沙条件下黄河下游泥沙均衡配置方案,并对配置效果进行评价。

8.1　黄河下游水沙空间分布和水沙条件分析

8.1.1　黄河下游水沙空间分布

　　根据水文站实测资料和有关研究成果[1-3],统计 1950 ~ 2002 年不同时段小浪底、黑石关、武陟(小董)、花园口、高村、艾山和利津等水文站的实测年平均水沙量,计算各站的年平均含沙量,并统计下游各河段的区间来水来沙量、引水引沙量和淤堤引沙量,其中部分缺测引水引沙量根据实测引水量和各河段上下站实测含沙量平均值的 70% 计算,根据黄河下游断面法冲淤量研究成果[2],统计各河段不同时段的主槽、滩地和全断面冲淤量。统计时段分为 1950 ~ 1959 年、1960 ~ 1985 年、1986 ~ 1999 年和 2000 ~ 2002 年 4 个时段,以反映三门峡水库(1960 年 9 月 15 日投入运用)、龙羊峡水库(1986 年 10 月 15 日投入运用)和小浪底水库(1999 年 10 月 25 日投入运用)3 个大型水利枢纽工程对下游水沙资源分布的影响,不同历史时期黄河下游水沙量空间分布如图 8-1 和图 8-2 所示。

　　由于黄河下游各河段断面法冲淤量和输沙率法冲淤量计算结果存在差值,除了观测误差,一般认为是由下游各水文站观测含沙量时有漏测推移质底沙量引起的[2],可由各河段断面法冲淤量和输沙率法冲淤量的差值估算下游各站的漏测推移质底沙量,漏测推移质底沙量加实测悬移质输沙量即为各站的推算全

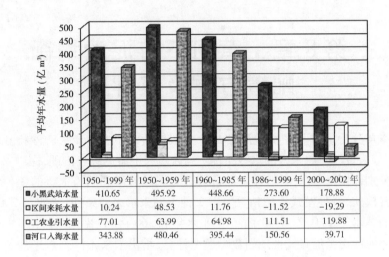

	1950~1999 年	1950~1959 年	1960~1985 年	1986~1999 年	2000~2002 年
■小黑武站水量	410.65	495.92	448.66	273.60	178.88
□区间来耗水量	10.24	48.53	11.76	−11.52	−19.29
□工农业引水量	77.01	63.99	64.98	111.51	119.88
▨河口入海水量	343.88	480.46	395.44	150.56	39.71

图 8-1　不同历史时期黄河下游水量空间分布

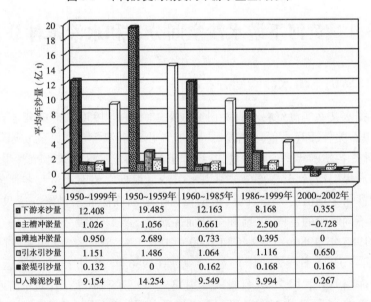

	1950~1999年	1950~1959年	1960~1985年	1986~1999年	2000~2002年
▨下游来沙量	12.408	19.485	12.163	8.168	0.355
▨主槽冲淤量	1.026	1.056	0.661	2.500	−0.728
■滩地冲淤量	0.950	2.689	0.733	0.395	0
□引水引沙量	1.151	1.486	1.064	1.116	0.650
■淤堤引沙量	0.132	0	0.162	0.168	0.168
□入海泥沙量	9.154	14.254	9.549	3.994	0.267

图 8-2　不同历史时期黄河下游沙量空间分布

沙量。由于三门峡站河床为岩石卡口,流速大,一般认为实测沙量可以反映全沙量,根据 1950~1999 年多年平均资料,以三门峡站漏测底沙量为零向下游推算,漏测底沙量占实测沙量的比例小浪底站为 2.24%、花园口站为 9.36%、高村站为 10.17%、艾山站为 5.87%、利津站为 6.44%,2000~2002 年各站漏测底沙量按上述比例估算。

黄河干流小浪底站、伊洛河黑石关站和沁河武陟(小董)站三站(简称小黑武三站)的年水沙量基本反映黄河下游的来水来沙量,小黑武三站实测 1960~1985 年平均年水量 448.66 亿 m³,其中小浪底站为 408.23 亿 m³、黑石关站为 29.71 亿 m³、武陟站为 10.72 亿 m³;小黑武三站实测 1960~1985 年平均年沙量 11.903 亿 t,其中小浪底站为 11.728 亿 t、黑石关站为 0.124 亿 t、武陟站为 0.051 亿 t,加上小浪底站漏测底沙量 0.259 亿 t,推算下游 1960~1985 年平均年全沙量 12.163 亿 t。小黑武三站实测 1986~1999 年平均年水量 273.60 亿 m³,其中小浪底站为 253.70 亿 m³、黑石关站为 16.60 亿 m³、武陟站为 3.30 亿 m³;小黑武三站实测 1986~1999 年平均年沙量 7.850 亿 t,其中小浪底站为 7.797 亿 t、黑石关站为 0.039 亿 t、武陟站为 0.014 亿 t,加上小浪底站漏测底沙量 0.318 亿 t,推算下游 1986~1999 年平均年全沙量 8.168 亿 t。小黑武三站实测 2000~2002 年平均年水量 178.88 亿 m³,其中小浪底站为 166.16 亿 m³、黑石关站为 9.89 亿 m³、武陟站为 2.84 亿 m³;小黑武三站实测 2000~2002 年平均年沙量 0.347 亿 t,其中小浪底站为 0.342 亿 t、黑石关站为 0.001 亿 t、武陟站为 0.004 亿 t;三门峡站实测 2000~2002 年平均年沙量 3.551 亿 t,减去小浪底出库 0.350 亿 t(包括漏测底沙量 0.008 亿 t),小浪底水库 2000~2002 年平均年淤积量 3.201 亿 t。因此,黄河下游 1950~1959 年、1960~1985 年、1986~1999 年和 2000~2002 年 4 个时段的来水来沙量明显递减,4 个时段的年平均来水量分别为 495.92 亿 m³、448.66 亿 m³、273.60 亿 m³ 和 178.88 亿 m³,4 个时段的年平均来沙量分别为 19.485 亿 t、12.163 亿 t、8.168 亿 t 和 3.556 亿 t(包括小浪底水库淤积量 3.201 亿 t)。

1960~1985 年黄河下游年平均工农业引水量为 64.98 亿 m³,引水引沙量为 1.064 亿 t,淤堤引沙量为 0.162 亿 t,河道全断面淤积量为 1.394 亿 t,其中主槽淤积量为 0.661 亿 t、滩地淤积量为 0.733 亿 t,滩地淤积量大于主槽淤积量,因此 1960~1985 年黄河下游滩地和主槽平行淤积抬升,"二级悬河"现象不明显。1960~1985 年黄河入海年平均水量为 395.44 亿 m³,入海年平均沙量为 9.549 亿 t,入海平均含沙量为 22.192 kg/m³,黄河河口来水来沙量大,河口延伸速度快,钓口沟流路在 1964~1976 年平均每年延伸 2.64 km[4]。

1986~1999 年黄河下游年平均工农业引水量为 111.51 亿 m³,引水引沙量为 1.116 亿 t,淤堤引沙量为 0.168 亿 t,河道全断面淤积量为 2.895 亿 t,其中主槽淤积量为 2.500 亿 t,滩地淤积量为 0.395 亿 t,主槽淤积量远大于滩地淤积量,因此 1986～1999 年黄河下游主槽淤积萎缩,"二级悬河"迅速发展。1986～1999 年黄河入海年平均水量为 150.56 亿 m^3,入海年平均沙量为 3.994 亿 t,入海平均含沙量为 26.345 kg/m^3,由于天然来水量减少和工农业引水量增加,1986～1999 年入海年平均水量和沙量比 1960～1985 年明显减少,河口延伸速度减缓。

2000～2002 年小浪底水库投入运用 3 年,黄河下游来水来沙量进一步减少,年平均来水量和来沙量分别为 178.88 亿 m^3 和 3.556 亿 t,小浪底水库年平均拦沙量为 3.201 亿 t,小黑武三站实测 2000～2002 年平均年沙量为 0.347 亿 t。下游合计年平均工农业引水量为 119.88 亿 m^3,引水引沙量为 0.650 亿 t,淤堤引沙量为 0.168 亿 t(缺资料,采用 1990～1999 年平均值),下游河道年平均冲刷 0.728 亿 t,冲刷基本是主槽清水冲刷,且高村以上河段主槽冲刷 1.007 亿 t,高村以下河段主槽淤积 0.279 亿 t,淤积基本是嫩滩淤积,黄河下游滩地基本不淤,2000～2002 年小浪底水库运用前 3 年的小水和嫩滩淤积进一步加速黄河下游主槽萎缩。2000～2002 年黄河入海年平均水量仅为 39.71 亿 m^3,入海年平均沙量为 0.267 亿 t,入海平均含沙量为 6.198 kg/m^3,2000～2002 年入海年平均水量和沙量比 1986～1999 年明显减少,黄河河口蚀退[5],不利于维持河口稳定和实施造陆采油工程。

8.1.2　黄河下游水沙条件分析

根据黄河中上游水沙历史分布,分析未来黄河下游的来水来沙条件。黄河流域河源至河口镇为上游区,上游区段长度为 3 471.6 km,面积为 385 966 km^2;河口镇至桃花峪为中游区,中游区段长度为 1 206.4 km,面积为 343 751 km^2;桃花峪以下为下游区,下游区段长度为 785.6 km,面积为 22 726 km^2。基于小浪底水库投入运用的现实和便于分析统计,以河口镇至小浪底水库为中游区,小浪底水库以下为下游区,在黄河中上游水沙分布统计中,考虑上游河口镇以上来沙少,仅统计河口镇站资料以反映上游来水来沙情况,中游为黄河流域的主要产沙区,统计河口镇站至龙门站区间资料反映河龙区间窟野河、无定河和延河等 21 条支流水沙分布,统计河津站资料代表汾河,统计洑头站资料代表北洛河,渭河是黄河最大支流,除了统计华县站资料,还统计咸阳站和径河张家山站资料,中游干流统计龙门站、三门峡站和小浪底站资料,黄河中上游区域地貌见图 8-3。

统计时段分为 1950～1959 年、1960～1985 年和 1986～1999 年 3 个时段,以反映三门峡水库和龙羊峡水库对中上游水沙分布的影响(缺 2000 年小浪底水库

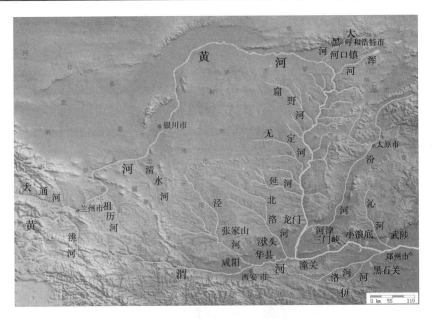

图 8-3　黄河中上游区域地貌

运用以后的上游资料,其中减水减沙资料为 1997 年以前资料)。根据水文站实测资料和有关研究成果[6-9],统计各测站实测年水量和年沙量,分析区间及支流的水土保持、坝地、水库和工农业引水引起的减水减沙量,以及河道冲淤和人为增水增沙量,还原计算小浪底站的天然年水量和年沙量,从而分析预测下游未来的水沙资源条件,不同历史时期小浪底站以上减水减沙分布及水沙资源总量统计成果如图 8-4 ~ 图 8-7 所示。

小浪底站以上 1960 ~ 1985 年平均年减水量为 167. 28 亿 m^3,1986 ~ 1999 年平均年减水量为 210. 36 亿 m^3,比 1960 ~ 1985 年增加 43. 08 亿 m^3。小浪底站实测年平均水量 1960 ~ 1985 年为 408. 23 亿 m^3,1986 ~ 1999 年为 253. 70 亿 m^3,1986 ~ 1999 年实测值比 1960 ~ 1985 年减少 154. 53 亿 m^3,小浪底站以上还原天然年平均水量 1960 ~ 1985 年为 575. 51 亿 m^3, 1986 ~ 1999 年为 464. 06 亿 m^3,1986 ~ 1999 年天然降水量比 1960 ~ 1985 年减少 111. 45 亿 m^3。

小浪底站以上 1960 ~ 1985 年平均年减沙量为 6. 200 亿 t,其中三门峡库区淤积量为 1. 711 亿 t,1986 ~ 1999 年减沙量为 7. 329 亿 t,其中三门峡库区淤积量为 0. 473 亿 t,尽管三门峡库区淤积量比 1960 ~ 1985 年减少 1. 238 亿 t,但 1986 ~ 1999 年减沙量比 1960 ~ 1985 年增加 1. 129 亿 t。小浪底站实测平均年沙量 1960 ~

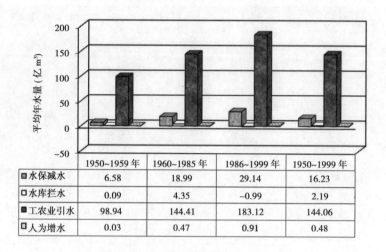

	1950~1959 年	1960~1985 年	1986~1999 年	1950~1999 年
▫水保减水	6.58	18.99	29.14	16.23
▫水库拦水	0.09	4.35	-0.99	2.19
▪工农业引水	98.94	144.41	183.12	144.06
▫人为增水	0.03	0.47	0.91	0.48

图 8-4　不同时期黄河小浪底站以上减水分布统计

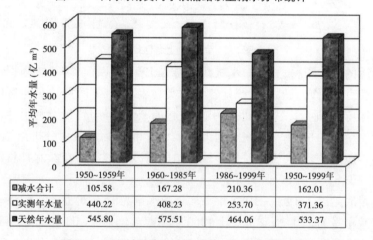

	1950~1959年	1960~1985年	1986~1999年	1950~1999年
▪减水合计	105.58	167.28	210.36	162.01
▫实测年水量	440.22	408.23	253.70	371.36
▪天然年水量	545.80	575.51	464.06	533.37

图 8-5　不同时期黄河小浪底站以上总水量统计

1985 年为 11. 728 亿 t,1986 ~ 1999 年为 7. 797 亿 t,1986 ~ 1999 年实测值比 1960 ~ 1985 年减少 3. 931 亿 t。小浪底站平均年漏测底沙量 1960 ~ 1985 年为 0. 259 亿 t,1986 ~ 1999 年为 0. 318 亿 t,小浪底站推算年平均全沙量 1960 ~ 1985 年为 11. 988 亿 t,1986 ~ 1999 年为 8. 115 亿 t。小浪底站以上还原天然年平均沙 量 1960 ~ 1985 年为 18. 188 亿 t,1986 ~ 1999 年为 15. 444 亿 t,1986 ~ 1999 年中 上游天然产沙量比 1960 ~ 1985 年减少 2. 744 亿 t。

　　因此,黄河下游 1986 ~ 1999 年比 1960 ~ 1985 年来水量减少主要是上中游

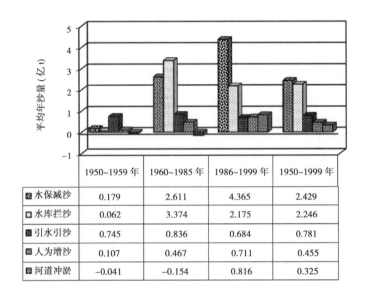

	1950~1959 年	1960~1985 年	1986~1999 年	1950~1999 年
▨ 水保减沙	0.179	2.611	4.365	2.429
▢ 水库拦沙	0.062	3.374	2.175	2.246
▨ 引水引沙	0.745	0.836	0.684	0.781
▨ 人为增沙	0.107	0.467	0.711	0.455
▨ 河道冲淤	−0.041	−0.154	0.816	0.325

图 8-6　不同时期黄河小浪底站以上减沙分布统计

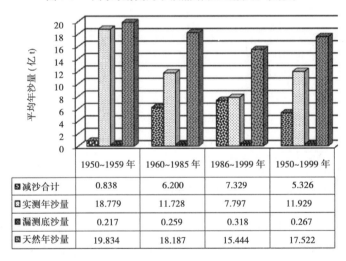

	1950~1959 年	1960~1985 年	1986~1999 年	1950~1999 年
▨ 减沙合计	0.838	6.200	7.329	5.326
▨ 实测年沙量	18.779	11.728	7.797	11.929
▨ 漏测底沙量	0.217	0.259	0.318	0.267
▨ 天然年沙量	19.834	18.187	15.444	17.522

图 8-7　不同时期黄河小浪底站以上总沙量统计

天然降水减少 111.45 亿 m^3,工农业引水和水土保持等减水增多 43 亿 m^3 也是一个重要原因,如果重遇丰水期并维持 1986~1999 年平均年减水水平,下游来水平均年水量可增加约 111 亿 m^3,达到 365 亿 m^3。黄河下游 1986~1999 年比

1960～1985 年来沙减少主要是中上游天然产沙减少 2.744 亿 t,支流水土保持减沙增加 1.754 亿 t 也是一个重要原因,如果重遇丰水期并维持 1986～1999 年平均年减沙水平,下游来沙平均年沙量可增加约 2.7 亿 t,达到 10.8 亿 t。有关黄河未来沙量预测研究也表明[3,10],即使通过水土保持战略,黄河未来相当长时间的多年平均沙量仍有 7 亿～10 亿 t。

　　为了便于将黄河下游泥沙均衡配置线性规划数学模型计算结果和历史实测水沙分布进行对比,黄河下游未来枯水年代表水沙量可以采用 2000～2002 年小黑武三站年平均水量 178.88 亿 m³、年平均沙量 3.556 亿 t(包括小浪底水库年平均淤积 3.201 亿 t);未来平水年代表水沙量可以采用 1986～1999 年小黑武三站年平均水量 273.60 亿 m³、年平均沙量 8.168 亿 t;未来丰水年代表水沙量可以采用 1960～1985 年小黑武三站年平均水量 448.66 亿 m³、年平均沙量 12.163 亿 t。以上述来水来沙条件作为黄河下游泥沙均衡配置线性规划数学模型计算不同模式配置方案的计算水沙条件。

8.2　黄河下游泥沙均衡配置方案

　　结合黄河下游的综合治理,探讨未来黄河下游分别以恢复中水河槽、滩区综合治理和泥沙放淤利用为重点的 3 种泥沙均衡配置模式,每种模式考虑枯、平、丰 3 种不同来水来沙条件(来水量 200 亿 m³ 以下的枯水年、200 亿～360 亿 m³ 的平水年和 360 亿 m³ 以上的丰水年)。应用黄河下游泥沙均衡配置线性规划模型进行计算,先对配置方式层应用模型计算水沙配置方式变量,再对配置方案层进行调整求泥沙配置方案变量,可求得黄河下游未来不同配置模式在枯、平、丰三种水沙条件下的泥沙均衡配置方案。

8.2.1　以恢复中水河槽为重点的模式

　　如果黄河下游河槽淤积萎缩,建议黄河下游泥沙均衡配置采用以恢复稳定中水河槽为重点的模式,强化小浪底水库调水调沙运用,以滞洪拦粗排细运用为主,结合河道整治和疏浚,将夹河滩以上宽浅的游荡型河段塑造为较窄深的稳定河段,在塑造河槽的同时,也可以充分利用夹河滩以上的宽浅河槽滞纳一部分泥沙,冲刷夹河滩以下的萎缩河槽。

　　在恢复稳定中水河槽的同时,在平、丰水年利用小浪底水库相机人造高含沙洪水有计划地淤滩,通过洪水漫滩淤沙、人工渠引高含沙水流淤滩和人工机械疏浚主槽淤滩等具体措施,尽可能治理"二级悬河"。通过机械疏浚高含沙水流淤临淤背和人工挖河固堤等措施建设黄河下游标准化大堤。目前,小浪底水库有足够的拦水拦沙库容,不需要考虑小浪底水库清淤放淤利用泥沙,黄河下游灌区引水渠首和沉沙池的淤沙处理困难,应尽可能引低含沙水流,下游引水按低引沙能力引沙。

8.2.1.1　枯水年泥沙均衡配置方案

对于来水量200亿m³以下的枯水年(代表水沙量为2000~2002年小黑武三站实测年平均水量为178.88亿m³、年平均沙量3.556亿t),通过上游水库的联合调度,丰水年向枯水年补水,汛期相机通过强化小浪底水库调水调沙运用,以拦粗排细运用为主,恢复下游稳定中水河槽,合理控制下游工农业生活引水,非汛期保证黄河下游不断流,尽可能保证非汛期河口三角洲最小生态需水量不低于40亿m³,汛期输沙入海采用低效输沙能力的单位输沙用水量125.313 m³/t,下游引水采用低引沙能力的单位引沙耗水量184.54 m³/t。

对于年平均水量178.88亿m³、沙量3.556亿t的枯水年,黄河下游泥沙均衡配置计算结果见表8-1,汛期通过中上游水库的联合调度,丰水年向枯水年补水,小浪底水库向下游补水25.00亿m³;机淤固堤耗水量为0.62亿m³;控制下

表8-1　恢复中水河槽模式枯水年黄河下游泥沙均衡配置计算结果

配置方式层	水量(亿m³)	水库调节水量 W₁ -25.00	放淤机淤水量 W₂ 0.62	工农业引水量 W₃ 120.00	汛期输沙水量 W₄ 43.26	非汛期生态水量 W₅ 40.00		
	沙量(亿t)	水库拦沙 X_1 2.074	放淤利用 X_2 0	引水引沙 X_3 0.659	机淤固堤 X_4 0.309	维持河槽 X_5 -0.150	滩区淤沙 X_6 0	河口造陆 X_7 -1.526	深海输沙 X_8 2.190
配置方案层		拦粗沙排细沙,减轻下游淤积	造地建材利用,减轻水库淤积	肥田改土治碱,淤堤建材利用	人工机淤固堤,造相对地下河	控制河槽萎缩,整治游荡河段	治理"二级悬河",综合治理滩区	改造湿地环境,河口沉积造陆	海洋动力输沙,减缓河口延伸
小浪底水库		Y_1 2.074	Y_2 0						
小浪底至花园口				Y_3 0.025	Y_8 0.030	Y_{13} 0.203	Y_{18} 0		
花园口至高村				Y_4 0.138	Y_9 0.129	Y_{14} 0.128	Y_{19} 0		
高村至艾山				Y_5 0.151	Y_{10} 0.081	Y_{15} -0.133	Y_{20} 0		
艾山至利津				Y_6 0.279	Y_{11} 0.049	Y_{16} -0.289	Y_{21} 0		
利津至渔洼				Y_7 0.066	Y_{12} 0.019	Y_{17} -0.059	Y_{22} 0		
河口入海								Y_{23} -1.526	Y_{24} 2.190

游工农业引水,维持下游2000~2002年平均年水平引水120.00亿 m^3;汛期输沙入海水量为43.26亿 m^3;保证黄河下游不断流,非汛期河口生态入海水量为40.00亿 m^3。黄河下游泥沙通过小浪底水库拦蓄2.074亿t;不考虑小浪底水库清淤放淤利用泥沙,枯水年不考虑滩区淤沙;下游按低引水引沙能力引沙0.659亿t;机淤固堤泥沙0.309亿t;恢复下游中水河槽冲刷0.150亿t;低效输沙能力输送入海沙量0.664亿t,其中海洋动力深海输沙2.190亿t,河口侵蚀沙量1.526亿t。

8.2.1.2 平水年泥沙均衡配置方案

对于下游来水量200亿~360亿 m^3 的平水年(代表水沙量为1986~1999年小黑武三站实测年平均水量273.60亿 m^3、年平均沙量8.168亿t),汛期相机通过强化小浪底水库调水调沙运用,以拦粗排细运用为主,恢复下游稳定中水河槽,保障下游工农业生活引水,尽可能淤滩治理"二级悬河",保证非汛期河口三角洲最小生态需水量50亿 m^3,汛期输沙入海采用一般输沙能力的单位输沙用水量36.012 m^3/t,下游引水采用低引沙能力的单位引沙耗水量184.54 m^3/t。

对于年平均水量273.60亿 m^3、沙量8.168亿t的平水年,黄河下游泥沙均衡配置计算结果见表8-2,小浪底水库年调节水量为0;机淤固堤耗水量为0.62亿 m^3;保障下游工农业引水145.00亿 m^3;汛期输沙入海水量为77.98亿 m^3;保

表8-2 恢复中水河槽模式平水年黄河下游泥沙均衡配置计算结果

配置方式层	水量 (亿 m^3)	水库调节水量		放淤机淤水量		工农业引水量		汛期输沙水量		非汛期生态水量	
		W_1	0	W_2	0.62	W_3	145.00	W_4	77.98	W_5	50.00
	沙量 (亿t)	水库拦沙		放淤利用		引水引沙		机淤固堤		维持河槽		滩区淤沙		河口造陆		深海输沙
		X_1 3.808	X_2 0	X_3 0.796	X_4 0.309	X_5 -0.150	X_6 0.840	X_7 0.374	X_8 2.190
配置方案层		拦粗沙排细沙,减轻下游淤积	造地建材利用,减轻水库淤积	肥田改土治碱,淤堤建材利用	人工机淤固堤,造相对地下河	控制河槽萎缩,整治游荡河段	治理"二级悬河",综合治理滩区	改造湿地环境,河口沉积造陆	海洋动力输沙,减缓河口延伸
小浪底水库		Y_1 3.808	Y_2 0						
小浪底至花园口				Y_3 0.030	Y_8 0.030	Y_{13} 0.203	Y_{18} 0.084		
花园口至高村				Y_4 0.167	Y_9 0.129	Y_{14} 0.128	Y_{19} 0.319		
高村至艾山				Y_5 0.182	Y_{10} 0.081	Y_{15} -0.133	Y_{20} 0.247		
艾山至利津				Y_6 0.337	Y_{11} 0.049	Y_{16} -0.289	Y_{21} 0.166		
利津至渔洼				Y_7 0.080	Y_{12} 0.019	Y_{17} -0.059	Y_{22} 0.025		
河口入海								Y_{23} 0.374	Y_{24} 2.190

证非汛期河口生态入海水量 50.00 亿 m³。黄河下游泥沙通过小浪底水库拦蓄 3.808 亿 t;不考虑小浪底水库清淤放淤利用泥沙;下游按低引水引沙能力引沙 0.796 亿 t;机淤固堤泥沙 0.309 亿 t;恢复下游中水河槽冲刷 0.150 亿 t;考虑滩区尚未进行综合治理,尽可能淤滩治理"二级悬河",滩区淤沙量为 0.840 亿 t;一般输沙能力输送入海沙量 2.564 亿 t,其中海洋动力深海输沙 2.190 亿 t,河口造陆沙量 0.374 亿 t。

8.2.1.3　丰水年泥沙均衡配置方案

对于下游来水量 360 亿 m³ 以上的丰水年(代表水沙量为 1960 ~ 1985 年小黑武三站实测年平均水量为 448.66 亿 m³、年平均沙量 12.163 亿 t),汛期相机通过强化小浪底水库调水调沙运用,以拦粗排细运用为主,恢复下游稳定中水河槽,保障下游工农业生活引水,保证非汛期河口三角洲最小生态需水量不低于 50 亿 m³,小浪底水库拦蓄富余水量向枯水年补水。汛期输沙入海采用高效输沙能力的单位输沙用水量 26.596 m³/t,下游引水采用低引沙能力的单位引沙耗水量 184.54 m³/t。

对于年水量 448.66 亿 m³、沙量 12.163 亿 t 的丰水年,黄河下游泥沙均衡配置计算结果见表 8-3,小浪底水库可拦蓄富余水量 121.74 亿 m³ 向枯水年补水;

表 8-3　恢复中水河槽模式丰水年黄河下游泥沙均衡配置计算结果

配置方式层	水量 (亿 m³)	水库调节水量		放淤机淤水量		工农业引水量		汛期输沙水量		非汛期生态水量	
		W_1	121.74	W_2	0.62	W_3	145.00	W_4	121.30	W_5	60.00
	沙量 (亿 t)	水库拦沙	放淤利用	引水引沙	机淤固堤	维持河槽	滩区淤沙	河口造陆	深海输沙		
		X_1 4.488	X_2 0	X_3 0.796	X_4 0.309	X_5 -0.150	X_6 1.680	X_7 2.850	X_8 2.190		
配置方案层		拦粗沙排细沙,减轻下游淤积	造地建材利用,减轻水库淤积	肥田改土治碱,淤堤建材利用	人工机淤固堤,造相对地下河	控制河槽萎缩,整治游荡河段	治理"二级悬河",综合治理滩区	改造湿地环境,河口沉积造陆	海洋动力输沙,减缓河口延伸		
小浪底水库		Y_1 4.488	Y_2 0								
小浪底至花园口				Y_3 0.030	Y_8 0.030	Y_{13} 0.203	Y_{18} 0.167				
花园口至高村				Y_4 0.167	Y_9 0.129	Y_{14} 0.128	Y_{19} 0.637				
高村至艾山				Y_5 0.182	Y_{10} 0.081	Y_{15} -0.133	Y_{20} 0.494				
艾山至利津				Y_6 0.337	Y_{11} 0.049	Y_{16} -0.289	Y_{21} 0.332				
利津至渔洼				Y_7 0.080	Y_{12} 0.019	Y_{17} -0.059	Y_{22} 0.050				
河口入海								Y_{23} 2.850	Y_{24} 2.190		

机淤固堤耗水量为 0.62 亿 m³;保障下游工农业引水 145.00 亿 m³;汛期输沙入海水量为 121.30 亿 m³;保证非汛期河口生态入海水量 60.00 亿 m³。黄河下游泥沙通过小浪底水库拦蓄约 4.488 亿 t;不考虑小浪底水库清淤放淤利用泥沙;下游按低引水引沙能力引沙 0.796 亿 t;机淤固堤泥沙 0.309 亿 t;恢复下游中水河槽冲刷 0.150 亿 t,考虑滩区尚未进行综合治理,尽可能通过高含沙水流淤滩治理"二级悬河",滩区淤沙量为 1.680 亿 t;高效输沙能力输送入海沙量 5.040 亿 t,其中海洋动力深海输沙 2.190 亿 t,河口造陆沙量 2.850 亿 t。

8.2.2　以滩区综合治理为重点的模式

当稳定中水河槽基本恢复后,建议黄河下游泥沙均衡配置采用以滩区综合治理为重点的模式,重点调整改造黄河下游滩区生产堤,修建隔堤综合治理滩区,将滩区分隔为居民生活区和滞洪淤沙区,在平、丰水年有计划地淤滩刷槽治理下游"二级悬河",同时改造黄河下游引水渠系,结合引水沉沙机淤固堤建设标准化大堤。

下游中水河槽基本恢复后,为了维持稳定的中水河槽,建议小浪底水库运用根据上游不同的来水来沙条件和黄河下游河槽的输水输沙能力,分别采用下泄清水、滞洪拦粗排细和空库排沙等具体不同的调水调沙运用方案,结合滞洪拦粗排细塑造维护河槽、下泄清水沿程冲刷和空库排沙沿程淤积三种方式,并通过配沙渠道给水库下泄的清水配沙,实现下游河槽年内或多年平均冲淤平衡和均衡稳定,该配置模式可以不考虑河槽冲淤量。

8.2.2.1　枯水年泥沙均衡配置方案

对于年平均水量 178.88 亿 m³、沙量 3.556 亿 t 的枯水年,黄河下游泥沙均衡配置计算结果见表 8-4,汛期通过中上游水库的联合调度,丰水年向枯水年补水,要求小浪底水库向下游补水 25.00 亿 m³;机淤固堤耗水量为 0.62 亿 m³;控制下游工农业引水,维持下游 2000～2002 年平均年水平引水 120.00 亿 m³;汛期输沙入海水量为 43.26 亿 m³;保证黄河下游不断流,保证非汛期河口生态入海水量 40.00 亿 m³。黄河下游泥沙通过小浪底水库拦蓄 1.924 亿 t;不考虑小浪底水库清淤放淤利用泥沙;下游按低引水引沙能力引沙 0.659 亿 t;机淤固堤泥沙 0.309 亿 t;枯水年来水来沙量少,不考虑滩区淤沙,滩区利用有利时机对平、丰水年的淤沙进行综合治理;按低效输沙能力输送入海沙量 0.664 亿 t,其中深海输沙 2.190 亿 t,河口侵蚀沙量 1.526 亿 t。

表 8-4　滩区综合治理模式枯水年黄河下游泥沙均衡配置计算结果

配置方式层	水量(亿 m³)	水库调节水量 W_1 −25.00		放淤机淤水量 W_2 0.62		工农业引水量 W_3 120.00		汛期输沙水量 W_4 43.26		非汛期生态水量 W_5 40.00
	沙量(亿 t)	水库拦沙 X_1 1.924	放淤利用 X_2 0	引水引沙 X_3 0.659	机淤固堤 X_4 0.309	维持河槽 X_5 0	滩区淤沙 X_6 0	河口造陆 X_7 −1.526	深海输沙 X_8 2.190	

配置方案层	拦粗沙排细沙,减轻下游淤积	造地建材利用,减轻水库淤积	肥田改土治碱,淤堤建材利用	人工机淤固堤,造相对地下河	控制河槽萎缩,整治游荡河段	治理"二级悬河",综合治理滩区	改造湿地环境,河口造陆	海洋动力深海输沙,减缓河口延伸
小浪底水库	Y_1 1.924	Y_2 0						
小浪底至花园口			Y_3 0.025	Y_8 0.015	Y_{13} 0	Y_{18} 0		
花园口至高村			Y_4 0.138	Y_9 0.096	Y_{14} 0	Y_{19} 0		
高村至艾山			Y_5 0.151	Y_{10} 0.066	Y_{15} 0	Y_{20} 0		
艾山至利津			Y_6 0.279	Y_{11} 0.116	Y_{16} 0	Y_{21} 0		
利津至渔洼			Y_7 0.066	Y_{12} 0.017	Y_{17} 0	Y_{22} 0		
河口入海							Y_{23} −1.526	Y_{24} 2.190

8.2.2.2　平水年泥沙均衡配置方案

对于年平均水量 273.60 亿 m³、沙量 8.168 亿 t 的平水年,黄河下游泥沙均衡配置计算结果见表 8-5,小浪底水库年调节水量为 0;机淤固堤耗水量为 0.62 亿 m³;保障下游工农业引水 145.00 亿 m³;汛期输沙入海水量为 77.98 亿 m³;保证非汛期河口生态入海水量 50.00 亿 m³。黄河下游泥沙通过小浪底水库拦蓄 2.169 亿 t;不考虑小浪底水库清淤放淤利用泥沙;下游按正常引水引沙能力引沙 1.445 亿 t;机淤固堤泥沙 0.309 亿 t;建设滩区滞洪淤沙系统,有计划淤滩治理"二级悬河",滩区淤沙量为 1.680 亿 t;一般输沙能力输送入海沙量 2.564 亿 t,其中海洋动力深海输沙 2.190 亿 t,河口造陆沙量 0.374 亿 t。

8.2.2.3　丰水年泥沙均衡配置方案

对于年平均水量 448.66 亿 m³、沙量 12.163 亿 t 的丰水年,黄河下游泥沙均衡配置计算结果见表 8-6,小浪底水库可拦蓄富余水量 78.79 亿 m³ 向枯水年补水;机淤固堤耗水量为 0.62 亿 m³;保障下游工农业引水量 145.00 亿 m³;汛期采用一般输沙能力输沙入海,输沙入海水量为 164.25 亿 m³;保证非汛期河口生态

表 8-5　滩区综合治理模式平水年黄河下游泥沙均衡配置计算结果

配置方式层	水量(亿 m³)	水库调节水量		放淤机淤水量		工农业引水量		汛期输沙水量		非汛期生态水量	
		W_1	0	W_2	0.62	W_3	145.00	W_4	77.98	W_5	50.00
	沙量(亿 t)	水库拦沙		放淤利用		引水引沙		机淤固堤		维持河槽		滩区淤沙		河口造陆		深海输沙	
		X_1 2.169		X_2 0		X_3 1.445		X_4 0.309		X_5 0		X_6 1.680		X_7 0.374		X_8 2.190	

配置方案层	水库拦沙 拦粗沙排细沙,减轻下游淤积	放淤利用 造地建材利用,减轻水库淤积	引水引沙 肥田改土治碱,淤堤建材利用	机淤固堤 人工机淤固堤,造相对地下河	维持河槽 控制河槽萎缩,整治游荡河段	滩区淤沙 治理"二级悬河",综合治理滩区	河口造陆 改造湿地环境,河口沉积造陆	深海输沙 海洋动力输沙,减缓河口延伸
小浪底水库	Y_1 2.169	Y_2 0						
小浪底至花园口			Y_3 0.188	Y_8 0.015	Y_{13} 0	Y_{18} 0.167		
花园口至高村			Y_4 0.335	Y_9 0.096	Y_{14} 0	Y_{19} 0.637		
高村至艾山			Y_5 0.308	Y_{10} 0.066	Y_{15} 0	Y_{20} 0.494		
艾山至利津			Y_6 0.497	Y_{11} 0.116	Y_{16} 0	Y_{21} 0.332		
利津至渔洼			Y_7 0.117	Y_{12} 0.017	Y_{17} 0	Y_{22} 0.050		
河口入海							Y_{23} 0.374	Y_{24} 2.190

表 8-6　滩区综合治理模式丰水年黄河下游泥沙均衡配置计算结果

配置方式层	水量(亿 m³)	水库调节水量		放淤机淤水量		工农业引水量		汛期输沙水量		非汛期生态水量	
		W_1	78.79	W_2	0.62	W_3	145.00	W_4	164.25	W_5	60.00
	沙量(亿 t)	水库拦沙		放淤利用		引水引沙		机淤固堤		维持河槽		滩区淤沙		河口造陆		深海输沙	
		X_1 2.009		X_2 0		X_3 1.445		X_4 0.309		X_5 0		X_6 3.360		X_7 2.850		X_8 2.190	

配置方案层	水库拦沙 拦粗沙排细沙,减轻下游淤积	放淤利用 造地建材利用,减轻水库淤积	引水引沙 肥田改土治碱,淤堤建材利用	机淤固堤 人工机淤固堤,造相对地下河	维持河槽 控制河槽萎缩,整治游荡河段	滩区淤沙 治理"二级悬河",综合治理滩区	河口造陆 改造湿地环境,河口沉积造陆	深海输沙 海洋动力输沙,减缓河口延伸
小浪底水库	Y_1 2.009	Y_2 0						
小浪底至花园口			Y_3 0.188	Y_8 0.015	Y_{13} 0	Y_{18} 0.334		
花园口至高村			Y_4 0.335	Y_9 0.096	Y_{14} 0	Y_{19} 1.274		
高村至艾山			Y_5 0.308	Y_{10} 0.066	Y_{15} 0	Y_{20} 0.988		
艾山至利津			Y_6 0.497	Y_{11} 0.116	Y_{16} 0	Y_{21} 0.664		
利津至渔洼			Y_7 0.117	Y_{12} 0.017	Y_{17} 0	Y_{22} 0.100		
河口入海							Y_{23} 2.850	Y_{24} 2.190

入海水量 60.00 亿 m³。黄河下游泥沙通过小浪底水库拦蓄 2.009 亿 t;不考虑小浪底水库清淤放淤利用泥沙;下游按正常引水引沙能力引沙 1.445 亿 t;机淤固堤泥沙 0.309 亿 t;尽可能在汛期通过滩区滞洪淤沙系统有计划滞洪淤沙或高含沙水流放淤淤滩,治理“二级悬河”,滩区淤沙量为 3.360 亿 t;一般输沙能力输送入海沙量 5.040 亿 t,其中海洋动力深海输沙 2.190 亿 t,河口造陆沙量 2.850 亿 t。

8.2.3　以泥沙放淤利用为重点的模式

如果小浪底水库的拦沙库容基本淤满,基本失去拦沙能力,下游“二级悬河”基本得到治理,建议黄河下游泥沙均衡配置采用以泥沙放淤利用为重点的模式。该模式黄河下游放淤利用泥沙资源主要包括小浪底水库机械清淤形成高含沙水流通过供水输沙配沙管渠系统输送放淤利用泥沙资源,恢复小浪底水库的调水调沙库容;下游滩区综合治理后,修建隔堤将滩区分隔为居民居住区和滞洪淤沙区,通过滞洪淤沙区放淤利用黄河泥沙资源发展农业生产;引水引沙的渠首泥沙清淤主要用于建筑材料。该模式要求小浪底水库下游供水输沙配沙管渠系统的输沙渠道部分可以投入运用,一边运用一边延伸供水输沙管渠系,最终实现高含沙水流输沙入渤海,同时通过配沙渠道给小浪底水库下泄的清水配沙。小浪底水库根据上游不同的来水来沙条件和黄河下游河槽条件,采用下泄清水、滞洪拦粗排细和空库排沙运用相结合,实现黄河下游河槽的多年平均冲淤平衡,该配置模式也可以不考虑河槽冲淤量。

8.2.3.1　枯水年泥沙均衡配置方案

对于年平均水量 178.88 亿 m³、沙量 3.556 亿 t 的枯水年,黄河下游泥沙均衡配置计算结果见表 8-7,汛期通过中上游水库的联合调度,丰水年向枯水年补水,要求小浪底水库向下游补水 35 亿 m³;放淤机淤耗水量为 6.84 亿 m³;控制下游工农业引水,维持下游 2000～2002 年平均年水平引水 120.00 亿 m³;汛期输沙入海水量为 47.04 亿 m³;保证黄河下游不断流,非汛期河口生态入海水量为 40.00 亿 m³。小浪底水库减淤 1.214 亿 t;小浪底水库清淤通过供水输沙配沙管渠系统放淤利用泥沙 3.110 亿 t;下游按低引水引沙能力引沙 0.657 亿 t;机淤固堤泥沙 0.309 亿 t;枯水年不考虑滩区淤沙;低效输沙能力输送入海沙量 0.695 亿 t,其中海洋动力深海输沙 2.190 亿 t,河口侵蚀沙量 1.495 亿 t。

表8-7　泥沙放淤利用模式枯水年黄河下游泥沙均衡配置计算结果

配置方式层 水量(亿 m³)	水库调节水量		放淤机淤水量		工农业引水量		汛期输沙水量		非汛期生态水量	
	W_1	−35.00	W_2	6.84	W_3	120.00	W_4	47.04	W_5	40.00

沙量(亿 t)	水库拦沙	放淤利用	引水引沙	机淤固堤	维持河槽	滩区淤沙	河口造陆	深海输沙
	X_1 −1.214	X_2 3.110	X_3 0.657	X_4 0.309	X_5 0	X_6 0	X_7 −1.495	X_8 2.190
配置方案层	拦粗沙排细沙,减轻下游淤积	造地建材利用,减轻水库淤积	肥田改土治碱,淤堤建材利用	人工机淤固堤,造相对地下河	控制河槽萎缩,整治游荡河段	治理"二级悬河",综合治理滩区	改造湿地环境,河口输沙,减缓河口延伸	海洋动力输沙,减缓沉积造陆
小浪底水库	Y_1 −1.214	Y_2 3.110						
小浪底至花园口			Y_3 0.023	Y_8 0.015	Y_{13} 0	Y_{18} 0		
花园口至高村			Y_4 0.125	Y_9 0.096	Y_{14} 0	Y_{19} 0		
高村至艾山			Y_5 0.136	Y_{10} 0.066	Y_{15} 0	Y_{20}		
艾山至利津			Y_6 0.253	Y_{11} 0.116	Y_{16} 0	Y_{21}		
利津至渔洼			Y_7 0.119	Y_{12} 0.017	Y_{17} 0	Y_{22}		
河口入海							Y_{23} −1.495	Y_{24} 2.190

8.2.3.2　平水年泥沙均衡配置方案

对于年平均水量273.60亿 m³、沙量8.168亿 t的平水年,黄河下游泥沙均衡配置计算结果见表8-8,小浪底水库年调节水量为0;放淤机淤耗水量为6.84亿 m³;保障下游工农业引水160.00亿 m³;汛期输沙入海水量为56.76亿 m³;保证非汛期河口生态入海水量50.00亿 m³。小浪底水库减淤0.331亿 t;小浪底水库清淤通过供水输沙配沙管渠系统放淤利用泥沙3.110亿 t;下游按正常引水引沙能力引沙1.563亿 t;机淤固堤泥沙0.309亿 t;综合治理滩区,滩区滞洪淤沙区淤沙量为1.542亿 t;一般输沙能力输送入海沙量1.975亿 t,其中海洋动力深海输沙2.190亿 t,河口侵蚀沙量0.215亿 t。

8.2.3.3　丰水年泥沙均衡配置方案

对于年平均水量448.66亿 m³、沙量12.163亿 t的丰水年,黄河下游泥沙均衡配置计算结果见表8-9,小浪底水库可拦蓄富余水量57.57亿 m³向枯水年补水;放淤机淤耗水量为6.84亿 m³;保障下游工农业引水160.00亿 m³;汛期输沙入海水量为164.25亿 m³;保证非汛期河口生态入海水量60.00亿 m³。

表 8-8 泥沙放淤利用模式平水年黄河下游泥沙均衡配置计算结果

配置方式层	水量（亿 m³）	水库调节水量		放淤机淤水量		工农业引水量		汛期输沙水量		非汛期生态水量	
		W_1	0	W_2	6.84	W_3	160.00	W_4	56.76	W_5	50.00
	沙量（亿 t）	水库拦沙		放淤利用		引水引沙		机淤固堤	维持河槽	滩区淤沙	河口造陆	深海输沙
		X_1 −0.311		X_2 3.110		X_3 1.563	X_4 0.309	X_5 0	X_6 1.542	X_7 −0.215	X_8 2.190
配置方案层		拦粗沙排细沙，减轻下游淤积		造地建材利用，减轻水库淤积		肥田改土治碱，淤堤建材利用	人工机淤固堤，造相对地下河	控制河槽萎缩，整治游荡河段	治理"二级悬河"，综合治理滩区	改造湿地环境，河口沉积造陆	海洋动力输沙，减缓河口延伸
小浪底水库		Y_1 −0.331		Y_2 3.110							
小浪底至花园口						Y_3 0.188	Y_8 0.015	Y_{13} 0	Y_{18} 0.234		
花园口至高村						Y_4 0.335	Y_9 0.096	Y_{14} 0	Y_{19} 0.600		
高村至艾山						Y_5 0.308	Y_{10} 0.066	Y_{15} 0	Y_{20} 0.341		
艾山至利津						Y_6 0.497	Y_{11} 0.116	Y_{16} 0	Y_{21} 0.319		
利津至渔洼						Y_7 0.235	Y_{12} 0.017	Y_{17} 0	Y_{22} 0.048		
河口入海										Y_{23} −0.215	Y_{24} 2.190

表 8-9 泥沙放淤利用模式丰水年黄河下游泥沙均衡配置计算结果

配置方式层	水量（亿 m³）	水库调节水量		放淤机淤水量		工农业引水量		汛期输沙水量		非汛期生态水量	
		W_1	57.57	W_2	6.84	W_3	160.00	W_4	164.25	W_5	60.00
	沙量（亿 t）	水库拦沙		放淤利用		引水引沙		机淤固堤	维持河槽	滩区淤沙	河口造陆	深海输沙
		X_1 −0.942		X_2 3.110		X_3 1.563	X_4 0.309	X_5 0	X_6 3.084	X_7 2.850	X_8 2.190
配置方案层		拦粗沙排细沙，减轻下游淤积		造地建材利用，减轻水库淤积		肥田改土治碱，淤堤建材利用	人工机淤固堤，造相对地下河	控制河槽萎缩，整治游荡河段	治理"二级悬河"，综合治理滩区	改造湿地环境，河口沉积造陆	海洋动力输沙，减缓河口延伸
小浪底水库		Y_1 −0.942		Y_2 3.110							
小浪底至花园口						Y_3 0.188	Y_8 0.015	Y_{13} 0	Y_{18} 0.468		
花园口至高村						Y_4 0.335	Y_9 0.096	Y_{14} 0	Y_{19} 1.200		
高村至艾山						Y_5 0.308	Y_{10} 0.066	Y_{15} 0	Y_{20} 0.682		
艾山至利津						Y_6 0.497	Y_{11} 0.116	Y_{16} 0	Y_{21} 0.638		
利津至渔洼						Y_7 0.235	Y_{12} 0.017	Y_{17} 0	Y_{22} 0.096		
河口入海										Y_{23} 2.850	Y_{24} 2.190

　　小浪底水库减淤 0. 942 亿 t;小浪底水库清淤通过供水输沙配沙管渠系统放
淤利用泥沙 3. 110 亿 t;下游按正常引水引沙能力引沙 1. 563 亿 t;机淤固堤泥沙
0. 309 亿 t;尽可能在汛期通过滩区滞洪淤沙系统有计划滞洪淤沙或高含沙水流
放淤淤滩利用泥沙,滩区滞洪淤沙区淤沙量为 3. 084 亿 t;一般输沙能力输送入
海沙量 5. 040 亿 t,其中海洋动力深海输沙 2. 190 亿 t,河口造陆沙量 2. 850 亿 t。

　　综上所述,结合黄河下游的综合治理,探讨了未来黄河下游分别以恢复中水
河槽、滩区综合治理和泥沙放淤利用为重点的 3 种泥沙均衡配置模式,通过黄河
下游泥沙均衡配置线性规划数学模型计算,提出了黄河下游未来 3 种模式和枯、
平、丰 3 种来水来沙条件共 9 种泥沙均衡配置方案。需要说明的是,泥沙均衡配
置是总量宏观配置,上述泥沙均衡配置方案尚是黄河下游泥沙均衡配置线性规
划数学模型初步计算结果。

8.3　黄河下游泥沙均衡配置效果评价

　　针对上述黄河下游不同配置模式及来水来沙条件的泥沙均衡配置方案,将
各配置方案和黄河下游历史实测资料进行比较,对综合目标函数的层次分析法、
资源利用型和灾害治理型 3 个表达式的计算值进行对比,并按平水年黄河下游
泥沙均衡配置方案的累计效果进行综合分析,对黄河下游泥沙均衡配置的效果
进行评价。

8.3.1　枯水年不同模式泥沙均衡配置效果评价

　　枯水年代表水沙量为 2000 ~ 2002 年小黑武三站年平均水量 178. 88 亿 m³、
年平均沙量 3. 556 亿 t,枯水年不同模式泥沙均衡配置效果比较见表 8-10。2000 ~
2002 年黄河下游水资源实测分布是机淤固堤耗水 0. 340 亿 m³、工农业引水
119. 880 亿 m³、汛期输沙入海水量 19. 920 亿 m³、非汛期河口生态用水量 25. 75
亿 m³。由于黄河下游水资源短缺,枯水年水资源优化配置需要通过中上游水库
的联合调度,通过小浪底水库拦蓄丰水年向枯水年补水,补水量为 25. 00 亿 m³,
控制工农业引水 120. 00 亿 m³,放淤机淤水量由 0. 62 亿 m³ 逐渐增加到 6. 84
亿 m³,可保障汛期输沙入海水量 43 亿 ~ 47 亿 m³,可保障非汛期河口生态用水
量 40. 00 亿 m³,保证下游不断流。2000 ~ 2002 年黄河下游泥沙实测分布是小浪
底水库拦沙 3. 201 亿 t、引水引沙 0. 650 亿 t、机淤固堤 0. 168 亿 t、河槽清水冲刷
0. 728 亿 t、河口侵蚀 1. 925 亿 t。枯水年泥沙均衡配置主要是小浪底水库由拦

沙逐渐转向减淤,恢复中水河槽模式年平均拦沙 2.074 亿 t,滩区综合治理模式年平均拦沙 1.924 亿 t,泥沙放淤利用模式年平均减淤 1.214 亿 t,小浪底水库拦沙库容逐渐恢复;只有泥沙放淤利用模式通过小浪底水库下游供水输沙配沙管渠系统放淤利用泥沙,年平均向黄河下游流域面放淤 3.11 亿 t;各模式按低引水引沙能力引沙约 0.66 亿 t;机淤固堤约 0.31 亿 t;维持河槽除恢复中水河槽模式年平均冲刷 0.150 亿 t,其他模式维持河槽冲淤平衡;由于入海沙量仅约 0.7 亿 t,河口侵蚀沙量约为 1.5 亿 t,比 2000～2002 年河口侵蚀沙量 1.9 亿 t 略为减少,深海输沙为常量 2.190 亿 t。

表 8-10　枯水年不同模式泥沙均衡配置效果比较

配置方式		配置变量	单位	2000～2002 年实测资料	恢复中水河槽模式	滩区综合治理模式	泥沙放淤利用模式
水库调节水量		W_1	亿 m³	0	-25.00	-25.00	-35.00
放淤机淤水量		W_2	亿 m³	0.340	0.62	0.62	6.84
工农业引水量		W_3	亿 m³	119.880	120.00	120.00	120.00
汛期输沙水量		W_4	亿 m³	19.920	43.26	43.26	47.04
非汛期生态水量		W_5	亿 m³	25.750	40.00	40.00	40.00
水库拦沙		X_1	亿 t	3.201	2.074	1.924	-1.214
放淤利用		X_2	亿 t	0	0	0	3.110
引水引沙		X_3	亿 t	0.650	0.659	0.659	0.657
机淤固堤		X_4	亿 t	0.168	0.309	0.309	0.309
维持河槽		X_5	亿 t	-0.728	-0.150	0	0
滩区淤沙		X_6	亿 t	0	0	0	0
河口造陆		X_7	亿 t	-1.925	-1.526	-1.526	-1.495
深海输沙		X_8	亿 t	2.190	2.190	2.190	2.190
综合目标函数	层次分析法表达式			0.401	0.759	0.589	0.783
	资源利用型表达式			0.181	0.859	0.585	0.972
	灾害治理型表达式			1.425	1.258	1.197	0.695

进一步可比较综合目标函数各表达式的计算值进行评价,层次分析法表达式的计算值由 2000~2002 年实测水沙分布的 0.401 增大到泥沙放淤利用模式的 0.783,资源利用型表达式的计算值由 2000~2002 年实测水沙分布的 0.181 增大到泥沙放淤利用模式的 0.972,由于维持河槽的综合目标函数权重系数较大,恢复中水河槽模式的综合目标函数值较大。灾害治理型表达式的计算值由 2000~2002 年实测水沙分布的 1.425 逐渐减小到泥沙放淤利用模式的 0.695。总体上,枯水年各配置模式的综合目标函数层次分析法和资源利用型表达式的计算值增大,而灾害治理型表达式的计算值减小,说明水沙资源配置模式不断改善,泥沙资源利用率不断提高,泥沙灾害性逐渐降低。

8.3.2　平水年不同模式泥沙均衡配置效果评价

平水年代表水沙量为 1986~1999 年小黑武三站年平均水量 273.60 亿 m³、沙量 8.168 亿 t,平水年不同模式泥沙均衡配置效果比较见表 8-11。1986~1999 年黄河下游水资源实测分布是机淤固堤耗水约 0.34 亿 m³、工农业引水 111.51 亿 m³、汛期输沙入海水量 92.50 亿 m³、非汛期河口生态用水量 58.06 亿 m³。由于平水年下游水资源基本可以满足需要,水资源优化配置可以不考虑小浪底水库调节水量,放淤机淤水量由 0.62 亿 m³ 逐渐增加到 6.84 亿 m³,工农业生活引水由 145.00 亿 m³ 逐渐增加到 160.00 亿 m³,汛期输沙入海水量由 77.98 亿 m³ 逐渐减少到 56.76 亿 m³,保障非汛期河口生态入海水量 50.00 亿 m³。

1986~1999 年黄河下游泥沙实测分布是引水引沙 1.116 亿 t、机淤固堤约 0.168 亿 t、河槽淤沙 2.500 亿 t、滩区淤沙 0.395 亿 t、河口造陆淤沙 1.876 亿 t,"二级悬河"迅速发展,河口延伸。平水年泥沙均衡配置主要是小浪底水库由多拦沙逐渐转向减淤,恢复中水河槽模式年平均拦沙 3.808 亿 t,滩区综合治理模式年平均拦沙 2.169 亿 t,泥沙放淤利用模式年平均减淤 0.331 亿 t,拦沙库容逐渐恢复;只有泥沙放淤利用模式通过小浪底水库下游供水输沙配沙管渠系统放淤利用泥沙,年平均向黄河下游流域面放淤 3.11 亿 t;各模式按低、高引水引沙能力引沙 0.796 亿~1.563 亿 t;机淤固堤 0.309 亿 t;维持河槽除恢复中水河槽模式多年平均冲刷 0.150 亿 t,其他模式维持河槽冲淤平衡;河口基本稳定,河口冲淤沙量为 -0.215 亿~0.374 亿 t,深海输沙基本为常量 2.190 亿 t。

表 8-11 平水年不同模式泥沙均衡配置效果比较

配置方式		配置变量	单位	1986~1999 年实测资料	恢复中水河槽模式	滩区综合治理模式	泥沙放淤利用模式
水库调节水量		W_1	亿 m³	0	0	0	0
放淤机淤水量		W_2	亿 m³	0.34	0.62	0.62	6.84
工农业引水量		W_3	亿 m³	111.51	145.00	145.00	160.00
汛期输沙水量		W_4	亿 m³	92.50	77.98	77.98	56.76
非汛期生态水量		W_5	亿 m³	58.06	50.00	50.00	50.00
水库拦沙		X_1	亿 t	0	3.808	2.169	-0.331
放淤利用		X_2	亿 t	0	0	0	3.110
引水引沙		X_3	亿 t	1.116	0.796	1.445	1.563
机淤固堤		X_4	亿 t	0.168	0.309	0.309	0.309
维持河槽		X_5	亿 t	2.500	-0.150	0	0
滩区淤沙		X_6	亿 t	0.395	0.840	1.680	1.542
河口造陆		X_7	亿 t	1.876	0.374	0.374	-0.215
深海输沙		X_8	亿 t	2.190	2.190	2.190	2.190
综合目标函数	层次分析法表达式			0.819	1.108	0.989	1.198
	资源利用型表达式			0.900	1.056	0.854	1.238
	灾害治理型表达式			0.927	1.842	1.600	1.214

进一步比较综合目标函数各表达式的计算值进行评价,层次分析法表达式的计算值由 1986~1999 年的 0.819 提高到泥沙放淤利用模式的 1.198,资源利用型表达式的计算值由 1986~1999 年实测水沙分布的 0.900 逐渐增大到泥沙放淤利用模式的 1.238,但滩区综合治理模式的资源利用型表达式的计算值仅 0.854,小于 1986~1999 年实测水沙分布的 0.900,由于维持河槽的综合目标函数权重系数较大,恢复中水河槽模式的综合目标函数值较大。灾害治理型表达式的计算值由恢复中水河槽模式的 1.842 逐渐减小到高含沙分流模式的 1.214,但 1986~1999 年实测水沙分布的灾害治理型表达式的计算值较小,仅为

0.927,说明灾害治理型表达式也有一定缺点,综合目标函数层次分析法表达式计算值的规律性相对较好。总体上,平水年各配置模式综合目标函数的层次分析法和资源利用型表达式的计算值增大,而灾害治理型表达式的计算值减小,说明水沙资源配置模式是不断改善的,泥沙资源利用率不断提高,泥沙灾害性逐渐降低。

8.3.3　丰水年不同模式泥沙均衡配置效果评价

　　丰水年代表水沙量为 1960~1985 年小黑武三站年平均水量为 448.66 亿 m³、年平均沙量 12.163 亿 t,丰水年不同模式泥沙均衡配置效果比较见表 8-12。1960~1985 年黄河下游水资源实测分布是放淤机淤耗水量约 0.32 亿 m³、工农业引水 64.98 亿 m³、汛期输沙入海水量 240.39 亿 m³、非汛期河口生态用水量 155.05 亿 m³,水量丰富,引水较少,入海水量达 395.44 亿 m³。丰水年黄河下游的水量有富余,为了减轻黄河下游的洪涝灾害,下游各配置模式的水资源优化配置是通过小浪底水库拦蓄富余水量向枯水年补水,小浪底水库拦蓄富余水量由 121.74 亿 m³ 逐渐减少到 57.57 亿 m³,放淤机淤水量由 0.62 亿 m³ 逐渐增加到 6.84 亿 m³,工农业生活引水量由 145.00 亿 m³ 逐渐增加到 160.00 亿 m³,汛期输沙入海水量由 121.30 亿 m³ 增加到 164.25 亿 m³,保障非汛期河口生态入海水量 60.00 亿 m³。1960~1985 年黄河下游泥沙实测分布是引水引沙 1.064 亿 t、机淤固堤约 0.162 亿 t、河槽淤沙 0.661 亿 t、滩区淤沙 0.733 亿 t、河口造陆淤沙 7.690 亿 t,滩槽平行淤高,河口延伸迅速。丰水年泥沙均衡配置主要是小浪底水库合理拦沙、强化调水调沙和相机空库排沙运用,恢复和维持下游中水河槽,形成较大流量的高含沙水流进行有计划的淤滩刷槽,充分利用泥沙综合治理滩区和"二级悬河",控制河口延伸。小浪底水库由多拦沙逐渐转向减淤,恢复中水河槽模式年平均拦沙 4.488 亿 t,滩区综合治理模式年平均拦沙 2 亿 t,泥沙放淤利用模式年平均减淤 0.942 亿 t,拦沙库容逐渐恢复;只有泥沙放淤利用模式通过小浪底水库下游供水输沙配沙管渠系统放淤利用泥沙,年平均向黄河下游流域面放淤 3.11 亿 t;各模式按低、高引水引沙能力引沙 0.796 亿~1.563 亿 t;机淤固堤约 0.31 亿 t;维持河槽除了恢复中水河槽模式多年平均冲刷 0.150 亿 t,其他模式维持河槽冲淤平衡;河口控制入海沙量约为 5 亿 t,其中河口造陆沙量为 2.850 亿 t,深海输沙基本为常量 2.190 亿 t。

表 8-12　丰水年不同模式泥沙均衡配置效果比较

配置方式	配置变量	单位	1960～1985 年实测资料	恢复中水河槽模式	滩区综合治理模式	泥沙放淤利用模式
水库调节水量	W_1	亿 m³	0	121.74	78.79	57.57
放淤机淤水量	W_2	亿 m³	0.32	0.62	0.62	6.84
工农业引水量	W_3	亿 m³	64.98	145.00	145.00	160.00
汛期输沙水量	W_4	亿 m³	240.39	121.30	164.25	164.25
非汛期生态水量	W_5	亿 m³	155.05	60.00	60.00	60.00
水库拦沙	X_1	亿 t	0	4.488	2.009	−0.942
放淤利用	X_2	亿 t	0	0	0	3.110
引水引沙	X_3	亿 t	1.064	0.796	1.445	1.563
机淤固堤	X_4	亿 t	0.162	0.309	0.309	0.309
维持河槽	X_5	亿 t	0.661	−0.150	0	0
滩区淤沙	X_6	亿 t	0.733	1.680	3.360	3.084
河口造陆	X_7	亿 t	7.690	2.850	2.850	2.850
深海输沙	X_8	亿 t	2.190	2.190	2.190	2.190
综合目标函数	层次分析法表达式		0.901	1.387	1.309	1.493
	资源利用型表达式		0.674	1.226	1.085	1.453
	灾害治理型表达式		1.072	2.189	1.886	1.388

进一步比较综合目标函数各表达式的计算值并进行评价,层次分析法表达式的计算值由 1960～1985 年实测水沙分布的 0.901 提高到泥沙放淤利用模式的 1.493,资源利用型表达式的计算值由 1960～1985 年实测水沙分布的 0.674 逐渐增大到泥沙放淤利用模式的 1.453,由于维持河槽的综合目标函数权重系数较大,恢复中水河槽模式的综合目标函数值较大。灾害治理型表达式的计算值由恢复中水河槽模式的 2.189 逐渐减小到泥沙放淤利用模式的 1.388。由于水多沙丰,综合目标函数各表达式的计算值也相应比枯、平水年大,总体上,水沙资源配置模式基本是不断改善的。

综合而言,各配置模式综合目标函数的层次分析法和资源利用型表达式的计算值逐渐增大,而灾害治理型表达式的计算值逐渐减小,说明水沙资源配置模式是不断改善的,泥沙资源利用率不断提高,泥沙灾害性逐渐降低,也说明水沙资源配置方式是基本合理的,评价方法是基本可行的。

8.3.4 各模式泥沙均衡配置综合效果评价

各模式水资源配置是通过小浪底水库拦蓄丰水年富余水量向枯水年补水,基本保证下游工农业生活引水量 120 亿 ~ 160 亿 m^3,汛期输沙水量 43 亿 ~ 164 亿 m^3,非汛期河口生态水量 40 亿 ~ 60 亿 m^3,保证黄河下游不断流,水资源配置方案是基本合理的。按各模式的平水年泥沙均衡方案估算下游泥沙分布累计情况,分析黄河下游泥沙均衡配置的综合效果(见图 8-8)。

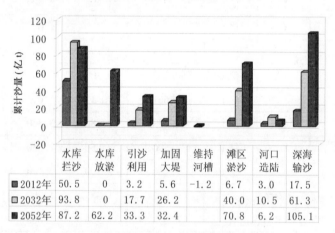

	水库拦沙	水库放淤	引沙利用	加固大堤	维持河槽	滩区淤沙	河口造陆	深海输沙
■ 2012年	50.5	0	3.2	5.6	-1.2	6.7	3.0	17.5
■ 2032年	93.8	0	17.7	26.2		40.0	10.5	61.3
■ 2052年	87.2	62.2	33.3	32.4		70.8	6.2	105.1

图 8-8 黄河下游泥沙均衡配置累计分布

小浪底水库总拦沙库容可拦沙 101.5 亿 t,至 2004 年末已拦沙约 20 亿 t,还有约 81.5 亿 t 的拦沙库容。如果按 8 年左右完成恢复黄河下游稳定中水河槽,按恢复中水河槽模式计算,8 年合计拦沙约 30.5 亿 t,至 2012 年末小浪底水库累计拦沙约 50.5 亿 t,还有约 51 亿 t 的拦沙库容。8 年合计引水引沙 6.4 亿 t,其中 50% 约 3.2 亿 t 引沙淤灌和综合利用,50% 约 3.2 亿 t 渠首泥沙加固黄河大堤,加上 8 年合计机淤固堤 2.4 亿 t,8 年合计加固黄河大堤约 5.6 亿 t,河槽合计冲刷 1.2 亿 t,其中夹河滩以上宽浅游荡型河段塑造稳定中水河槽容纳泥沙 3.25 亿 t,夹河滩以下萎缩河槽冲刷泥沙 4.45 亿 t,塑造稳定中水河槽基本完成,滩区合计淤沙 6.7 亿 t,"二级悬河"略有改善,入海沙量合计 20.5 亿 t,其中河口造陆 3 亿 t,海洋动力深海输沙 17.5 亿 t,河口不退蚀。

黄河下游稳定中水河槽恢复后,如果黄河下游再按滩区综合治理模式均衡配置泥沙 20 年,小浪底水库合计拦沙 43.38 亿 t,引水引沙合计 28.9 亿 t,其中 50% 约 14.5 亿 t 引沙淤灌和综合利用,50% 约 14.4 亿 t 渠首泥沙加固黄河大堤,加上 20 年合计机淤固堤 6.2 亿 t,20 年合计加固黄河大堤约 20.6 亿 t,滩区合计淤沙约 33.6 亿 t,入海沙量合计 51.3 亿 t,其中河口造陆 7.5 亿 t,海洋动力深海输沙 43.8 亿 t。至 2032 年末,小浪底水库累计拦沙约 93.8 亿 t,还有拦沙约 7.7 亿 t 的拦沙库容,基本失去拦沙能力;引沙淤灌和综合利用累计约 17.7 亿 t,加固黄河大堤累计约 26.2 亿 t,尚余约 9 亿 t 待加固,标准化大堤基本建成;滩区淤沙累计约 40 亿 t,“二级悬河”基本治理;入海累计沙量合计 71.8 亿 t,其中河口造陆 10.5 亿 t,海洋动力深海输沙 61.3 亿 t,河口基本稳定。

　　黄河下游滩区综合治理完成后,接下来如果黄河下游按泥沙放淤利用模式均衡配置泥沙 20 年,泥沙放淤利用模式 20 年小浪底水库合计减淤 6.62 亿 t,通过小浪底水库下游供水输沙配沙管渠系统放淤利用泥沙合计 62.2 亿 t,引水引沙合计 31.2 亿 t,其中 50% 约 15.6 亿 t 引沙淤灌和综合利用,50% 约 15.6 亿 t 渠首泥沙建筑材料利用,机淤固堤合计约 6.2 亿 t,滩区滞洪淤沙区合计淤沙约 30.8 亿 t,入海沙量合计 39.5 亿 t,其中河口侵蚀 4.3 亿 t,海洋动力深海输沙 43.8 亿 t。至 2052 年末,小浪底水库累计拦沙约 87.2 亿 t,还有约 14.3 亿 t 的拦沙库容,拦沙库容逐渐恢复;引沙淤灌和综合利用累计约 33.3 亿 t,加固黄河大堤累计约 32.4 亿 t,标准化大堤建成;滩区淤沙累计约 70.8 亿 t,滩区滞洪淤沙区淤满,需要将滞洪淤沙区和居民居住区有序置换,继续保持下游滩区的滞洪能力;入海累计沙量合计 111.3 亿 t,其中河口造陆 6.2 亿 t,海洋动力深海输沙 105.1 亿 t,河口基本稳定。即使海洋动力深海输沙达不到 105.1 亿 t,上述 48 年入海累计沙量 111.3 亿 t,远小于清水沟以外海域的约 570 亿 t 容沙量,按此输沙入海量推算,可保证清水沟流路长期使用年限大于 200 年。

　　总之,虽然上述评价的各配置模式组合是一种较理想的组合,未来黄河下游治理和水沙实际分布会有差异,但黄河下游泥沙均衡配置初步研究表明,通过小浪底水库拦蓄丰水年富余水量向枯水年补水,均衡配置下游水资源,可以基本保证下游工农业生活引水量、汛期输沙水量和非汛期河口生态水量,保证黄河下游不断流。通过改善小浪底水库运用、调水调沙、河道整治和机械疏浚等多种措施并举,恢复和维持下游稳定中水河槽,改善黄河下游河道输水输沙能力。结合黄河下游综合治理,通过水库拦沙、放淤利用、引水引沙、机淤固堤、维持河槽、滩区淤沙、河口造陆和深海输沙等方式均衡配置与综合利用泥沙资源,可以达到改善河槽萎缩、治理“二级悬河”和建设标准化大堤的目标,并长期保持小浪底水库调水调沙库容,维持下游河道和河口均衡稳定,长久维护黄河的健康。

8.4 小 结

本章分析黄河下游水沙空间分布,并根据黄河中上游产水产沙和减水减沙资料,分析黄河下游未来的水沙条件,通过黄河下游泥沙均衡配置线性规划数学模型计算,给出未来不同来水来沙条件黄河下游泥沙均衡配置方案,并对配置效果进行了评价。

(1)分析了黄河下游不同历史时期的水沙资源分布,并分析黄河中上游产水产沙和减水减沙资料,预测了未来黄河下游的水沙资源条件。黄河下游未来枯水年代表水沙量可以采用 2000~2002 年小黑武三站年平均水量 178.88 亿 m³、沙量 3.556 亿 t(包括小浪底水库年平均淤积 3.201 亿 t);未来平水年代表水沙量可以采用 1986~1999 年小黑武三站年平均水量 273.60 亿 m³、沙量 8.168 亿 t;未来丰水年代表水沙量可以采用 1960~1985 年小黑武三站年平均水量 448.66 亿 m³、沙量 12.163 亿 t。

(2)结合黄河下游的综合治理,探讨了未来黄河下游分别以恢复中水河槽、滩区综合治理和泥沙放淤利用为重点的 3 种泥沙均衡配置模式,通过黄河下游泥沙均衡配置线性规划数学模型的计算,提出了黄河下游未来 3 种模式和枯、平、丰 3 种来水来沙条件共 9 个泥沙均衡配置方案。

(3)比较各配置方案及黄河下游历史水沙分布实测资料,对比综合目标函数层次分析法、资源利用型和灾害治理型 3 个表达式的计算值,并按平水年泥沙配置累计效果进行综合分析,对黄河下游泥沙均衡配置效果进行了评价。各配置模式综合目标函数的层次分析法和资源利用型表达式的计算值增大,而灾害治理型表达式的计算值减小,表明泥沙均衡配置模式是不断改善的,泥沙资源利用率不断提高,泥沙灾害性逐渐降低,也说明水沙资源配置方式是基本合理的,评价方法是基本可行的。

(4)黄河下游泥沙均衡配置初步研究表明,结合水资源优化配置,通过水库拦沙、放淤利用、引水引沙、机淤固堤、维持河槽、滩区淤沙、河口造陆和深海输沙等方式优化配置和综合利用泥沙资源,可以达到改善河槽萎缩、治理"二级悬河"和建设标准化大堤的目标,并长期保持小浪底水库调水调沙库容,维持下游河道和河口均衡稳定,长久维护黄河的健康。

参 考 文 献

[1] 徐建华,牛玉国. 水利水保工程对黄河中游多沙粗沙区径流泥沙影响研究[M]. 郑州:黄河水利出版社,2000.

[2] 黄河水利科学研究院. 黄河下游断面法冲淤量分析与评价[R]. 郑州:黄河水利科学研究院,2002.

[3] 陈霁巍. 黄河治理与水资源开发利用(综合卷)[M]. 郑州:黄河水利出版社,1998.

[4] 曾庆华,张世奇,胡春宏,等. 黄河口演变规律及整治[M]. 郑州:黄河水利出版社,1997.

[5] 胡春宏,曹文洪. 黄河口水沙变异与调控Ⅰ——黄河口水沙运动与演变基本规律[J]. 泥沙研究,2003(5):1-8.

[6] 黄河水利委员会. 黄河下游"二级悬河"成因及治理对策[M]. 郑州:黄河水利出版社,2003.

[7] 饶素秋,霍世青. 黄河上中游来水来沙变化特点分析及未来趋势展望[J]. 泥沙研究,2001(2):74-77.

[8] 汪岗,范昭. 黄河水沙变化研究(第一卷)[M]. 郑州:黄河水利出版社,2002.

[9] 汪岗,范昭. 黄河水沙变化研究(第二卷)[M]. 郑州:黄河水利出版社,2002.

[10] 刘树坤. 加速黄河泥沙资源化的研究[C]∥黄河水利委员会.黄河下游"二级悬河"成因及治理对策. 郑州:黄河水利出版社,2003.

第 9 章 黄河下游宽滩河段泥沙均衡配置方法

本章进一步提出黄河下游宽滩河段泥沙均衡配置方法,通过黄河下游宽滩河段泥沙均衡配置层次分析,确定泥沙均衡配置的目标和评价指标,分析黄河下游宽滩河段泥沙均衡配置的配置方式、配置单元、配置潜力和配置能力,并建立黄河下游宽滩河段泥沙均衡配置数学模型。

9.1 黄河下游宽滩区概况及配置河段

9.1.1 黄河下游宽滩区概况

黄河干流在郑州桃花峪进入下游,于山东省垦利县注入渤海,下游河道长约 878 km。由于黄河水少沙多、水沙关系不协调,进入下游的泥沙大量淤积,下游河床已高出两岸地面 4～6 m,最大达 10 m 以上,形成举世闻名的"地上悬河",也成为淮河和海河流域的天然分水岭。正是历史上黄河下游河道的不断淤积、摆动,塑造了华北大平原。现行河道两岸堤防之间分布有大小不等的滩地,按滩区面积划分,单个滩区面积大于 100 km² 的有 7 个,50～100 km² 的有 9 个,30～50 km² 的有 12 个。滩区总面积约为 4 047 km²,占下游河道总面积的 85% 以上,滩地大部分位于陶城铺以上河段,面积约占下游滩区面积的 78% 以上。截至 2003 年,滩区涉及沿黄 43 个县(区),滩区内有村庄 1 924 个,居住人口 181 万人,下游河道总耕地面积 375 万亩。目前,黄河下游滩区的安全建设是以花园口站 20 年一遇洪水(12 370 m³/s)为防御标准,为规避风险,滩区群众陆续修建了避水村台、房台、避水楼、临时避水台等避水设施,一定程度上减轻了洪灾风险,但避水设施缺少统一规划、标准低、各自为战等制约了其防御能力的充分发挥。据不完全统计,新中国成立以来滩区遭受不同程度的洪水漫滩 30 余次,累计受灾人口 900 多万人次,受淹耕地 2 600 多万亩。

黄河下游滩区具有重要的滞洪沉沙作用,现有的堤防、滞洪区等河防工程布局是建立在滩区滞洪削峰、沉沙落淤的基础上的,滩区是黄河防洪减淤体系的重要组成部分。黄河下游发生大洪水时，下游滩区就是一个天然的大滞洪区，对洪水有显著的滞洪削峰作用。1958 年和 1982 年花园口洪峰流量分别为 22 300 m³/s 和 15 300 m³/s，花园口至孙口河段的槽蓄量分别为 25.89 亿 m³ 和 24.54 亿 m³，相当于故县水库和陆浑水库的总库容，起到了明显的滞洪作用，大大减轻了窄河段的防洪压力。黄河下游滩区不仅有滞洪作用，还有沉沙作用。根据实测资料统计，1950 年 6 月至 1998 年 10 月，黄河下游共淤积泥沙 92.02 亿 t，其中，滩地淤积 63.70 亿 t，约占河道全断面总淤积量的 70%，相当于小浪底水库总拦沙量的 60% 以上。同时，统计数据还表明，洪水漫滩后，水流变缓，通过水流横向交换，泥沙大量落淤在滩地，主河槽则发生冲刷，从而增大主河槽的排洪能力，通过滩槽水沙交换塑造出高滩深槽的河道横断面形态，对长远防洪和泥沙处理十分有利。

当前黄河下游滩区存在槽高、滩低、堤根洼的"二级悬河"不利态势，滩唇一般高于黄河大堤临河地面 3 m 左右，最大达 4~5 m。其中，东坝头至陶城铺河段滩面横比降达 1‰~2‰，而河道纵比降为 0.14‰，是下游"二级悬河"最为严重的河段。由于"二级悬河"的存在，河道横比降远大于纵比降，一旦发生较大洪水，滩区过流比增大，极易形成"横河""斜河"，增加了主流顶冲堤防，产生顺堤行洪，甚至发生"滚河"的可能性，严重危及堤防安全；同时使滩区受灾概率增大，对滩区群众的生命财产安全也构成严重威胁。

9.1.2　黄河下游宽滩区配置河段

黄河下游河道按照原有自然形态分为：铁谢至高村为游荡型河段，高村至陶城铺为过渡型河段，陶城铺至利津为弯曲型河段。其中，铁谢至花园口（铁路桥）为窄滩游荡型河段，花园口（铁路桥）至高村为宽滩游荡型河段，高村至陶城铺为宽滩过渡型河段。下面介绍花园口（铁路桥）至陶城铺宽滩河段的宽滩区概况。

9.1.2.1　花园口至高村宽滩游荡河段

本河段面积大于 30 km² 的宽滩包括原阳滩、郑州滩、原阳封丘滩、开封滩、兰考东明滩和长垣滩，6 个宽滩合计面积 1 111.6 km²、村庄 602 个、人口 72.23 万人、耕地 118.31 万亩。花园口至高村宽滩游荡型河段各大滩区情况见表 9-1 和图 9-1。

9.1.2.2　高村至陶城铺宽滩过渡河段

本河段面积大于 30 km² 的宽滩包括习城滩、左营滩、陆集滩和清河滩，4 个

宽滩合计面积 304.6 m²、村庄 326 个、人口 23.75 万人、耕地 29.27 万亩。高村
至陶城铺宽滩过渡型河段各大滩区情况见表 9-2 和图 9-2。

表 9-1　花园口至高村宽滩游荡型河段各大滩区情况

滩区	面积 (km²)	村庄 (个)	人口 (万人)	耕地 (万亩)
原阳滩(京广铁桥至辛寨断面)	283.2	149	16.55	32.56
郑州滩(九堡险工至黑岗口闸)	80.3	14	3.00	8.66
原阳封丘滩(辛寨至大宫工程)	124.5	60	9.59	14.01
开封滩(柳园口至夹河滩三义寨闸)	136.8	95	10.95	13.01
兰考东明滩(东坝头至谢寨闸)	184.2	105	9.68	18.82
长垣滩(封丘长垣县界至渠村闸)	302.6	179	22.46	31.25

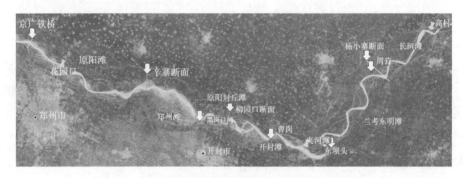

图 9-1　花园口至高村宽滩游荡型河段各大滩区分布

表 9-2　高村至陶城铺宽滩过渡型河段各大滩区情况

滩区	面积 (km²)	村庄 (个)	人口 (万人)	耕地 (万亩)
习城滩(南小堤至彭楼)	126.4	137	8.82	14.76
左营滩(桑庄险工至苏阁闸)	41.5	22	2.15	3.93
陆集滩(邢庙险工至旧城工程)	61.8	65	5.27	3.84
清河滩(芦庄工程至孙口)	74.9	102	7.51	6.74

　　考虑黄河下游泥沙配置是从小浪底水库出库开始的,结合黄河下游宽滩河
段的滩槽特点和控制水文站情况划分配置河段为三个河段:铁谢至花园口(窄
滩游荡型河段)、花园口至高村(宽滩游荡型河段)、高村至陶城铺(宽滩过渡型
河段),由于陶城铺没有控制水文站,以艾山水文站为出口控制水文站。

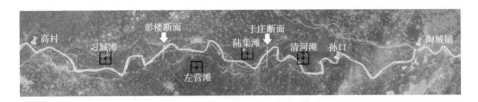

图 9-2 高村至陶城铺宽滩过渡型河段各大滩区分布

9.2 黄河下游宽滩河段泥沙均衡配置层次分析

黄河下游宽滩河段泥沙均衡配置首先要明确配置总目标、子目标、评价指标、配置措施、配置方式和配置约束条件等问题,黄河下游宽滩河段泥沙均衡配置层次分析就是解决这些问题的方法。黄河下游宽滩河段泥沙均衡配置方法采用多目标层次分析方法,黄河下游宽滩河段泥沙均衡配置层次分析见表 9-3,可见,黄河下游宽滩河段泥沙多目标优化配置层次主要包括总目标层、子目标层、配置措施层和配置方式层等。

表 9-3 黄河下游宽滩河段泥沙均衡配置层次分析

层次	层次分析内容						
总目标	黄河泥沙均衡配置						
子目标	技术子目标 (维持主河槽过流能力和减小水沙灾害)			经济子目标 (节省经济投入)			
评价指标	河道平滩流量、"二级悬河"高差和 河道排沙比等			滩区放淤投入、淤筑村台投入和 挖沙固堤投入等			
水沙条件	黄河下游的水沙量和水沙系列过程						
配置措施	"拦、排、放、调、挖"						
配置方式	河道输沙	引水引沙	滩区放淤	河槽冲淤	洪水淤滩	挖沙固堤	淤筑村台
配置能力	各种配置方式在一定条件下的安置泥沙潜力、泥沙配置能力和经济投入指标						
配置模型	黄河下游泥沙多目标优化配置数学模型和河道水沙动力学数学模型						
配置模式	泥沙均衡配置的各种模式						
配置方案	各种水沙条件的泥沙均衡配置方案及其评价						
配置比例	提出不同河段各种配置方式的泥沙配置比例						

黄河下游宽滩河段泥沙均衡配置就是针对泥沙配置总目标,子目标包括技术子目标(维持主河槽过流能力和减小水沙灾害)和经济子目标(节省经济投入),技术子目标的评价指标包括河道平滩流量、"二级悬河"高差和河道排沙比等,经济子目标包括滩区放淤投入、淤筑村台投入和挖沙固堤投入等。根据黄河下游的水沙条件(包括水沙量和水沙系列过程),统筹考虑采用"拦、排、放、调、挖"等配置措施,结合水资源的合理配置,通过河道输沙、引水引沙、滩区放淤、河槽冲淤、洪水淤滩、挖沙固堤和淤筑村台等7种配置方式优化配置黄河下游宽滩河段的泥沙;分析各种配置方式在一定条件下的安置泥沙潜力、泥沙配置能力和经济投入指标;结合配置层次重要性排序专家调查,采用层次分析数学方法确定配置综合目标函数,根据各种水沙条件关系和泥沙配置能力确定配置约束条件,建立黄河下游宽滩河段泥沙多目标优化配置数学模型;提出黄河下游宽滩河段泥沙均衡配置的各种模式,结合黄河下游宽滩河段泥沙多目标优化配置数学模型和河道水沙数学模型计算,提出各种水沙条件的泥沙均衡配置方案,通过比较配置方案的综合目标函数、河道平滩流量和经济投入等并进行方案综合评价,提出黄河下游宽滩河段泥沙均衡配置的建议方案,最终提出黄河下游不同河段各种配置方式的泥沙配置比例。

9.2.1　泥沙配置目标

9.2.1.1　配置总目标

黄河下游宽滩河段泥沙均衡配置是黄河泥沙优化配置的一部分,黄河泥沙优化配置的总目标是[1,2]:从全河的角度,通过分析河道输沙、干支流水库拦截泥沙、在黄河不同河段可利用的滩区和河口安置泥沙、引沙淤田淤堤等泥沙处理方式的技术途径、安置能力和经济投入,从宏观层面上提出有利于黄河重点河段主河槽过流能力的长期维持、能够使入黄泥沙致灾最小且经济可行的泥沙优化配置模式,为构建黄河水沙调控体系的工程布局提供决策支持。

泥沙均衡配置是多目标优化配置,黄河泥沙优化配置总目标理论上包括社会、经济和生态多个子目标,在目前的技术经济条件下,从黄河下游治理现实出发,可以将黄河下游泥沙优化配置子目标概括为技术和经济两个子目标,技术子目标主要是长期维持主河槽过流能力和减小水沙灾害,经济子目标主要是节省经济投入,其中维持主河槽过流能力和减小水沙灾害的技术评价指标包括河道平滩流量、"二级悬河"高差和河道排沙比等,节省经济投入的经济评价指标包括滩区放淤投入、淤筑村台投入和挖沙固堤投入等。

9.2.1.2　技术子目标

技术子目标主要是长期维持主河槽过流能力和减小水沙灾害,技术子目标包括河道平滩流量、"二级悬河"高差和河道排沙比等评价指标,反映主河槽萎缩、"二级悬河"、小水大灾、河道排洪输沙能力下降、黄河入海排沙少、泥沙灾害凸现等问题。

黄河河道主河槽淤积比例偏大、主河槽萎缩、排洪能力下降是黄河泥沙分布存在的主要问题之一。河道平滩流量是某一断面或河段的水位与滩唇平齐时所通过的流量,是反映河道主河槽过流能力的重要标志。一般的枯水季节,甚至小洪水时期,河道的输水、泄洪主要是通过主河槽来进行的,尤其是排沙几乎全部依靠主河槽,但主河槽断面的大小和形态也是长期水沙作用的结果。如果流量过小,其洪水造床的动力不足以克服主河槽的阻力,主河槽将发生淤积;反之,则将被展宽或者刷深。河道平滩流量对于维持主河槽具有一定的排洪输沙能力,对保障整个河道的排洪输沙功能至关重要。河道平滩流量指标可以作为长期维持主河槽排洪输沙过流能力及使入黄泥沙致灾最小的黄河泥沙均衡配置评价指标之一。在目前来水来沙条件下,黄河下游塑造和维持适合规模的中水河槽平滩流量约为 $4\ 000\ \mathrm{m^3/s}$。

黄河滩区淤积泥沙比例偏小、"二级悬河"、小水大灾是黄河泥沙分布存在的主要问题之二。20 世纪 50 年代,黄河下游河道来水来沙较丰、大洪水漫滩概率大,该时期黄河下游河道泥沙主要淤积在滩地上,滩地淤积量占下游河道淤积量的 77%,基本上没有"二级悬河"现象。20 世纪 60 年代以来,黄河下游河道大洪水漫滩的机遇愈来愈少,而中小洪水和枯水期淤积主要发生在主河槽和嫩滩上,远离主河槽的滩地因水沙交换作用不强,淤积厚度较小,堤根附近淤积更少,1986 ~ 1999 年期间,黄河下游河道主河槽淤积量已占下游河道淤积量的 72%。主河槽的严重淤积,致使河道平滩水位明显高于主河槽两侧滩地,甚至主河槽平均高程高于两侧滩地,形成了槽高、滩低、堤根洼的"二级悬河",到 1999 年,油房寨断面"二级悬河"高差达 1.76 m。"二级悬河"高差可采用某一断面或河段的滩唇与滩区低洼地带的平均高程差,"二级悬河"高差越大,黄河水沙灾害越严重,因此"二级悬河"高差指标可以作为长期维持主河槽排洪输沙过流能力及使入黄泥沙致灾最小的黄河泥沙均衡配置评价指标之二。"二级悬河"的治理只有通过滩区综合治理,将现有黄河大堤建成标准堤防,有计划地采取滩区人工放淤措施淤积抬高滩区和堤河,尽可能逐渐消除"二级悬河"高差。

黄河下游河道输沙能力下降、入海排沙比例偏小、泥沙灾害凸现是黄河泥沙分布存在的主要问题之三。黄河泥沙配置的黄河口入海排沙比越大,反映河道排洪输沙入海能力越强,黄河泥沙处理越容易;反之,黄河口入海排沙比越小,反映河道排洪输沙入海能力越差,黄河泥沙处理越困难。入海排沙比既反映了河道排洪输沙能力,也反映了黄河泥沙处理难度。因此,入海排沙比指标可以作为长期维持主河槽排洪输沙过流能力及使入黄泥沙致灾最小的黄河泥沙均衡配置评价指标之三。1950~2012 年黄河下游多年平均来水量为 374.93 亿 m³,多年平均来沙量为 9.48 亿 t,利津多年平均入海沙量为 7.17 亿 t,多年平均入海排沙比为 76%。黄河泥沙均衡配置要尽可能维持入海排沙比达到多年平均水平,入海排沙比目标可以采用多年平均入海排沙比 76%。

9.2.1.3　经济子目标

经济子目标主要是节省经济投入,黄河泥沙治理合理经济投入是黄河泥沙均衡配置中需要研究的关键问题之一。黄河泥沙均衡配置的经济比较在理论上包括经济投入和经济效益,黄河泥沙配置的经济投入主要是治理工程的直接经济投入,根据工程投资和概预算基本上可以计算经济投入,但黄河泥沙配置的经济效益除泥沙造地和建筑材料等泥沙利用可带来一定的直接经济效益外,主要还是泥沙灾害治理的间接经济效益和社会效益,在目前条件下,计算泥沙灾害治理的间接经济效益和社会效益比较困难,因此黄河泥沙均衡配置的经济可行性分析主要是比较经济投入。

经济子目标包括滩区放淤投入、挖沙固堤投入、淤筑村台投入和排沙入海投入(主要包括河道治理和堤防建设的投入)等评价指标,反映泥沙配置方案解决泥沙配置的合理经济投入问题。泥沙配置方案的经济投入总量由各配置方式的配置沙量和配置单位沙量的经济投入指标计算,而确定处理单位沙量的经济投入指标难度也是很大的,要根据工程投资和概预算,换算为现状经济条件的经济投入,按现状经济条件的经济投入除以处理泥沙量,得到统一标准的单位沙量经济投入指标。

泥沙配置方案的经济投入总量不仅取决于各种配置方式的配置单位沙量经济投入指标,还取决于各种配置方式的配置泥沙量,泥沙配置方案的经济投入总量计算公式为

$$Y_Z = \sum Y_j W_{sj} \tag{9-1}$$

式中:Y_Z 为泥沙配置方案的经济投入总量,亿元;Y_j 为各配置方式的单位沙量经济投入指标,元/t;W_{sj} 为各配置方式的配置沙量,亿 t。

9.2.2　配置措施和配置方式

9.2.2.1　配置措施

充分利用黄河河道的输水输沙能力排沙入海是黄河泥沙处理的重要方式之一，但黄河河道输沙有"多来多排多淤"的特点，一般情况下，黄河下游的水流平均含沙量均大于河道平衡输沙能力，下游河道总体上是淤积的，说明仅仅依靠河道输水输沙尚不能解决黄河泥沙问题，"拦"（水土保持和水库拦沙）也是黄河泥沙处理的重要措施之一。

黄河泥沙均衡配置是通过"拦、排、放、调、挖"等各种措施合理安排和综合利用泥沙，根据各种措施的配置泥沙能力，以"拦"和"排"为主，配合"放、调、挖"，通过水土保持、水库拦沙、引水引沙、人工（机械）放淤、河槽冲淤、洪水淤滩、河口造陆和深海输沙等多种配置方式均衡配置泥沙，统筹解决黄河的主河槽萎缩、"二级悬河"、小水大灾、河道排洪输沙能力下降、黄河入海排沙少、泥沙灾害凸现及合理经济投入等黄河泥沙分布存在的主要问题。

对于黄河下游而言，小浪底水库的"拦"是通过拦沙减轻黄河下游多余泥沙的灾害，小浪底水库的"调"是通过调水调沙改善黄河下游河道的输水输沙能力。在黄河下游宽滩河段，主要通过"排、放、挖"改善黄河下游的主河槽萎缩、"二级悬河"、小水大灾、河道排洪输沙能力下降。

9.2.2.2　配置方式

考虑黄河下游宽滩河段的自然输移特性和人工措施差别，按黄河下游宽滩河段的最终空间归属地划分，主要包括河道输沙、引水引沙、滩区放淤、河槽冲淤、洪水淤滩、挖沙固堤和淤筑村台等 7 种配置方式处理黄河下游宽滩河段的泥沙。

1. 河道输沙

考虑处理泥沙能力和节省经济投入，河道输水输沙是黄河下游泥沙配置的主要途径。充分利用河道输沙能力排沙入海，通过河口综合治理和合理规划河口流路，充分利用泥沙资源合理造陆，改善黄河口湿地环境，抵御海洋动力侵蚀，维持河口稳定。

2. 引水引沙

引水必然会引出一部分泥沙，结合引黄沉沙淤堤及大堤外低洼地区引沙放淤，改造渠系提高输沙能力，利用粉沙、黏土可以达到淤灌肥田、改土治碱和减轻淤积三重功效。过度的引水引沙不利于河流健康发展，也不利于灌区的生态环境,引出的泥沙作为建筑材料利用也是改善灌区生态环境的重要措施。

3. 滩区放淤

滩区放淤通过有计划的引洪放淤和机械放淤,治理"二级悬河",近期滩区放淤包括堤河淤填、串沟淤堵、洼地淤填、村塘淤填等。

4. 河槽冲淤

黄河水沙不协调的特点决定黄河河槽冲淤难以避免,维持均衡稳定的输水输沙河槽是黄河泥沙均衡配置的重要途径之一,通过水库调水调沙改善下游的河槽冲淤,长期维持河槽的输水输沙能力。河槽冲淤是结合河道输水输沙能力研究,通过河道水沙动力学数学模型计算河槽冲淤量。

5. 洪水淤滩

洪水淤滩方式主要是指汛期洪水自然漫滩淤沙,虽然汛期洪水自然漫滩淹没耕地和村庄,洪水漫滩带来灾害损失,但对于具有宽阔滩区的黄河下游,洪水漫滩淤滩可以护滩固堤,提高滩区土壤肥力,结合滩区综合治理,利用滩区滞洪淤沙,治理黄河下游的"二级悬河",并通过淤滩刷槽提高河道输水输沙能力。洪水淤滩是通过河道水沙动力学数学模型计算汛期洪水自然漫滩淤沙量,可以将人工放淤淤滩与洪水自然淤滩分开研究。

6. 挖沙固堤

通过机械挖沙和船淤方式,合理利用泥沙加固堤防,挖沙固堤包括控导工程淤背、机淤固堤等。

7. 淤筑村台

采用机械挖河和船淤方式,利用泥沙淤筑村台、淤改沙荒地等,改善滩区群众的防洪安全和沙荒地的生态环境。

需要说明的是,上述泥沙配置方式没有将河道采砂和泥沙建筑材料利用作为独立的泥沙均衡配置方式。黄河干流建筑砂料采挖能力不大,黄河干流建筑材料采砂河段主要分布在上游的兰州河段和宁夏河段、下游的伊洛河口至沁河口,支流采砂河段主要分布在十大孔兑、渭河、伊洛河、沁河、大汶河(大清河)等几个部分。支流采砂占大多数,干流所占比例较小,据初步分析[2],干流河道适宜年采砂量约为 800 万 m^3,采砂对黄河下游河道的减淤作用较小。利用黄河泥沙制作砌体材料,可以烧制实心砖、多孔砖、空心砖等烧结制品;可以利用蒸压技术或以水泥等为胶结材料制作免烧砖;选择具有代表性的"泥质"黄河泥沙,通过活性激发技术和振动辅助液压成形技术,可以制作人工石材。根据相关政策,可以采取传统烧结砖厂和新型免烧砖厂合理搭配的方法,传统烧结砖可面向沿岸农村地区市场,新型免烧砖可面向沿岸城市区域市场。在政策分析基础上,预测近期年利用黄河泥沙制砖数量为 60 亿块标准砖,考虑 30% 的孔洞率,预测近期可年利用黄河泥沙约 600 万 m^3,随着远期建筑市场的稳定,利用泥沙量可稳定在 400 万 m^3/年左右。由于建筑材料利用泥沙量少,且多在滩区及引水渠首取沙,为了避免和滩区淤沙及引水引沙重复计算沙量,没有将建筑材料利用泥沙作为一种独立的泥沙均衡配置方式。

9.2.3　配置单元和配置能力

9.2.3.1　配置单元

黄河泥沙均衡配置还要合理确定泥沙配置单元,针对黄河泥沙各个配置单元和各种配置方式,根据来水来沙条件,结合泥沙多目标优化配置数学模型和河道水沙数学模型计算,研究确定水沙配置变量。泥沙配置单元越多,水沙配置变量越多,数学模型计算越复杂,计算难度就越大,因此确定合理的泥沙配置单元也是黄河泥沙均衡配置的基础。黄河下游泥沙配置是从小浪底水库出库开始,结合黄河下游宽滩河段的滩槽特点和控制水文站情况划分配置河段为三个河段:小浪底—花园口(窄滩游荡型河段)、花园口—高村(宽滩游荡型河段)、高村—陶城铺(宽滩过渡型河段),以艾山水文站为出口控制水文站。配置单元的分界点基本是黄河下游的重要水文站。黄河下游宽滩河段泥沙配置单元和水沙配置变量见表 9-4。

表 9-4　黄河下游宽滩河段泥沙配置单元和水沙配置变量分析

水沙条件	进入黄河下游的年水量 G_w(亿 m)^3 和年沙量 G_s(亿 t)及水沙系列过程								
配置方式	河道输沙		引水引沙		滩区放淤	河槽冲淤	洪水淤滩	挖沙固堤	淤筑村台
配置单元	输水量	输沙量	引水量	引沙量	放淤量	冲淤量	淤滩量	挖沙量	淤筑量
小花河段	W_{11}	S_{11}	W_{21}	S_{21}	S_{31}	S_{41}	S_{51}	S_{61}	S_{71}
花高河段	W_{12}	S_{12}	W_{22}	S_{22}	S_{32}	S_{42}	S_{52}	S_{62}	S_{72}
高艾河段	W_{13}	S_{13}	W_{23}	S_{23}	S_{33}	S_{43}	S_{53}	S_{63}	S_{73}

注:表中小花河段指小浪底至花园口河段,花高河段指在花园口至高村河段,高艾河段指高村至艾山河段,下同。

水沙条件是指进入黄河下游的年水量 G_w 和年沙量 G_s 及水沙系列过程,黄河下游宽滩河段的泥沙配置方式主要包括滩区放淤、淤筑村台、挖沙固堤、引水引沙、洪水淤滩、河槽冲淤及河道输沙等 7 种,结合黄河下游宽滩河段的滩槽特点和控制水文站情况划分配置河段为 3 个河段,共 21 个配置单元。黄河水沙配置变量和各单元的配置方式基本一致,水沙配置变量主要包括:河道输水量(W_{11}、W_{12}、W_{13}),河道输沙量(S_{11}、S_{12}、S_{13}),引水量(W_{21}、W_{22}、W_{23}),引沙量(S_{21}、S_{22}、S_{23}),滩区放淤沙量(S_{31}、S_{32}、S_{33}),河槽冲淤沙量(S_{41}、S_{42}、S_{43}),洪水淤滩沙量(S_{51}、S_{52}、S_{53}),挖沙固堤沙量(S_{61}、S_{62}、S_{63}),淤筑村台沙量(S_{71}、S_{72}、S_{73})。

9.2.3.2 配置能力

黄河泥沙均衡配置中很重要的一个环节是确定黄河泥沙配置的潜力与能力。泥沙配置潜力是各单元某种配置方式理论上可以安置泥沙的潜在总量,泥沙配置能力是各单元在一定水沙条件下某种配置方式可以实现的配置泥沙量[3-7]。

1. 河道输沙能力

考虑处理泥沙能力和节省经济投入,河道输水输沙是黄河下游泥沙配置的主要途径。充分利用河道输沙能力排沙入海,通过河口综合治理和合理规划河口流路,充分利用泥沙资源合理造陆,改善黄河口湿地环境,抵御海洋动力侵蚀,维持河口稳定。河道输沙能力主要由来水来沙条件和河道边界条件决定,需要通过河道水沙动力学数学模型计算来确定。小浪底水库运用前后黄河下游各站的河道输沙能力见表 9-5。

表 9-5 小浪底水库运用前后黄河下游各站的河道输沙能力   (单位:亿 t/年)

时段	花园口站	高村站	艾山站	利津站
1986~1999 年	6.84	5.08	5.08	3.98
2000~2012 年	1.04	1.43	1.57	1.38

2. 引水引沙能力

引水必然会引出一部分泥沙,引水引沙对减少黄河泥沙起到了一定的作用,但由于其同时消耗了大量的水资源且退水入黄的比例较小,总体来说对黄河减淤具有一定的负面影响。引黄灌溉供水设施,基本上是以"多引水、少引沙"为目的的,在引水口布置、引水时机等方面尽量避免泥沙入渠,造成在分流的同时引沙比较小,近年来,一些灌区为了引用清水,利用漏斗排沙等技术将泥沙重新排入黄河,"引水不引沙"的做法更是加重了黄河输沙的负担,对河道减淤非常不利。对于引水引入的泥沙,人们在长期的生产实践和研究过程中,已经实现或提出了多种可行的渠系泥沙利用方法,积累了丰富的经验,如浑水灌溉、淤改土地、建材加工、淤筑相对地下河等。建议进一步加强对引水引沙利用泥沙技术的研究推广和政策扶持,提高泥沙利用的价值,变"被动引沙"为"主动引沙",在引水的同时增大引沙量;另外,还应加强农村节水灌溉、城市节水措施、中水回用等的技术研究和推广应用力度,逐步减少引黄水量,减轻下游河道淤积并增加河道生态用水量。黄河下游宽滩河段的引水引沙能力由各河段引水量及来水含沙量决定,根据黄河下游的水资源规划计算黄河下游宽滩河段的引水量和引沙能力[2,5],黄河下游宽滩河段的引水量约为 44.18 亿 m³,未来 50 年黄河下游宽滩各河段的引水量和不同时期的引水引沙能力见表 9-6,其中 2051～2062 年的引水引沙能力和 2031～2050 年相同。

表 9-6　黄河下游宽滩河段的引水量和引水引沙能力

引水引沙	小花河段	花高河段	高艾河段
引水量(亿 m³/年)	6.11～4.00	12.09～11.74	25.98～26.84
2013～2020 年引沙能力(亿 t/年)	0.05	0.10	0.24
2021～2030 年引沙能力(亿 t/年)	0.09	0.19	0.41
2031～2050 年引沙能力(亿 t/年)	0.06	0.18	0.40
2051～2062 年引沙能力(亿 t/年)	0.06	0.18	0.40

3. 滩区放淤能力

黄河下游从桃花峪至河口河段河道面积 4 911 km²,其中滩区面积 4 501 km²(包括封丘倒灌区 485 km²),占河段河道面积的 91%。黄河下游滩区由大堤、险工及丘陵山地所分割,共形成 113 个自然滩,其中面积大于 100 km² 的有 7 个,50～100 km² 的有 10 个,30～50 km² 的有 13 个,30 km² 以下的有 73 个。下游滩区放淤采取引洪淤滩与挖河淤滩措施,达到泥沙处理与利用相结合、主槽与淤滩同步治理的目的。下游滩区放淤以确保黄河防洪安全为前提,重点解决"二级悬河"严重的河段。黄河水利科学研究院等利用基于 GIS 的空间分析等方法,计算了黄河下游滩区放淤潜力和能力[8-10],黄河下游宽滩河段的滩区放淤潜力较大,合计可达到 35.59 亿 t,短期内黄河下游滩区放淤实施全滩淤筑有一定困难,因此仅考虑堤河淤筑、串沟淤筑、坑塘淤筑、洼地淤筑、控导工程淤背和沙荒地淤改等,短期滩区放淤能力约为 13.65 亿 t。黄河下游宽滩河段的滩区放淤潜力和能力见表 9-7。

表9-7　黄河下游宽滩河段的滩区放淤潜力和能力　　　（单位:亿 t）

滩区放淤	小花河段	花高河段	高艾河段
滩区放淤潜力	1.26	23.65	10.68
短期放淤能力	1.26	4.07	8.32

4. 河槽冲淤能力

黄河水沙不协调的特点决定黄河河槽冲淤难以避免,维持均衡稳定的输水输沙河槽是黄河泥沙均衡配置的重要途径之一,通过水库调水调沙改善下游的河槽冲淤,长期维持河槽的输水输沙能力。河槽冲淤能力是结合河道输水输沙研究,通过河道水沙动力学数学模型计算河槽冲淤量来确定的。小浪底水库运用前后黄河下游宽滩河段的河槽冲淤能力见表9-8。

表9-8　小浪底水库运用前后黄河下游宽滩河段的河槽冲淤能力（单位:亿 t/年）

河槽冲淤	小花河段	花高河段	高艾河段
1986～1999 年河槽冲淤能力	0.282	0.857	0.261
2000～2012 年河槽冲淤能力	−0.383	−0.547	−0.319

5. 洪水淤滩能力

洪水淤滩主要是指汛期洪水自然漫滩淤沙,虽然汛期洪水自然漫滩淹没耕地和村庄,带来灾害损失,但对于具有宽阔滩区的黄河下游,洪水漫滩淤滩可以护滩固堤,提高滩区土壤肥力,结合滩区综合治理,利用滩区滞洪淤沙,治理黄河下游的"二级悬河",并通过淤滩刷槽提高河道输水输沙能力。黄河下游宽滩河段的洪水淤滩能力由来水流量及含沙量决定,需要通过河道水沙动力学数学模型计算汛期洪水自然漫滩淤沙能力。小浪底水库运用前后黄河下游宽滩河段的洪水淤滩能力见表9-9。

表9-9　小浪底水库运用前后黄河下游宽滩河段的洪水淤滩能力（单位:亿 t/年）

洪水淤滩	小花河段	花高河段	高艾河段
1986～1999 年淤滩能力	0.157	0.366	0.115
2000～2012 年淤滩能力	0.013	0.036	0.024

6. 挖沙固堤能力

根据黄河下游近期标准化堤防建设规模,截至 2007 年年底,黄河下游尚余

442.6 km 堤防需要按照 80～100 m 的淤背宽度标准进行加固[8]，通过标准化堤防建设可利用黄河泥沙 2.06 亿 m³。根据防洪规划安排，黄河下游远期挖沙固堤总挖沙量为 7.02 亿 m³，其中陶城铺以上 0.72 亿 m³，陶城铺至渔洼 5.10 亿 m³，河口段 1.20 亿 m³。因此，黄河下游加固大堤利用泥沙的体积为 9.08 亿 m³，相应的泥沙利用潜力为 11.8 亿 t[5,8]，黄河下游宽滩河段的挖沙固堤潜力为 3.90 亿 t，未来 50 年黄河下游宽滩各河段的挖沙固堤潜力和不同时期的固堤能力见表 9-10，其中 2051～2062 年的挖沙固堤能力和 2031～2050 年相同。

表 9-10　黄河下游宽滩河段的挖沙固堤潜力和能力

挖沙固堤	小花河段	花高河段	高艾河段
挖沙固堤潜力（亿 t）	0.66	1.14	2.10
2013～2020 年固堤能力（亿 t/年）	0.03	0.045	0.075
2021～2030 年固堤能力（亿 t/年）	0	0	0.06
2031～2050 年固堤能力（亿 t/年）	0.015	0.03	0.03
2051～2062 年固堤能力（亿 t/年）	0.015	0.03	0.03

7. 淤筑村台能力

由于淤筑村台标准要求高，对改善滩区群众的防洪安全起重要作用，因此将淤筑村台单独作为一种配置方式对待。通过机械挖沙和船淤措施，结合防洪规划和滩区安全建设，利用泥沙淤筑村台，改善滩区群众的防洪安全。黄河水利科学研究院等研究了黄河下游各河段的淤筑村台潜力和能力[9,10]（见表 9-11），黄河下游宽滩河段的淤筑村台潜力约为 3.64 亿 t，短期黄河下游宽滩河段的淤筑村台能力按淤筑潜力的 60% 计算约为 2.21 亿 t。

表 9-11　黄河下游宽滩河段的淤筑村台潜力和能力　　　　　　（单位：亿 t）

淤筑村台	小花河段	花高河段	高艾河段
淤筑村台潜力	0.06	2.45	1.13
短期淤筑能力	0.06	1.47	0.68

9.3 黄河下游宽滩河段泥沙均衡配置数学模型

黄河下游宽滩河段泥沙均衡配置数学模型由河道水沙动力学模型和泥沙多目标优化配置模型组成,其中河道水沙动力学模型为泥沙多目标优化配置模型提供河道滩槽冲淤量、引水引沙量、河道输沙量和平滩流量等重要配置指标;泥沙多目标优化配置模型方程由综合目标函数和配置约束条件构成,在各种水沙约束条件及河道配置模式条件下,计算最优的泥沙均衡配置方案。

9.3.1 河道水沙动力学模型

9.3.1.1 水力因素计算

由于沿黄河两岸工农业生产和日常生活所需的大量水资源来自于黄河,黄河下游沿程水量损失明显。考虑到黄河下游这种流量沿程变化的特点,对其一维恒定非均匀流的水流运动方程进行了改造[2]。

连续方程

$$\frac{\partial Q}{\partial x} - q_x = 0 \tag{9-2}$$

动量方程

$$\frac{\partial H}{\partial x} + \frac{1}{2g}\frac{\partial}{\partial x}\left(\frac{Q}{A}\right)^2 + \frac{1}{g}\frac{Q}{A^2}q_x + \frac{n^2 Q^2}{A^2 R^{\frac{4}{3}}} = 0 \tag{9-3}$$

式中:Q 为流量,$\mathrm{m^3/s}$;x 为沿水流方向的参考距离,m;q_x 为沿程单位长度侧向取水量或汇入水量,$\mathrm{m^3/(s \cdot m)}$,取水为负,汇入为正;H 为水位,m;g 为重力加速度,$\mathrm{m/s^2}$;A 为过水断面面积,$\mathrm{m^2}$;R 为水力半径,m;n 为曼宁糙率。

与一般一维水流动量方程不同的是,方程(9-3)增加了由沿程水流入汇(取水)而引起的附加比降,即左边的第三项。可以看出,引水会增加水面比降,而有支流入汇时水面比降会减缓,这与实际情况是一致的。

9.3.1.2 输沙计算

输沙计算是模型的核心部分,在获得足够的水流因子信息的条件下,分别对泥沙浓度、悬沙和床沙级配调整以及河床变形进行计算。

1. 含沙量计算

对于均匀泥沙而言,一维恒定非均匀流含沙量沿程变化的方程为

$$\frac{\mathrm{d}S}{\mathrm{d}x} = -\frac{\alpha\omega}{q}(S - S^*) \tag{9-4}$$

当泥沙为非均匀沙时,其分组泥沙在水流中的运动仍然遵从方程(9-4)所描述的规律。如果假定分组挟沙能力沿程线性变化,对方程(9-4)进行积分并求和可得到不平衡非均匀沙的含沙量计算公式[11,12]

$$S = S_j^* + (S_{j-1} - S_{j-1}^*) \sum_{l=1}^{L} P_{l,j-1} e^{-\frac{\alpha \omega_l \Delta x}{q}} + S_{j-1}^* \sum_{l=1}^{L} P_{l,j-1} \frac{q}{\alpha \omega_l \Delta x} (1 - e^{-\frac{\alpha \omega_l \Delta x}{q}}) -$$

$$S_j^* \sum_{l=1}^{L} P_{l,j} \frac{q}{\alpha \omega_l \Delta x} (1 - e^{-\frac{\alpha \omega_l \Delta x}{q}})$$

$$(9-5)$$

式中:S 为悬移质含沙量,kg/m^3;S^* 为水流挟沙力,kg/m^3;P_l 为悬移质级配;L 为混合沙按粒径分组数;ω_l 为第 l 组粒径泥沙沉速,m/s;q 为单宽流量;α 为恢复饱和系数。

从方程(9-5)可知,当地含沙量不等于当地挟沙能力,这正是不平衡输沙的体现;当地含沙量是由当地挟沙能力和级配以及上游来流的含沙量、挟沙能力和级配共同决定的。

2. 悬移质级配

悬移质级配计算分冲刷和淤积两种情况,当为淤积时

$$P_{l,j} = P_{l,j-1} (1 - \lambda_j)^{\left(\frac{\omega_l}{\omega_{r,j}}\right)^{\theta} - 1} \tag{9-6}$$

其中

$$\lambda_j = \frac{S_{j-1} Q_{j-1} - S_j Q_j}{S_{j-1} Q_{j-1}} \tag{9-7}$$

式中:λ_j 为淤积百分数;q 为反映悬沙沿河宽分布不均匀系数;$\omega_{r,j}$ 由试算确定;其他符号意义同前。

冲刷时悬移质级配变化公式为

$$P_{l,i,j} = \frac{1}{1 - \lambda_{i,j}} \left[P_{l,i,j-1} - \frac{\lambda_{i,j}}{\lambda_{i,j}^*} R_{l,i-1,j} \lambda_{i,j}^* \frac{\omega_l}{\omega_{r,i,j}} \right] \tag{9-8}$$

其中

$$\lambda_{i,j}^* = \frac{\Delta h_{i,j}'}{\Delta h_0 + \Delta h_{i,j}'} \tag{9-9}$$

式中:i 代表计算时段;R_l 为床沙级配;λ^* 为冲刷百分数;$\Delta h_{i,j}'$ 为虚冲"厚度";Δh_0 为扰动"厚度",相当于河床单位面积内 1 t 质量的泥沙所对应的厚度,约 0.8 m;$\omega_{r,i,j}$ 仍然由 $\sum_{l=1}^{L} P_{l,i,j} = 1$ 试算求得。

3. 淤积物级配

淤积物级配是指本时段由悬移质淤积后形成新鲜床沙的级配,其方程可写为

$$R_l = \frac{V_l}{\sum V_l} = \frac{Q_{j-1}P_{l,j-1}S_{j-1} - Q_j P_{l,j}S_j}{Q_{j-1}S_{j-1} - Q_j S_j} \tag{9-10}$$

式中:V_l为第 l 组粒径淤积物质量;其他符号意义同前。

4. 床沙质级配

在有冲淤发生的情况下,床沙表层级配的变化既要考虑原有床沙级配,也要考虑新淤积的级配或新冲起的级配,因此表层床沙级配计算公式可写为

$$R_{l,j} = \frac{(Q_{j-1}S_{j-1}P_{l,j-1} - Q_j S_j P_{l,j})\Delta t + 0.5\Delta h'_j \rho' \Delta x_{j-1}(B_j + B_{j-1})R_{l,j}^0}{(Q_{j-1}S_{j-1} - Q_j S_j)\Delta t + 0.5\Delta h'_j \rho' \Delta x_{j-1}(B_j + B_{j-1})} \tag{9-11}$$

式中:$R_{l,j}$为床沙表层级配;Δt 为计算冲淤变形的时间步长,s;ρ'为床沙干容重,kg/m^3;$R_{l,j}^0$为上时段末表层床沙级配;其他符号意义同前。

5. 床沙柱状分层调整

在河床冲淤变形计算开始前,对可冲床沙厚度进行分层处理,并给定各层的床沙级配。当有冲淤发生时,床沙柱状分层将根据冲淤强度进行调整。冲刷时,分两种情况调整柱状分层和顶层级配。当冲刷强度不大、顶层床沙够冲时,柱状层数不变,只需修正顶层级配,其他各层级配不变;当冲刷强度较大、顶层床沙不够冲时,次层床沙参与冲刷,柱层减少,顶层和次层床沙参与级配调整,其他各层级配不变。淤积时,也分两种情况调整分层和级配。当淤积强度不大,新淤积物与前一时段末顶层厚度之和小于标准层厚度时,柱状层数不变,只需调整顶层床沙级配;当淤积强度较大时,新鲜淤积物与原顶层之和大于标准层厚度时,柱状层数增加,新增加的标准层及顶层级配需要调整,其他各层不变。

6. 河床变形

河道输沙能力的沿程变化必然会带来河床变形,当已知进出口断面的输沙率、输沙时间、断面间距等时,即可以计算两个断面间的河床冲淤面积

$$\Delta a_{i,j} = \frac{Q_{i,j-1}S_{i,j-1} - Q_{i,j}S_{i,j}}{\rho' \Delta x_j}\Delta t_i \tag{9-12}$$

式中:ρ'为淤积物干容重;Δt_i为冲淤时间;其他符号意义同前。

当 $\Delta a_{i,j}$ 为正时,是淤积;当 $\Delta a_{i,j}$ 为负时,是冲刷。

由于本数学模型是一维的,从理论上说模型不能解决冲淤量如何在断面分布的问题。目前,在修正断面变形时只能采用经验方法,在众多的经验方法中,

沿湿周分布的方法是比较符合实际也容易被接受的一个方法。其具体实施步骤为:当淤积时,淤积物等厚沿湿周分布。当冲刷时,分两种情况修正:当水面河宽小于稳定河宽时,断面按沿湿周等深冲刷进行修正;当水面宽度大于稳定河宽时,只对稳定河宽以下的河床进行等深冲刷修正。稳定河宽以上河床按不冲处理。

9.3.1.3 输沙能力计算

无论对于低含沙水流还是对于高含沙水流,其挟沙能力公式一般形式均可用下式表达[11]

$$S^* = K\rho_s \left(\frac{\rho}{\rho_s - \rho}\right)^m \left(\frac{U^3}{gh\omega}\right)^m \tag{9-13}$$

式中:K 为系数;ρ 和 ρ_s 分别为浑水和泥沙容重。

对于低含沙水流(比如含沙量小于 50 kg/m³),其浑水容重和泥沙在浑水条件下的沉降速度分别近似等于清水容重和清水时的泥沙沉降速度,因此低含沙水流挟沙能力公式可写为[11]

$$S_0^* = K\rho_s \left(\frac{\rho_0}{\rho_s - \rho_0}\right)^m \left(\frac{U^3}{gh\omega}\right)^m = k_0 \left(\frac{U^3}{h\omega_0}\right)^m \tag{9-14}$$

式中:S_0^* 为低含沙水流挟沙能力;ρ_0 和 ω_0 分别为清水容重和清水时的泥沙沉速。

考虑到水流中泥沙含量对浑水容重和沉降速度的影响,以及当含沙量进一步增加时,必须考虑泥沙颗粒周围一层难以分离的薄膜水对泥沙颗粒体积的影响,式(9-13)可写为[11]

$$S^* = k_0 \left[1 + \left(\frac{\rho_s - \rho_0}{\rho_0 \rho_s}\right)\frac{S}{\beta}\right]^m \frac{1}{\left(1 - \frac{S}{\beta\rho_s}\right)^{(k+1)m}} \left(\frac{U^3}{h\omega_0}\right)^m \tag{9-15}$$

式中:k 为沉降速度修正指数,一般情况下 $k = 7.0$;$\beta = \left(\frac{D}{D+2\delta}\right)^3$,其中 D 为泥沙颗粒粒径,δ 为薄膜水厚度,可取为 4×10^{-7} m。

在实际计算时,式(9-15)右边项中的含沙量 S 可取为挟沙能力 S^*,而 β 可取为 0.5。

从式(9-15)可以看出:①含沙水流的挟沙能力不仅与水力因子(如 U,h)和泥沙因子(如 ω_0)有关,而且受上游来流含沙量的影响。②对于低含沙水流(如 $S < 50$ kg/m³),挟沙能力受上游含沙量影响甚微,但随着含沙量的增加,挟沙能

力受来流的含沙量影响渐趋明显,而且含沙量越高挟沙能力越大,这正是高含沙水流多来多排的缘故。③式(9-15)可以作为一般水流的挟沙能力公式,既可以用于低含沙水流也可以用于高含沙水流,只是因为当含沙量很低的时候由于挟沙能力几乎不受含沙量影响,所以才采用形式比较简单的公式(9-14)来计算低含沙水流的挟沙能力。

9.3.1.4　数学模型率定和验证

利用黄河下游 1988～1997 年实测资料对数学模型进行了率定[2],再利用黄河下游 1999～2008 年实测资料对模型进行了验证[1]。现将率定和验证情况介绍如下。

1. 数学模型率定

率定计算的进口断面为铁谢,根据实测资料给定流量和含沙量过程,以及悬移质级配。出口断面为利津,根据实测资料给定相应的水位过程。率定计算结果与实测冲淤量的比较如图 9-3 所示,计算的河道冲淤过程和冲淤量都与实测资料符合良好,数学模型能够反映黄河下游河道的冲淤情况[2]。

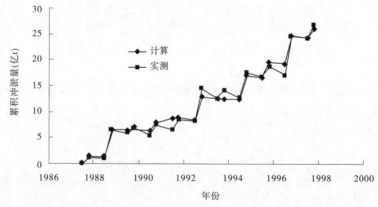

图 9-3　黄河全下游(小浪底至利津)冲淤量的数学模型计算与实测比较(1987～1997 年)

2. 数学模型验证

数学模型经过上述实测资料率定后,又利用小浪底水库运用以来的 1999 年10 月至 2008 年 10 月的实测水沙和冲淤量资料,对数学模型进行了验证计算[1]。图 9-4 给出了黄河下游 1999～2008 年小浪底水库运用以来河道冲淤的数学模型计算成果,数学模型计算结果与实测冲淤过程符合良好。

从图 9-4 可以看出,小浪底水库运用以来,由于下泄水流的含沙量很低,黄河下游发生了累积性冲刷。自 1999 年 11 月至 2008 年 10 月,黄河下游河道累

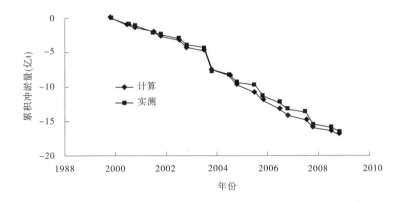

图9-4 黄河下游铁谢至利津冲淤量的数学模型计算与实测比较(1999~2008年)

积冲刷泥沙16.6亿t,年均冲刷量为1.84亿t。汛期和非汛期皆处于冲刷状态,
其中2003年汛期冲刷最大,达3.26亿t。此外,根据《中国河流泥沙公报》资料,
1999年11月至2008年10月,小浪底水库累积淤积泥沙约24.2亿m³,干容重
若按照1.3~1.35t/m³计算,则泥沙淤积总质量约为32亿t。由此可见,小浪底
水库每淤积2亿t泥沙,黄河下游河道可以冲刷1亿t泥沙。

上述河道水沙动力学模型率定和验证计算的情况表明,模型计算值与实测
值符合良好,反映了黄河下游河道冲淤情况,可以用于计算黄河下游河道的泥沙
冲淤与泥沙配置。

9.3.2 泥沙多目标优化配置模型

泥沙多目标优化配置模型方程由综合目标函数和配置约束条件构成,在各
种水沙约束条件及河道配置模式条件下,求解优化配置模型得到一个最优的泥
沙配置方案。

综合目标函数可表示为

$$F(X) = \sum_{j=1}^{n} \beta_j X_j = \max \tag{9-16}$$

配置约束条件可表示为

$$\{ \sum_{j=1}^{n} a_{ij} \cdot X_j \leqslant b_i \quad (或 \geqslant b_i, \ = b_i, i = 1,2,\cdots,m) \tag{9-17}$$

式中:$F(X)$为综合目标函数;β_j为综合目标函数的权重系数;X_j为泥沙配置变
量;n为泥沙配置变量个数;b_i为各约束条件的水沙资源约束量;a_{ij}为各约束条

件的水沙系数;m 为配置约束条件个数。

9.3.2.1 综合目标函数

采用层次分析数学方法构造泥沙均衡配置的综合目标函数[13]。利用层次数学分析方法,对各配置层次的组成元素进行两两比较,由 9 标度法得到判断矩阵,求判断矩阵最大特征值对应的归一化权重系数特征向量,通过逐层的矩阵运算方法求各决策变量的权重系数 β_j,构造综合目标函数的形式为

$$F(X) = \sum_{j=1}^{n} \beta_j X_j \tag{9-18}$$

1.子目标层 B 对于总目标层 A 的权重系数

参考各子目标对总目标的重要性排序专家调查结果[1,2],对于黄河下游泥沙均衡配置的总目标,技术子目标(长期维持主河槽过流能力、入黄泥沙致灾最小)比经济子目标(节省经济投入)更为重要。由 9 标度法得到子目标层 B 关于总目标层 A 的判断矩阵见表 9-12。

表 9-12　子目标层 B 关于总目标层 A 的判断矩阵

黄河下游泥沙均衡配置总目标 A	技术子目标 B_1	经济子目标 B_2
技术子目标 B_1	1	2
经济子目标 B_2	1/2	1

求出上述二阶正互反矩阵的最大特征值 $\lambda_{max} = 2$,这个二阶正互反矩阵为完全一致矩阵,故这个判断矩阵的一致性可接受。最大特征值对应的归一化权重系数特征向量为

$$w = [0.666\ 7, 0.333\ 3] \tag{9-19}$$

权重系数特征向量用 w 表示,技术子目标(长期维持主河槽过流能力、入黄泥沙致灾最小)对于黄河下游泥沙均衡配置总目标的权重系数为 0.666 7,经济子目标(节省经济投入)对于黄河下游泥沙均衡配置总目标的权重系数为 0.333 3。

2.配置方式层 C 对于技术子目标 B_1 的权重系数

对于长期维持主河槽过流能力、入黄泥沙致灾最小的技术子目标,参考专家调查结果确定各配置方式的排序为[1,2]河道输沙、滩区放淤、河槽冲淤、挖沙固堤、洪水淤滩、淤筑村台、引水引沙。由 9 标度法得到配置方式层 C 对于技术子目标 B_1(长期维持主河槽过流能力、入黄泥沙致灾最小)的判断矩阵见表 9-13。

表9-13 配置方式层 C 对于技术子目标 B_1 的判断矩阵

技术子目标 B_1（长期维持主河槽过流能力、入黄泥沙致灾最小）	河道输沙 C_1	引水引沙 C_2	滩区放淤 C_3	河槽冲淤 C_4	洪水淤滩 C_5	挖沙固堤 C_6	淤筑村台 C_7
河道输沙 C_1	1	7	2	3	5	4	6
引水引沙 C_2	1/7	1	1/6	1/5	1/3	1/4	1/2
滩区放淤 C_3	1/2	6	1	2	4	3	5
河槽冲淤 C_4	1/3	5	1/2	1	3	2	4
洪水淤滩 C_5	1/5	3	1/4	1/3	1	1/2	2
挖沙固堤 C_6	1/4	4	1/3	1/2	2	1	3
淤筑村台 C_7	1/6	2	1/5	1/4	1/2	1/3	1

求出上述七阶正互反矩阵的最大特征值 $\lambda_{max} = 7.1955$，求一致性指标

$$C.I. = \frac{7.1955 - 7}{7 - 1} = 0.0326$$

$n = 7, R.I. = 1.32$，可得一致性比率

$$C.R. = \frac{0.0326}{1.32} = 0.0247 < 0.1$$

故配置方式层 C 对于技术子目标 B_1 的判断矩阵具有满意的一致性。对应的归一化权重系数特征向量为

$$u_1 = [0.3543, 0.0312, 0.2399, 0.1587, 0.0676, 0.1036, 0.0448]$$

$$(9\text{-}20)$$

权重系数特征向量用 u_1 表示，对于技术子目标 B_1（长期维持主河槽过流能力、入黄泥沙致灾最小），河道输沙 C_1 的权重系数为 0.3543，引水引沙 C_2 的权重系数为 0.0312，滩区放淤 C_3 的权重系数为 0.2399，河槽冲淤 C_4 的权重系数为 0.1587，洪水淤滩 C_5 的权重系数为 0.0676，挖沙固堤 C_6 的权重系数为 0.1036，淤筑村台 C_7 的权重系数为 0.0448。

3. 配置方式层 C 对于经济子目标 B_2 的权重系数

对于节省经济投入的经济子目标，参考专家调查结果确定各配置方式的排序为[1,2]河槽冲淤、洪水淤滩、河道输沙、挖沙固堤、引水引沙、滩区放淤、淤筑村台。由9标度法得到配置方式层 C 对于经济子目标 B_2（节省经济投入）的判断

矩阵见表9-14。

表9-14　配置方式层 C 对于经济子目标 B_2 的判断矩阵

经济子目标 B_2 (节省经济投入)	河道输沙 C_1	引水引沙 C_2	滩区放淤 C_3	河槽冲淤 C_4	洪水淤滩 C_5	挖沙固堤 C_6	淤筑村台 C_7
河道输沙 C_1	1	3	4	1/3	1/2	2	5
引水引沙 C_2	1/3	1	2	1/5	1/4	1/2	3
滩区放淤 C_3	1/4	1/2	1	1/6	1/5	1/3	2
河槽冲淤 C_4	3	5	6	1	2	4	7
洪水淤滩 C_5	2	4	5	1/2	1	3	6
挖沙固堤 C_6	1/2	2	3	1/4	1/3	1	4
淤筑村台 C_7	1/5	1/3	1/2	1/7	1/6	1/4	1

求出上述七阶正互反矩阵的最大特征值 $\lambda_{max} = 7.195\,5$，求一致性指标

$$C.I. = \frac{7.195\,5 - 7}{7 - 1} = 0.032\,6$$

$n = 7, R.I. = 1.32$，可得一致性比率

$$C.R. = \frac{0.032\,6}{1.32} = 0.024\,7 < 0.1$$

故配置方式层 C 对于经济子目标 B_2 的判断矩阵具有满意的一致性。对应的归一化权重系数特征向量为

$$u_2 = [0.158\,7, 0.067\,6, 0.044\,8, 0.354\,3, 0.239\,9, 0.103\,6, 0.031\,2]$$

$$(9-21)$$

权重系数特征向量用 u_2 表示，对于经济子目标 B_2 (节省经济投入)，河道输沙 C_1 的权重系数为 0.158 7，引水引沙 C_2 的权重系数为 0.067 6，滩区放淤 C_3 的权重系数为 0.044 8，河槽冲淤 C_4 的权重系数为 0.354 3，洪水淤滩 C_5 的权重系数为 0.239 9，挖沙固堤 C_6 的权重系数为 0.103 6，淤筑村台 C_7 的权重系数为 0.031 2。

4.配置方式层 C 对于总目标层 A 的综合权重系数

由配置方式层 C 对于技术子目标 B_1 和经济子目标 B_2 的权重系数特征向量，可以得到合成特征矩阵 $U (2 \times 7)$

$$U = \begin{bmatrix} 0.354\ 3 & 0.031\ 2 & 0.239\ 9 & 0.158\ 7 & 0.067\ 6 & 0.103\ 6 & 0.044\ 8 \\ 0.158\ 7 & 0.067\ 6 & 0.044\ 8 & 0.354\ 3 & 0.239\ 9 & 0.103\ 6 & 0.031\ 2 \end{bmatrix}$$

技术子目标 B_1 和经济子目标 B_2 对于黄河泥沙均衡配置总目标 A 的权重系数特征向量 w 为

$$w = [0.666\ 7, 0.333\ 3]$$

由特征矩阵 U 和特征向量 w 可得到各配置方式 C 层对于黄河泥沙均衡配置总目标 A 的综合权重系数向量

$$\beta = wU = [0.289\ 1, 0.043\ 3, 0.174\ 9, 0.223\ 9, 0.125\ 0, 0.103\ 6, 0.040\ 3]$$
$$(9\text{-}22)$$

综合权重系数向量用 β 表示,对于黄河下游泥沙均衡配置总目标 A,河道输沙 C_1 的权重系数为 0.289 1,引水引沙 C_2 的权重系数为 0.043 3,滩区放淤 C_3 的权重系数为 0.174 9,河槽冲淤 C_4 的权重系数为 0.223 9,洪水淤滩 C_5 的权重系数为 0.125 0,挖沙固堤 C_6 的权重系数为 0.103 6,淤筑村台 C_7 的权重系数为 0.040 3。在目前黄河治理的现状条件下,无论对于长期维持主河槽过流能力、入黄泥沙致灾最小的技术子目标,还是对于节省经济投入的经济子目标,河槽冲刷有利,河槽淤积不利,河槽冲淤 C_4 对应的权重系数采用负值,将综合权重系数代入式(9-18)可构造综合目标函数

$$F(W_{si}) = 0.289\ 1W_{s输沙} + 0.043\ 3W_{s引沙} + 0.174\ 9W_{s放淤} - 0.223\ 9W_{s河槽} +$$
$$0.125\ 0W_{s淤滩} + 0.103\ 6W_{s固堤} + 0.040\ 3W_{s村台}$$
$$(9\text{-}23)$$

式(9-23)作为黄河下游宽滩河段泥沙多目标优化配置模型的综合目标函数,综合权重系数的绝对值大小也可反映各配置方式对于黄河下游宽滩河段泥沙均衡配置总目标的综合排序:河道输沙、河槽冲淤、滩区放淤、洪水淤滩、挖沙固堤、引水引沙、淤筑村台。这种综合排序反映了黄河下游泥沙处理和配置的优先顺序,也基本符合黄河下游泥沙综合治理的客观认识。

综合目标函数的物理意义不是各种泥沙配置方式配置泥沙的比例,而是反映各种泥沙配置方式对于黄河下游宽滩河段泥沙均衡配置总目标的贡献作用大小,综合权重系数的排序也反映了各种泥沙配置方式对于黄河下游宽滩河段泥沙均衡配置总目标的贡献敏感度,黄河实测水沙分布分析表明,河道输沙能力最大,对改善黄河下游泥沙配置的贡献最大;其次是河槽冲淤,改善河槽冲淤是达到长期维持主河槽过流能力、入黄泥沙致灾最小技术子目标的实现途径;目前洪水淤滩困难,滩区(人工、机械)放淤是减轻入黄泥沙致灾、改善黄河泥沙分布的

重要方式,滩区(人工、机械)放淤对改善黄河泥沙配置的贡献比洪水淤滩的贡献大;虽然目前挖沙固堤处理泥沙能力较小,但挖沙固堤直接利用泥沙改善堤防安全;引水引沙是工农业生活引水需要引起的结果,黄河下游引水引沙量较大,但引水平均含沙量一般低于河道水流平均含沙量,引水过度通常造成河流输水输沙能力降低,引水引沙对改善黄河泥沙配置的贡献小于挖沙固堤的贡献;对于通过淤筑村台解决滩区群众的防洪安全有各种不同意见,有的专家主张有计划地将滩区群众迁出滩区,淤筑村台要求较高,投入较大,目前淤筑村台处理泥沙能力较小,可以认为其贡献最小。

9.3.2.2　配置约束条件

综合目标函数是受配置约束条件制约的,泥沙均衡配置方案受配置约束条件控制,通过深入分析各种泥沙配置方式,根据其泥沙配置能力,确定泥沙多目标优化配置数学模型的约束条件,包括来水来沙条件约束、滩槽冲淤量约束、引水引沙能力约束、滩区放淤能力约束、挖沙固堤能力约束、淤筑村台能力约束、河道输水输沙约束等。

1. 来水来沙条件约束

泥沙均衡配置是在一定来水来沙总量和水沙过程条件下进行的,来水来沙条件是指进入黄河下游的水沙总量及其水沙过程条件。采用的来水来沙条件包括 3 个 50 年水沙系列(2013 年 7 月至 2062 年 6 月),代表丰、平、枯三种来水来沙条件系列。黄河下游的来水总量 G_w 等于引水量 $W_{引水}$ 加河道输水量 $W_{输水}$,黄河下游的来沙总量 G_s 等于河槽冲淤量 $W_{s河槽}$、洪水淤滩沙量 $W_{s滩区}$、引水引沙量 $W_{s引沙}$、滩区放淤沙量 $W_{s放淤}$、挖沙固堤沙量 $W_{s固堤}$、淤筑村台沙量 $W_{s村台}$ 和河道输沙量 $W_{s输沙}$ 之和,可以得到如下水沙总量约束条件

$$G_w = W_{引水} + W_{输水} \tag{9-24}$$

$$G_s = W_{s河槽} + W_{s滩区} + W_{s引沙} + W_{s放淤} + W_{s固堤} + W_{s村台} + W_{s输沙} \tag{9-25}$$

2. 滩槽冲淤量约束

在泥沙多目标优化配置数学模型的河槽及滩区冲淤量计算过程中,各配置单元的滩槽冲淤量和河道平滩流量通过河道水沙动力学数学模型计算确定,滩槽冲淤量约束为

$$W_{s河槽} = NL_{s河槽} \tag{9-26}$$

$$W_{s滩区} = NL_{s滩区} \tag{9-27}$$

式中:$W_{s河槽}$ 和 $W_{s滩区}$ 分别为河槽冲淤量和洪水淤滩沙量,亿 t;$NL_{s滩区}$ 和 $NL_{s河槽}$ 分别为滩、槽冲淤能力,亿 t,滩槽冲淤量由河道水沙动力学模型根据水沙过程计算

确定。

3. 引水引沙能力约束

由于工农业和生活用水必须引水,引水会挟带出一部分泥沙,黄河下游实测资料分析表明,引水日平均含沙量约等于河道水流日平均含沙量,可按河段进出口断面日平均含沙量计算,由于黄河下游汛期河道水流含沙量大,汛期引水量相对较少,而非汛期河道水流含沙量小,非汛期引水量相对较多,引水年平均含沙量一般低于河道水流的年平均含沙量。过量引水不利于河道输水输沙,甚至导致河道功能性断流,危及河流健康,因此必须合理确定引水量及引水引沙能力约束,并采取其他措施(人工放淤和挖泥疏浚等)处理泥沙,弥补引水导致的河流输沙能力降低问题。多沙河流引水引沙能力是比较大的,应特别重视灌区泥沙资源的综合利用,依据规划引水分配方案确定各配置单元的规划引水量,确定引水引沙能力约束为

$$W_{s引沙i} = W_{引水i}S_{引水i}/1\,000 \tag{9-28}$$

式中:$W_{s引沙i}$为配置单元的引水引沙量,亿 t;$W_{引水i}$为配置单元的规划引水量,亿 m^3;$S_{引水i}$为配置单元的引水年平均含沙量,kg/m^3。

引水引沙量由河道水沙动力学模型根据引水过程计算确定。

4. 滩区放淤能力约束

黄河下游滩区放淤采取引洪淤滩与挖河淤滩措施,下游滩区放淤以确保黄河防洪安全为前提,重点解决"二级悬河"严重的河段。根据黄河下游各河段的滩区放淤能力,确定滩区放淤能力约束为

$$W_{s放淤i} = k_{fi}W_{si-1} \leq NL_{s放淤i} \tag{9-29}$$

式中:$W_{s放淤i}$为配置单元 i 的滩区放淤沙量,亿 t;k_{fi}为配置单元 i 的滩区放淤沙量占来沙量 W_{si-1} 的比例;$NL_{s放淤i}$为配置单元 i 的滩区放淤能力,亿 t。

5. 挖沙固堤能力约束

根据黄河下游标准化堤防建设规划,研究未来不同时期黄河下游各河段的挖沙固堤能力[2,5],确定挖沙固堤能力约束为

$$W_{s固堤} \leq NL_{s固堤} \tag{9-30}$$

式中:$W_{s固堤}$为挖沙固堤量,亿 t;$NL_{s固堤}$为挖沙固堤能力,亿 t。

6. 淤筑村台能力约束

根据黄河下游滩区安全建设规划,研究未来不同时期黄河下游各河段的淤筑村台能力[2,5],确定淤筑村台能力约束为

$$W_{s村台} \leq NL_{s村台} \tag{9-31}$$

式中：$W_{s村台}$为淤筑村台量，亿 t；$NL_{s村台}$为淤筑村台能力，亿 t。

　　7. 河道输水输沙约束

　　由各配置单元的水量平衡，各配置单元的出口年输水量 $W_{输水i}$ 等于进口年输水量 $W_{输水i-1}$ 加区间来水量 $W_{区间}$ 再减去单元引水量 $W_{引水i}$

$$W_{输水i} = W_{输水i-1} + W_{区间} - W_{引水i} \tag{9-32}$$

　　由各配置单元的沙量平衡，配置单元出口年输沙量 W_{si} 等于进口年输沙量 $W_{s输沙i-1}$ 加区间来沙量 $W_{s区间}$，再减去配置单元的河槽冲淤量 $W_{s河槽i}$、洪水淤滩沙量 $W_{s滩区i}$、引水引沙量 $W_{s引沙i}$、滩区放淤沙量 $W_{s放淤i}$、挖沙固堤沙量 $W_{s固堤i}$ 和淤筑村台沙量 $W_{s村台i}$

$$W_{s输沙i} = W_{s输沙i-1} + W_{s区间i} - W_{s河槽i} - W_{s滩区i} - W_{s引沙i} - W_{s放淤i} - W_{s固堤i} - W_{s村台i}$$
$$\tag{9-33}$$

　　综上所述，结合黄河下游水资源配置和河道综合治理，通过河道输沙、引水引沙、滩区放淤、河槽冲淤、洪水淤滩、挖沙固堤和淤筑村台等 7 种方式优化配置和合理利用泥沙。结合泥沙均衡配置层次重要性排序专家调查，采用层次分析数学方法，通过各配置层次判断矩阵计算，构造泥沙均衡配置的综合目标函数，根据来水来沙条件约束、滩槽冲淤量约束、引水引沙能力约束、滩区放淤能力约束、挖沙固堤能力约束、淤筑村台能力约束、河道输水输沙约束等，确定黄河下游泥沙均衡配置的约束条件，建立黄河下游泥沙多目标优化配置数学模型。

9.4　小　结

　　本章提出黄河下游宽滩河段泥沙均衡配置方法，通过黄河下游宽滩河段泥沙配置层次分析，确定泥沙配置的目标和评价指标，分析黄河下游宽滩河段泥沙均衡配置的配置方式、配置单元、配置潜力和配置能力，并建立泥沙均衡配置数学模型。

　　(1)分析了黄河下游宽滩河段的泥沙配置目标。在目前技术经济条件下，从黄河下游治理现实出发，可以将黄河下游泥沙均衡配置的子目标概括为技术和经济两个子目标，技术子目标主要是长期维持主河槽过流能力和减小水沙灾害，经济子目标主要是节省经济投入，技术子目标评价包括河道平滩流量、"二级悬河"高差和河道排沙比等，经济子目标评价包括滩区放淤投入、淤筑村台投入和排沙入海投入(主要包括河道治理和堤防治理的投入)等。

　　(2)分析了黄河下游宽滩河段的泥沙配置措施和方式。在黄河下游宽滩河段,主要通过"排、放、挖"改善黄河下游的主河槽淤积、"二级悬河"、河道排洪输沙能力下降。黄河下游宽滩河段的泥沙配置方式主要包括河道输沙、引水引沙、滩区放淤、河槽冲淤、洪水淤滩、挖沙固堤和淤筑村台等7种,结合黄河下游宽滩河段的滩槽特点和控制水文站情况划分3个配置河段,共21个配置单元。

(3)分析了黄河下游宽滩河段的泥沙配置潜力和能力。黄河下游宽滩河段的滩区放淤潜力较大,合计可达到35.59亿t,短期内黄河下游滩区放淤实施全滩淤筑有一定困难,因此仅考虑堤河淤筑、串沟淤筑、坑塘淤筑、洼地淤筑、控导工程淤背和沙荒地淤改等,短期滩区放淤能力约为13.65亿t。黄河下游宽滩河段的淤筑村台潜力约为3.64亿t,短期淤筑村台能力按淤筑潜力的60%计算约为2.21亿t。黄河下游宽滩河段的挖沙固堤潜力为3.90亿t,并提出了未来50年不同时期黄河下游宽滩各河段的挖沙固堤能力和引水引沙能力。洪水淤滩能力、河槽冲淤能力及河道输沙能力主要由来水来沙条件和河道边界条件决定,通过河道水沙数学模型计算来确定。

(4)建立了黄河下游宽滩河段泥沙均衡配置数学模型。泥沙均衡配置模型由河道水沙动力学模型和泥沙多目标优化配置模型组成,其中河道水沙动力学模型为泥沙多目标优化配置模型提供河道滩槽冲淤量、引水引沙量、河道输沙量和平滩流量等重要配置指标;泥沙多目标优化配置模型方程由综合目标函数和配置约束条件构成,在各种水沙约束条件及河道配置模式条件下,计算最优的泥沙均衡配置方案。

参 考 文 献

[1] 陈绪坚,陈建国,郭庆超,等. 黄河下游滩槽水沙优化配置与宽滩区运用方式研究[R]. 北京:中国水利水电科学研究院,2015.
[2] 胡春宏,安催花,陈建国,等.黄河泥沙优化配置[M].北京:科学出版社,2012.
[3] 胡春宏,陈绪坚. 流域水沙资源优化配置理论与模型及其在黄河下游的应用[J]. 水利学报,2006(12):1460-1469.
[4] 胡春宏,陈绪坚,陈建国,等. 黄河干流泥沙优化配置研究(Ⅰ)——理论与模型[J]. 水利学报,2010(3):253-263.
[5] 胡春宏,陈绪坚,陈建国. 黄河干流泥沙优化配置研究(Ⅱ)——潜力与能力[J]. 水利学报,2010(4):379-389.
[6] 胡春宏,陈绪坚,陈建国,等. 黄河干流泥沙优化配置研究(Ⅲ)——模式与方案[J]. 水利学报,2010(5):514-523.
[7] 陈绪坚,胡春宏,陈建国. 黄河干流泥沙优化配置综合评价方法[J]. 水科学进展,2010

　　　(5):585-591.

[8] 吴海量,胡建华. 黄河滩区放淤能力与泥沙利用研究[R]. 郑州:黄河勘测规划设计有限公司,2008.

[9] 兰华林,苏运启. 黄河下游滩区放淤能力与泥沙利用研究[R]. 郑州:黄河水利科学研究院,2008.

[10] 安催花,陈雄波. 郑州黄河下游滩区放淤能力与泥沙利用研究[R]. 郑州:黄河勘测规划设计有限公司,2008.

[11] 韩其为. 水库淤积[M]. 北京:科学出版社,2003.

[12] Hu Chunhong,Guo Qingchao. Modeling sediment transport in lower Yellow River and dynamic equilibrium threshold value[J]. Science in China, E 2004, 47(S. I):161-172.

[13] 吴祈宗. 运筹学与最优化方法[M]. 北京:机械工业出版社,2003.

第 10 章　黄河下游宽滩河段泥沙均衡配置方案

本章主要研究提出黄河下游宽滩河段泥沙均衡配置方案,采用黄河下游宽滩河段泥沙均衡配置数学模型,根据来水来沙条件,计算黄河下游宽滩河段泥沙均衡配置方案。提出综合评价方法,对各种泥沙配置方案进行综合评价,提出建议配置方案及各河段不同配置方式的泥沙配置比例。

10.1　计算配置方案组合

在现状河道条件下,考虑建防护堤(改造生产堤)和滩区放淤等组合,提出黄河下游宽滩河段泥沙配置的 4 个配置基本方案,根据枯、平、丰 3 个水沙系列,形成 12 个计算配置方案组合。

10.1.1　配置基本方案

结合黄河下游宽滩河段的实际情况和今后治理的具体措施,在现状河道条件下,考虑建防护堤和滩区放淤等治理组合,综合分析认为,黄河下游宽滩河段泥沙均衡配置可概括为如下 4 个配置基本方案。

10.1.1.1　基本方案 1——现状河道条件下以河道输沙为重点的配置模式

该模式是在现状河道条件下,不考虑滩区(人工)放淤治理"二级悬河",结合小浪底水库调控运用和河道综合治理,塑造与维持下游稳定的中水河槽,充分利用河道输水输沙能力,有计划地进行河口造陆,维持黄河口流路稳定,同时结合引水利用泥沙,通过挖沙固堤等建设标准化堤防。

10.1.1.2　基本方案 2——修建防护堤条件下以河道输沙为重点的配置模式

该模式是考虑修建防护堤(改造生产堤),改善滩区的防洪安全,不考虑滩区(人工)放淤治理"二级悬河",通过小浪底水库调控运用,塑造与维持下游稳定的中水河槽,充分利用河道输水输沙能力,有计划地进行河口造陆,维持黄河口流路稳定,同时结合引水利用泥沙,通过挖沙固堤等建设标准化堤防。

10.1.1.3 基本方案3——现状河道条件下进行滩区放淤治理的配置模式

该模式是在现状河道条件下,考虑滩区(人工)放淤治理"二级悬河",结合下游"二级悬河"和滩区综合治理,有计划地进行滩区(人工)放淤,并结合小浪底水库调控运用和河道综合治理,塑造与维持下游稳定的中水河槽,充分利用河道输水输沙能力及河口造陆能力,维持黄河口流路稳定,同时结合引水利用泥沙,通过挖沙固堤等建设标准化堤防。

10.1.1.4 基本方案4——修建防护堤条件下进行滩区放淤治理的配置模式

该模式是在修建防护堤(改造生产堤)条件下,考虑滩区(人工)放淤治理"二级悬河",结合下游"二级悬河"和滩区综合治理,有计划地进行滩区(人工)放淤,并结合小浪底水库调控运用和河道综合治理,塑造与维持下游稳定的中水河槽,充分利用河道输水输沙能力及河口造陆能力,维持黄河口流路稳定,同时结合引水利用泥沙,通过挖沙固堤等建设标准化堤防。

10.1.2 计算水沙系列

计算水沙系列包括少、平、丰3个水沙系列:水沙系列1、水沙系列2和水沙系列3,计算初始河道条件为2012年,水沙系列长度为2013~2062年,共50年。

10.1.2.1 水沙系列1

水沙系列1黄河下游年来水来沙量过程如图10-1所示。水沙系列1是少水沙系列,2013~2062年黄河下游的年平均来水量为248.04亿 m³,年平均来沙量为3.21亿 t,其中黄河干流小浪底站的年平均水量为222.50亿 m³,年平均沙量为3.20亿 t;支流伊洛河黑石关站和沁河武陟站合计的年平均水量为25.54亿 m³,年平均沙量为0.01亿 t。

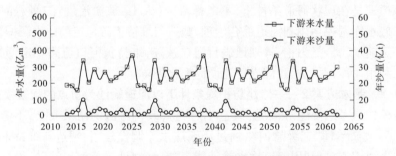

图 10-1　水沙系列1黄河下游年来水来沙量过程

10.1.2.2　水沙系列 2

水沙系列 2 黄河下游年来水来沙量过程如图 10-2 所示。水沙系列 2 是平水沙系列,2013 ~ 2062 年黄河下游的年平均来水量为 262.84 亿 m³,年平均来沙量为 6.06 亿 t,其中黄河干流小浪底站的年平均水量为 234.74 亿 m³,年平均沙量为 5.93 亿 t;支流伊洛河黑石关站和沁河武陟站合计的年平均水量为 28.10 亿 m³,年平均沙量为 0.13 亿 t。

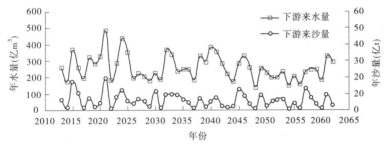

图 10-2　水沙系列 2 黄河下游年来水来沙量过程

10.1.2.3　水沙系列 3

水沙系列 3 黄河下游年来水来沙量过程如图 10-3 所示。水沙系列 3 是丰水沙系列,2013 ~ 2062 年黄河下游的年平均来水量为 272.78 亿 m³,年平均来沙量为 7.70 亿 t,其中黄河干流小浪底站的年平均水量为 244.68 亿 m³,年平均沙量为 7.57 亿 t;支流伊洛河黑石关站和沁河武陟站合计的年平均水量为 28.10 亿 m³,年平均沙量为 0.13 亿 t。

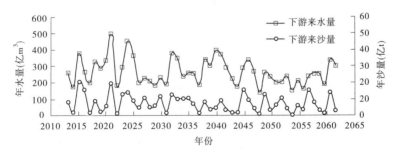

图 10-3　水沙系列 3 黄河下游年来水来沙量过程

10.1.3　计算方案组合

针对上述黄河下游宽滩河段泥沙均衡配置的 4 个配置基本方案,结合 3 个

水沙系列,形成黄河下游宽滩河段泥沙均衡配置的 12 个计算配置方案。12 个
计算配置方案对应的配置基本方案和水沙条件见表 10-1。

表 10-1　12 个计算配置方案组合

序号	计算配置方案	基本方案	水沙条件	水沙条件说明
1	方案 1-1	基本方案 1	水沙系列 1	水沙系列 1 是少水沙系列,2013 ~ 2062 年黄河下游的年平均来水量为 248.04 亿 m³,年平均来沙量为 3.21 亿 t
2	方案 2-1	基本方案 2		
3	方案 3-1	基本方案 3		
4	方案 4-1	基本方案 4		
5	方案 1-2	基本方案 1	水沙系列 2	水沙系列 2 是平水沙系列,2013 ~ 2062 年黄河下游的年平均来水量为 262.84 亿 m³,年平均来沙量为 6.06 亿 t
6	方案 2-2	基本方案 2		
7	方案 3-2	基本方案 3		
8	方案 4-2	基本方案 4		
9	方案 1-3	基本方案 1	水沙系列 3	水沙系列 3 是丰水沙系列,2013 ~ 2062 年黄河下游的年平均来水量为 272.78 亿 m³,年平均来沙量为 7.70 亿 t
10	方案 2-3	基本方案 2		
11	方案 3-3	基本方案 3		
12	方案 4-3	基本方案 4		

<h1 align="center">10.2　泥沙配置方案计算</h1>

　　针对 4 个配置基本方案,采用黄河下游宽滩河段泥沙均衡配置数学模型进行了各时期泥沙均衡配置方案的计算,计算初始河道条件为 2012 年,方案配置时间为 2013 ~ 2062 年共 50 年,包括 2013 ~ 2020 年、2021 ~ 2030 年、2031 ~ 2050 年、2051 ~ 2062 年 4 个时期,计算水沙系列条件为少、平、丰 3 个水沙系列,共计算了 12 个配置方案。

10.2.1　少水沙系列泥沙配置方案

　　水沙系列 1 为少水沙系列,2013 ~ 2062 年黄河下游的年平均来水量为 248.04 亿 m³,年平均来沙量为 3.21 亿 t,该系列不同时期各泥沙均衡配置方案计算结果见表 10-2。

表10-2 少水沙系列不同时期各泥沙均衡配置方案计算结果统计

配置方案	配置时期	来水量(亿m³)	来沙量(亿t)	引水引沙(亿t)	滩区放淤(亿t)	挖沙固堤(亿t)	村台淤筑(亿t)	河槽冲淤(亿t)	洪水淤滩(亿t)	河道输沙(亿t)	输沙量(亿m³)	引水量(亿m³)	最小平滩流量(m³/s)
方案1-1	2013~2020年	232.28	3.99	0.734	0	0.571	0.083	0.045	0.128	2.432	122.04	110.24	4 632
	2021~2030年	245.94	3.29	0.626	0	0.700	0.083	-0.443	0.032	2.297	140.22	105.72	4 721
	2031~2050年	251.49	2.84	0.534	0	0.120	0.083	-0.451	0.064	2.488	147.04	104.45	5 085
	2051~2062年	254.54	3.23	0.548	0	0.120	0.083	-0.052	0.140	2.396	150.09	104.45	5 413
	2013~2062年	248.04	3.21	0.588	0	0.308	0.083	-0.274	0.086	2.419	142.40	105.63	4 632
方案2-1	2013~2020年	232.28	3.99	0.738	0	0.571	0.083	0.028	0.125	2.448	122.04	110.24	4 615
	2021~2030年	245.94	3.29	0.636	0	0.700	0.083	-0.509	0.034	2.351	140.22	105.72	4 706
	2031~2050年	251.49	2.84	0.541	0	0.120	0.083	-0.509	0.064	2.538	147.04	104.45	5 113
	2051~2062年	254.54	3.23	0.557	0	0.120	0.083	-0.114	0.128	2.460	150.09	104.45	5 721
	2013~2062年	248.04	3.21	0.595	0	0.308	0.083	-0.328	0.083	2.468	142.40	105.63	4 615
方案3-1	2013~2020年	232.28	3.99	0.734	0.142	0.571	0.083	-0.044	0.128	2.379	122.04	110.24	4 662
	2021~2030年	245.94	3.29	0.626	0.162	0.700	0.083	-0.551	0.022	2.253	140.22	105.72	4 747
	2031~2050年	251.49	2.84	0.534	0.269	0.120	0.083	-0.639	0.044	2.426	147.04	104.45	5 151
	2051~2062年	254.54	3.23	0.548	0.190	0.120	0.083	-0.183	0.120	2.357	150.09	104.45	5 421
	2013~2062年	248.04	3.21	0.588	0.208	0.308	0.083	-0.416	0.071	2.367	142.40	105.63	4 662
方案4-1	2013~2020年	232.28	3.99	0.738	0.143	0.571	0.083	-0.061	0.125	2.394	122.04	110.24	4 646
	2021~2030年	245.94	3.29	0.636	0.163	0.700	0.083	-0.618	0.024	2.306	140.22	105.72	4 733
	2031~2050年	251.49	2.84	0.541	0.272	0.120	0.083	-0.699	0.042	2.478	147.04	104.45	5 180
	2051~2062年	254.54	3.23	0.557	0.190	0.120	0.083	-0.246	0.106	2.424	150.09	104.45	5 732
	2013~2062年	248.04	3.21	0.595	0.210	0.308	0.083	-0.472	0.067	2.417	142.40	105.63	4 646

10.2.1.1　方案 1-1

方案 1-1 是现状河道条件下以河道输沙为重点的配置模式,2013~2062 年黄河下游各河段不同配置方式的年均水沙量见表 10-3,不同时期方案 1-1 黄河下游各种配置方式的年均沙量对比见图 10-4。2013~2062 年黄河下游年平均引水引沙量为 0.588 亿 t,滩区放淤沙量为 0,挖沙固堤沙量为 0.308 亿 t,淤筑村台沙量为 0.083 亿 t,河槽冲淤沙量为 −0.274 亿 t,洪水淤滩沙量为 0.086 亿 t,河道输沙入海沙量为 2.419 亿 t,河道输沙入海沙量占来沙量的 75%。

表 10-3　2013~2062 年方案 1-1 黄河下游各河段不同配置方式的年均水沙量

配置河段	引水引沙（亿 t）	滩区放淤（亿 t）	挖沙固堤（亿 t）	村台淤筑（亿 t）	河槽冲淤（亿 t）	洪水淤滩（亿 t）	河道输沙（亿 t）	输水量（亿 m³）	引水量（亿 m³）	最小平滩流量（m³/s）
小花河段	0.046	0	0.010	0.001	−0.081	0.015	3.218	243.34	4.69	6 588
花高河段	0.114	0	0.021	0.049	−0.096	0.008	3.123	231.49	11.85	6 943
高艾河段	0.119	0	0.052	0.023	−0.053	0	2.982	204.69	26.80	4 791
艾利河段	0.275	0	0.220	0.010	−0.066	0.003	2.539	149.15	55.55	4 632
黄河口区	0.033	0	0.005	0	0.022	0.060	2.419	142.40	6.74	4 632
下游合计	0.588	0	0.308	0.083	−0.274	0.086	2.419	142.40	105.63	4 632
沙量百分比（%）	18	0	10	3	−9	3	75			

注:表中艾利河段指艾山至利津河段,下同。

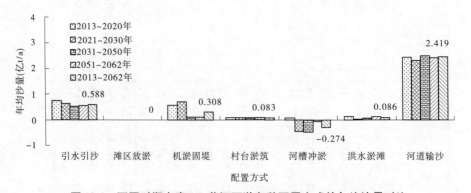

图 10-4　不同时期方案 1-1 黄河下游各种配置方式的年均沙量对比

方案 1-1 黄河下游各河段的平滩流量变化见图 10-5,由于水沙系列 1 的来沙少,黄河下游主河槽总体冲刷,各河段平滩流量有所增大,黄河下游的平滩流量由 2013 年的 4 814 m³/s 增大到 2062 年的 5 536 m³/s,下游河道最小平滩流量为 4 632 m³/s,小花河段和花高河段的平滩流量大于高艾河段和艾利河段。

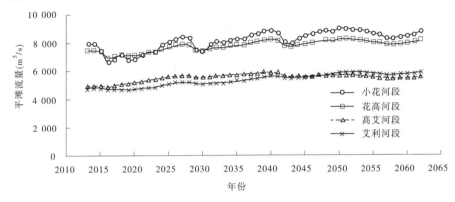

图 10-5　方案 1-1 黄河下游各河段的平滩流量变化

10.2.1.2　方案 2-1

方案 2-1 是修建防护堤条件下以河道输沙为重点的配置模式,2013~2062 年黄河下游各河段不同配置方式的年均水沙量见表 10-4,不同时期方案 2-1 黄河下游各种配置方式的年均沙量对比见图 10-6。2013~2062 年黄河下游年平均引水引沙量为 0.595 亿 t,滩区放淤沙量为 0,挖沙固堤沙量为 0.308 亿 t,淤筑村台沙量为 0.083 亿 t,河槽冲淤沙量为 -0.328 亿 t,洪水淤滩沙量为 0.083 亿 t,河道输沙入海沙量为 2.468 亿 t,河道输沙入海沙量占来沙量的 77%。

表 10-4　2013~2062 年方案 2-1 黄河下游各河段不同配置方式的年均水沙量

配置河段	引水引沙(亿 t)	滩区放淤(亿 t)	挖沙固堤(亿 t)	村台淤筑(亿 t)	河槽冲淤(亿 t)	洪水淤滩(亿 t)	河道输沙(亿 t)	输水量(亿 m³)	引水量(亿 m³)	最小平滩流量(m³/s)
小花河段	0.046	0	0.010	0.001	-0.091	0.015	3.227	243.34	4.69	6 534
花高河段	0.114	0	0.021	0.049	-0.119	0.005	3.157	231.49	11.85	6 941
高艾河段	0.121	0	0.052	0.023	-0.070	-0.001	3.032	204.69	26.80	4 903
艾利河段	0.280	0	0.220	0.010	-0.070	0.004	2.589	149.15	55.55	4 615
黄河口区	0.034	0	0.005	0	0.022	0.060	2.468	142.40	6.74	4 615
下游合计	0.595	0	0.308	0.083	-0.328	0.083	2.468	142.40	105.63	4 615
沙量百分比(%)	19	0	10	3	-10	3	77			

方案 2-1 黄河下游各河段的平滩流量变化见图 10-7,由于水沙系列 1 的来

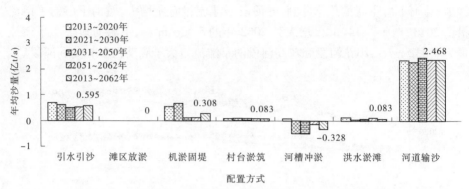

图 10-6　不同时期方案 2-1 黄河下游各种配置方式的年均沙量对比

沙少,黄河下游主河槽总体冲刷,建防护堤条件下各河段平滩流量进一步增大,黄河下游的平滩流量由 2013 年的 4 816 m³/s 增大到 2062 年的 5 990 m³/s,下游河道最小平滩流量为 4 615 m³/s,小花河段和花高河段的平滩流量大于高艾河段和艾利河段。

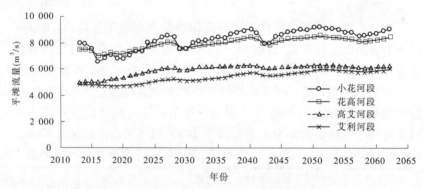

图 10-7　方案 2-1 黄河下游各河段的平滩流量变化

10.2.1.3　方案 3-1

方案 3-1 是现状河道条件下进行滩区放淤治理的配置模式,2013~2062 年黄河下游各河段不同配置方式的年均水沙量见表 10-5,不同时期方案 3-1 黄河下游各种配置方式的年均沙量对比见图 10-8。2013~2062 年黄河下游年平均引水引沙量为 0.588 亿 t,滩区放淤沙量为 0.208 亿 t,挖沙固堤沙量为 0.308 亿 t,村台淤筑沙量为 0.083 亿 t,河槽冲淤沙量为 -0.416 亿 t,洪水淤滩沙量为 0.071 亿 t,河道输沙入海沙量为 2.367 亿 t,河道输沙入海沙量占来沙量的 74%。

表 10-5　2013～2062 年方案 3-1 黄河下游各河段不同配置方式的年均水沙量

配置河段	引水 引沙 （亿 t）	滩区 放淤 （亿 t）	挖沙 固堤 （亿 t）	村台 淤筑 （亿 t）	河槽 冲淤 （亿 t）	洪水 淤滩 （亿 t）	河道 输沙 （亿 t）	输水量 （亿 m³）	引水量 （亿 m³）	最小平 滩流量 （m³/s）
小花河段	0.046	0.014	0.010	0.001	−0.091	0.015	3.213	243.34	4.69	6 619
花高河段	0.114	0.072	0.021	0.049	−0.146	0.008	3.097	231.49	11.85	7 020
高艾河段	0.119	0.079	0.052	0.023	−0.109	0	2.933	204.69	26.80	4 899
艾利河段	0.275	0.030	0.220	0.010	−0.087	0.003	2.481	149.15	55.55	4 662
黄河口区	0.033	0.013	0.005	0	0.017	0.045	2.367	142.40	6.74	4 662
下游合计	0.588	0.208	0.308	0.083	−0.416	0.071	2.367	142.40	105.63	4 662
沙量百分比 （%）	18	6	10	3	−13	2	74			

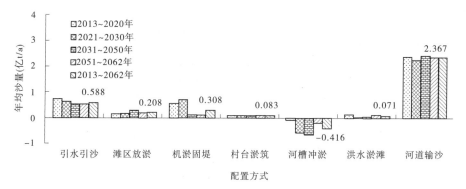

图 10-8　不同时期方案 3-1 黄河下游各种配置方式的年均沙量对比

　　方案 3-1 黄河下游各河段的平滩流量变化见图 10-9，由于水沙系列 1 的来沙少，黄河下游主河槽总体冲刷，进行滩区放淤治理，主河槽淤积减少，各河段平滩流量有所增大，但平滩流量小于有防护堤的方案 2-1，黄河下游的平滩流量由 2013 年的 4 835 m³/s 增大到 2062 年的 5 541 m³/s，下游河道最小平滩流量为 4 662 m³/s，小花河段和花高河段的平滩流量大于高艾河段和艾利河段。

10.2.1.4　方案 4-1

　　方案 4-1 是修建防护堤条件下进行滩区放淤治理的配置模式，2013～2062 年黄河下游各河段不同配置方式的年均水沙量见表 10-6，不同时期方案 4-1 黄河下游各种配置方式的年均沙量对比见图 10-10。2013～2062 年黄河下游年平

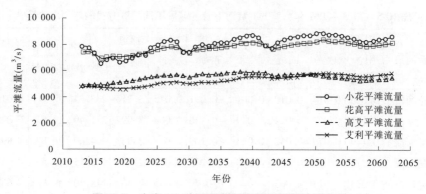

图 10-9　方案 3-1 黄河下游各河段的平滩流量变化

均引水引沙量为 0.595 亿 t,滩区放淤沙量为 0.210 亿 t,挖沙固堤沙量为 0.308 亿 t,淤筑村台沙量为 0.083 亿 t,河槽冲淤沙量为 - 0.472 亿 t,洪水淤滩沙量为 0.067 亿 t,河道输沙入海沙量为 2.417 亿 t,河道输沙入海沙量占来沙量的 75% 。

表 10-6　2013 ~ 2062 年方案 4-1 黄河下游各河段不同配置方式的年均水沙量

配置河段	引水引沙（亿 t）	滩区放淤（亿 t）	挖沙固堤（亿 t）	村台淤筑（亿 t）	河槽冲淤（亿 t）	洪水淤滩（亿 t）	河道输沙（亿 t）	输水量（亿 m³）	引水量（亿 m³）	最小平滩流量（m³/s）
小花河段	0.046	0.014	0.010	0.001	- 0.101	0.015	3.223	243.34	4.69	6 565
花高河段	0.114	0.072	0.021	0.049	- 0.169	0.005	3.131	231.49	11.85	7 017
高艾河段	0.121	0.080	0.052	0.023	- 0.126	- 0.001	2.982	204.69	26.80	4 954
艾利河段	0.280	0.031	0.220	0.010	- 0.092	0.004	2.530	149.15	55.55	4 646
黄河口区	0.034	0.013	0.005	0	0.016	0.044	2.417	142.40	6.74	4 646
下游合计	0.595	0.210	0.308	0.083	- 0.472	0.067	2.417	142.40	105.63	4 646
沙量百分比（%）	19	7	10	3	- 15	2	75			

方案 4-1 黄河下游各河段的平滩流量变化见图 10-11,由于水沙系列 1 的来沙少,黄河下游主河槽总体冲刷,修建防护堤条件下进行滩区放淤治理,各河段平滩流量进一步增大,黄河下游的平滩流量由 2013 年的 4 837 m³/s 增大到 2062 年的 5 997 m³/s,下游河道最小平滩流量为 4 646 m³/s,小花河段和花高河

段的平滩流量大于高艾河段和艾利河段。

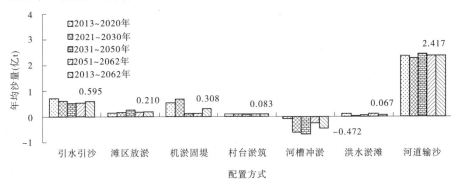

图 10-10　不同时期方案 4-1 黄河下游各种配置方式的年均沙量对比

图 10-11　方案 4-1 黄河下游各河段的平滩流量变化

10.2.2　平水沙系列泥沙配置方案

水沙系列 2 为平水沙系列,2013 ~ 2062 年黄河下游的年平均来水量为 262.84 亿 m³,年平均来沙量为 6.06 亿 t,该系列不同时期各泥沙均衡配置方案 计算结果见表 10-7。

10.2.2.1　方案 1-2

方案 1-2 是现状河道条件下以河道输沙为重点的配置模式,2013 ~ 2062 年 黄河下游各河段不同配置方式的年均水沙量见表 10-8,不同时期方案 1-2 黄河 下游各种配置方式的年均沙量对比见图 10-12。2013 ~ 2062 年黄河下游年平均

表 10-7 水沙系列 2 不同时期各泥沙均衡配置方案计算结果统计

配置方案	配置时期	来水量 (亿 m³)	来沙量 (亿 t)	引水引沙 (亿 t)	滩区放淤 (亿 t)	挖沙固堤 (亿 t)	村台淤筑 (亿 t)	河槽冲淤 (亿 t)	洪水淤滩 (亿 t)	河道输沙 (亿 t)	输水量 (亿 m³)	引水量 (亿 m³)	最小平滩流量 (m³/s)
方案 1-2	2013~2020 年	275.98	6.49	0.903	0	0.571	0.083	0.509	0.394	4.033	165.74	110.24	4 287
	2021~2030 年	280.73	7.77	0.965	0	0.700	0.083	1.144	0.620	4.256	175.01	105.72	3 782
	2031~2050 年	270.49	5.51	0.794	0	0.120	0.083	0.142	0.277	4.098	166.04	104.45	3 463
	2051~2062 年	226.42	5.26	0.858	0	0.120	0.083	0.474	0.353	3.371	121.97	104.45	3 190
	2013~2062 年	262.84	6.06	0.861	0	0.308	0.083	0.481	0.383	3.945	157.21	105.63	3 190
方案 2-2	2013~2020 年	275.98	6.49	0.912	0	0.571	0.083	0.488	0.358	4.080	165.74	110.24	4 351
	2021~2030 年	280.73	7.77	0.974	0	0.700	0.083	1.153	0.558	4.300	175.01	105.72	3 985
	2031~2050 年	270.49	5.51	0.803	0	0.120	0.083	0.104	0.258	4.147	166.04	104.45	3 685
	2051~2062 年	226.42	5.26	0.867	0	0.120	0.083	0.435	0.321	3.433	121.97	104.45	3 492
	2013~2062 年	262.84	6.06	0.870	0	0.308	0.083	0.455	0.349	3.996	157.21	105.63	3 492
方案 3-2	2013~2020 年	275.98	6.49	0.903	0.226	0.571	0.083	0.369	0.394	3.947	165.74	110.24	4 459
	2021~2030 年	280.73	7.77	0.965	0.311	0.700	0.083	0.941	0.612	4.156	175.01	105.72	3 994
	2031~2050 年	270.49	5.51	0.794	0.465	0.120	0.083	-0.166	0.290	3.928	166.04	104.45	3 669
	2051~2062 年	226.42	5.26	0.858	0.289	0.120	0.083	0.290	0.366	3.254	121.97	104.45	3 209
	2013~2062 年	262.84	6.06	0.861	0.354	0.308	0.083	0.250	0.389	3.815	157.21	105.63	3 209
方案 4-2	2013~2020 年	275.98	6.49	0.912	0.227	0.571	0.083	0.347	0.358	3.994	165.74	110.24	4 536
	2021~2030 年	280.73	7.77	0.974	0.313	0.700	0.083	0.949	0.550	4.199	175.01	105.72	4 131
	2031~2050 年	270.49	5.51	0.803	0.468	0.120	0.083	-0.207	0.266	3.982	166.04	104.45	3 862
	2051~2062 年	226.42	5.26	0.867	0.290	0.120	0.083	0.248	0.329	3.322	121.97	104.45	3 511
	2013~2062 年	262.84	6.06	0.870	0.356	0.308	0.083	0.222	0.353	3.869	157.21	105.63	3 511

引水引沙量为 0.861 亿 t,滩区放淤沙量为 0,挖沙固堤沙量为 0.308 亿 t,淤筑村台沙量为 0.083 亿 t,河槽冲淤沙量为 0.481 亿 t,洪水淤滩沙量为 0.383 亿 t,河道输沙入海沙量为 3.945 亿 t,河道输沙入海沙量占来沙量的 65%。

表 10-8　2013~2062 年方案 1-2 黄河下游各河段不同配置方式的年均水沙量

配置河段	引水引沙(亿 t)	滩区放淤(亿 t)	挖沙固堤(亿 t)	村台淤筑(亿 t)	河槽冲淤(亿 t)	洪水淤滩(亿 t)	河道输沙(亿 t)	输水量(亿 m³)	引水量(亿 m³)	最小平滩流量(m³/s)
小花河段	0.075	0	0.010	0.001	0.126	0.124	5.724	258.14	4.69	4 296
花高河段	0.177	0	0.021	0.049	0.164	0.136	5.178	246.30	11.85	4 551
高艾河段	0.175	0	0.052	0.023	0.078	0.047	4.802	219.49	26.80	3 190
艾利河段	0.387	0	0.220	0.010	0.096	0.030	4.059	163.95	55.55	3 383
黄河口区	0.047	0	0.005	0	0.017	0.045	3.945	157.21	6.74	3 383
下游合计	0.861	0	0.308	0.083	0.481	0.383	3.945	157.21	105.63	3 190
沙量百分比(%)	14	0	5	1	8	6	65			

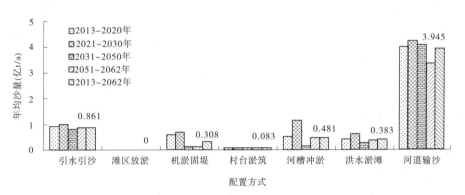

图 10-12　不同时期方案 1-2 黄河下游各种配置方式的年均沙量对比

方案 1-2 黄河下游各河段的平滩流量变化见图 10-13,由于水沙系列 2 的来沙较多,黄河下游主河槽总体淤积萎缩,各河段平滩流量基本都是减小,黄河下游的平滩流量由 2013 年的 4 666 m³/s 减小到 2062 年的 3 300 m³/s,下游河道最小平滩流量为 3 190 m³/s,小花河段和花高河段的平滩流量大于高艾河段和艾利河段。

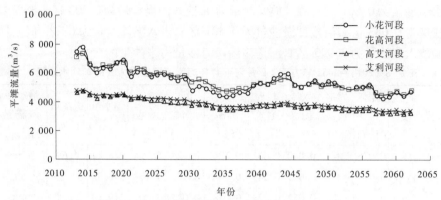

图 10-13　方案 1-2 黄河下游各河段的平滩流量变化

10.2.2.2　方案 2-2

方案 2-2 是修建防护堤条件下以河道输沙为重点的配置模式,2013～2062 年黄河下游各河段不同配置方式的年均水沙量见表 10-9,不同时期方案 2-2 黄河下游各种配置方式的年均沙量对比见图 10-14。2013～2062 年黄河下游年平均引水引沙量为 0.870 亿 t,滩区放淤沙量为 0,挖沙固堤沙量为 0.308 亿 t,村台淤筑沙量为 0.083 亿 t,河槽冲淤沙量为 0.455 亿 t,洪水淤滩沙量为 0.349 亿 t,河道输沙入海沙量为 3.996 亿 t,河道输沙入海沙量占来沙量的 66%。

方案 2-2 黄河下游各河段的平滩流量变化见图 10-15,由于水沙系列 2 的来沙较多,黄河下游主河槽总体淤积萎缩,修建防护堤条件下各河段平滩流量虽然也减小,但平滩流量大于无防护堤条件方案 1-2,黄河下游的平滩流量由 2013 年的 4 713 m³/s 减小到 2062 年的 3 610 m³/s,下游河道最小平滩流量为 3 492 m³/s,小花河段和花高河段的平滩流量大于高艾河段和艾利河段。

10.2.2.3　方案 3-2

方案 3-2 是现状河道条件下进行滩区放淤治理的配置模式,2013～2062 年黄河下游各河段不同配置方式的年均水沙量见表 10-10,不同时期方案 3-2 黄河下游各种配置方式的年均沙量对比见图 10-16。2013～2062 年黄河下游年平均引水引沙量为 0.861 亿 t,滩区放淤沙量为 0.354 亿 t,挖沙固堤沙量为 0.308 亿 t,淤筑村台沙量为 0.083 亿 t,河槽冲淤沙量为 0.250 亿 t,洪水淤滩沙量为 0.389 亿 t,河道输沙入海沙量为 3.815 亿 t,河道输沙入海沙量占来沙量的 63%。

表 10-9 2013~2062 年方案 2-2 黄河下游各河段不同配置方式的年均水沙量

配置河段	引水引沙（亿 t）	滩区放淤（亿 t）	挖沙固堤（亿 t）	村台淤筑（亿 t）	河槽冲淤（亿 t）	洪水淤滩（亿 t）	河道输沙（亿 t）	输水量（亿 m³）	引水量（亿 m³）	最小平滩流量（m³/s）
小花河段	0.075	0	0.010	0.001	0.122	0.114	5.738	258.14	4.69	4 527
花高河段	0.177	0	0.021	0.049	0.152	0.123	5.215	246.30	11.85	4 884
高艾河段	0.177	0	0.052	0.023	0.066	0.037	4.859	219.49	26.80	3 492
艾利河段	0.392	0	0.220	0.010	0.097	0.030	4.110	163.95	55.55	3 529
黄河口区	0.048	0	0.005	0	0.017	0.045	3.996	157.21	6.74	3 529
下游合计	0.870	0	0.308	0.083	0.455	0.349	3.996	157.21	105.63	3 492
沙量百分比（%）	14	0	5	1	8	6	66			

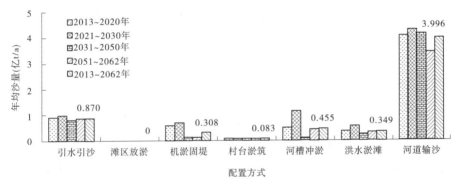

图 10-14 不同时期方案 2-2 黄河下游各种配置方式的年均沙量对比

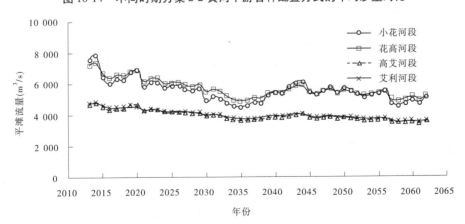

图 10-15 方案 2-2 黄河下游各河段的平滩流量变化

表 10-10　2013～2062 年方案 3-2 黄河下游各河段不同配置方式的年均水沙量

配置河段	引水引沙（亿 t）	滩区放淤（亿 t）	挖沙固堤（亿 t）	村台淤筑（亿 t）	河槽冲淤（亿 t）	洪水淤滩（亿 t）	河道输沙（亿 t）	输水量（亿 m³）	引水量（亿 m³）	最小平滩流量（m³/s）
小花河段	0.075	0.026	0.010	0.001	0.108	0.124	5.716	258.14	4.69	4 349
花高河段	0.177	0.122	0.021	0.049	0.079	0.136	5.133	246.30	11.85	4 872
高艾河段	0.175	0.135	0.052	0.023	−0.016	0.047	4.718	219.49	26.80	3 209
艾利河段	0.387	0.050	0.220	0.010	0.061	0.030	3.959	163.95	55.55	3 406
黄河口区	0.047	0.021	0.005	0	0.019	0.052	3.815	157.21	6.74	3 406
下游合计	0.861	0.354	0.308	0.083	0.250	0.389	3.815	157.21	105.63	3 209
沙量百分比（%）	14	6	5	1	4	6	63			

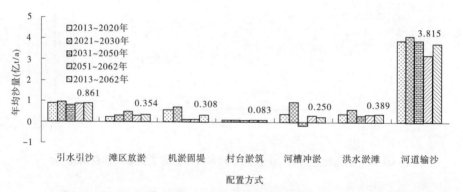

图 10-16　不同时期方案 3-2 黄河下游各种配置方式的年均沙量对比

　　方案 3-2 黄河下游各河段的平滩流量变化见图 10-17,由于水沙系列 2 的来沙较多,黄河下游主河槽总体淤积,进行滩区放淤治理,主河槽淤积减少,各河段平滩流量仍然减小,而且平滩流量小于有防护堤的方案 2-2,黄河下游的平滩流量由 2013 年的 4 792 m³/s 减小到 2062 年的 3 310 m³/s,下游河道最小平滩流量为 3 209 m³/s,小花河段和花高河段的平滩流量大于高艾河段和艾利河段。

10.2.2.4　方案 4-2

　　方案 4-2 是建防护堤条件下进行滩区放淤治理的配置模式,2013～2062 年黄河下游各河段不同配置方式的年均水沙量见表 10-11,不同时期方案 4-2 黄河下游各种配置方式的年均沙量对比见图 10-18。2013～2062 年黄河下游年平均

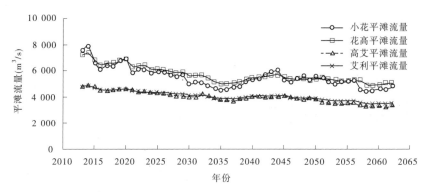

图 10-17　方案 3-2 黄河下游各河段的平滩流量变化

引水引沙量为 0.870 亿 t,滩区放淤沙量为 0.356 亿 t,挖沙固堤沙量为 0.308 亿 t,村台淤筑沙量为 0.083 亿 t,河槽冲淤沙量为 0.222 亿 t,洪水淤滩沙量为 0.353 亿 t,河道输沙入海沙量为 3.869 亿 t,河道输沙入海沙量占来沙量的 64%。

表 10-11　2013～2062 年方案 4-2 黄河下游各河段不同配置方式的年均水沙量

配置河段	引水引沙（亿 t）	滩区放淤（亿 t）	挖沙固堤（亿 t）	村台淤筑（亿 t）	河槽冲淤（亿 t）	洪水淤滩（亿 t）	河道输沙（亿 t）	输水量（亿 m³）	引水量（亿 m³）	最小平滩流量（m³/s）
小花河段	0.075	0.026	0.010	0.001	0.104	0.114	5.730	258.14	4.69	4 573
花高河段	0.177	0.122	0.021	0.049	0.067	0.123	5.171	246.30	11.85	5 084
高艾河段	0.177	0.136	0.052	0.023	−0.029	0.037	4.774	219.49	26.80	3 511
艾利河段	0.392	0.050	0.220	0.010	0.062	0.030	4.010	163.95	55.55	3 552
黄河口区	0.048	0.021	0.005	0	0.018	0.049	3.869	157.21	6.74	3 552
下游合计	0.870	0.356	0.308	0.083	0.222	0.353	3.869	157.21	105.63	3 511
沙量百分比（%）	14	6	5	1	4	6	64			

　　方案 4-2 黄河下游各河段的平滩流量变化见图 10-19,由于水沙系列 2 的来沙较多,黄河下游主河槽总体淤积,各河段平滩流量基本是减小的,修建防护堤条件下进行滩区放淤治理,平滩流量大于无防护堤的方案 3-2,黄河下游的平滩流量由 2013 年的 4 792 m³/s 减小到 2062 年的 3 624 m³/s,下游河道最小平滩流量为 3 511 m³/s,小花河段和花高河段的平滩流量大于高艾河段和艾利河段。

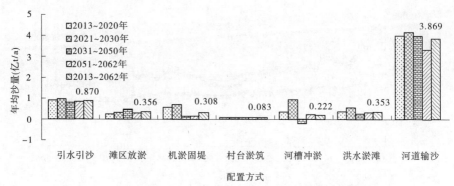

图 10-18　不同时期方案 4-2 黄河下游各种配置方式的年均沙量对比

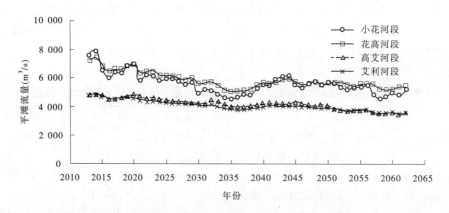

图 10-19　方案 4-2 黄河下游各河段的平滩流量变化

10.2.3　丰水沙系列泥沙配置方案

水沙系列 3 为丰水沙系列,2013～2062 年黄河下游的年平均来水量为 272.78 亿 m³,年平均来沙量为 7.70 亿 t,该系列不同时期各泥沙均衡配置方案计算结果见表 10-12。

10.2.3.1　方案 1-3

方案 1-3 是现状河道条件下以河道输沙为重点的配置模式,2013～2062 年黄河下游各河段不同配置方式的年均水沙量见表 10-13,不同时期方案 1-3 黄河下游各种配置方式的年均沙量对比见图 10-20。2013～2062 年黄河下游年平均引水引沙量为 0.993 亿 t,滩区放淤沙量为 0,挖沙固堤沙量为 0.308 亿 t,村台

表 10-12 水沙系列 3 不同时期各泥沙均衡配置方案计算结果统计

配置方案	配置时期	来水量(亿m³)	来沙量(亿t)	引水引沙(亿t)	滩区放淤(亿t)	挖沙固堤(亿t)	村台淤筑(亿t)	河槽冲淤(亿t)	洪水淤滩(亿t)	河道输沙(亿t)	输水量(亿m³)	引水量(亿m³)	最小平滩流量(m³/s)
方案1-3	2013~2020年	285.56	8.49	1.058	0	0.571	0.083	1.302	0.685	4.790	175.32	110.24	3 971
	2021~2030年	291.51	9.78	1.126	0	0.700	0.083	1.947	0.861	5.062	185.79	105.72	3 125
	2031~2050年	280.90	6.96	0.898	0	0.120	0.083	0.620	0.527	4.712	176.45	104.45	2 613
	2051~2062年	235.10	6.68	0.999	0	0.120	0.083	0.869	0.580	4.030	130.65	104.45	2 158
	2013~2062年	272.78	7.70	0.993	0	0.308	0.083	1.054	0.632	4.631	167.15	105.63	2 158
方案2-3	2013~2020年	285.56	8.49	1.071	0	0.571	0.083	1.276	0.622	4.866	175.32	110.24	4 095
	2021~2030年	291.51	9.78	1.137	0	0.700	0.083	1.962	0.773	5.124	185.79	105.72	3 357
	2031~2050年	280.90	6.96	0.905	0	0.120	0.083	0.599	0.495	4.758	176.45	104.45	2 796
	2051~2062年	235.10	6.68	1.005	0	0.120	0.083	0.873	0.539	4.061	130.65	104.45	2 353
	2013~2062年	272.78	7.70	1.002	0	0.308	0.083	1.046	0.581	4.681	167.15	105.63	2 353
方案3-3	2013~2020年	285.56	8.49	1.058	0.280	0.571	0.083	1.128	0.685	4.685	175.32	110.24	4 183
	2021~2030年	291.51	9.78	1.126	0.379	0.700	0.083	1.699	0.847	4.946	185.79	105.72	3 347
	2031~2050年	280.90	6.96	0.898	0.560	0.120	0.083	0.251	0.546	4.503	176.45	104.45	2 839
	2051~2062年	235.10	6.68	0.999	0.360	0.120	0.083	0.639	0.599	3.880	130.65	104.45	2 183
	2013~2062年	272.78	7.70	1.002	0.431	0.308	0.083	0.774	0.641	4.471	167.15	105.63	2 183
方案4-3	2013~2020年	285.56	8.49	1.071	0.280	0.571	0.083	1.102	0.622	4.760	175.32	110.24	4 347
	2021~2030年	291.51	9.78	1.137	0.379	0.700	0.083	1.714	0.759	5.007	185.79	105.72	3 559
	2031~2050年	280.90	6.96	0.905	0.560	0.120	0.083	0.227	0.510	4.555	176.45	104.45	3 048
	2051~2062年	235.10	6.68	1.005	0.360	0.120	0.083	0.641	0.554	3.918	130.65	104.45	2 378
	2013~2062年	272.78	7.70	1.002	0.431	0.308	0.083	0.764	0.588	4.525	167.15	105.63	2 378

淤筑沙量为 0.083 亿 t,河槽冲淤沙量为 1.054 亿 t,洪水淤滩沙量为 0.632 亿 t,
河道输沙入海沙量为 4.631 亿 t,河道输沙入海沙量占来沙量的 60% 。

表 10-13　2013~2062 年方案 1-3 黄河下游各河段不同配置方式的年均水沙量

配置河段	引水引沙(亿 t)	滩区放淤(亿 t)	挖沙固堤(亿 t)	村台淤筑(亿 t)	河槽冲淤(亿 t)	洪水淤滩(亿 t)	河道输沙(亿 t)	输水量(亿 m³)	引水量(亿 m³)	最小平滩流量(m³/s)
小花河段	0.092	0	0.010	0.001	0.276	0.205	7.116	268.08	4.69	2 874
花高河段	0.209	0	0.021	0.049	0.381	0.230	6.225	256.23	11.85	2 788
高艾河段	0.202	0	0.052	0.023	0.169	0.077	5.702	229.43	26.80	2 158
艾利河段	0.437	0	0.220	0.010	0.201	0.048	4.786	173.89	55.55	2 416
黄河口区	0.053	0	0.005	0	0.026	0.071	4.631	167.15	6.74	2 416
下游合计	0.993	0	0.308	0.083	1.054	0.632	4.631	167.15	105.63	2 158
沙量百分比(%)	13	0	4	1	14	8	60			

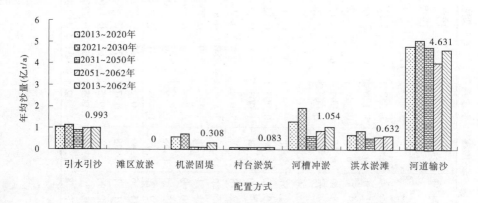

图 10-20　不同时期方案 1-3 黄河下游各种配置方式的年均沙量对比

　　方案 1-3 黄河下游各河段的平滩流量变化见图 10-21,由于水沙系列 3 的来
沙多,黄河下游主河槽淤积萎缩,各河段平滩流量明显减小,黄河下游的平滩流
量由 2013 年的 4 667 m³/s 减小到 2062 年的 2 275 m³/s,下游河道最小平滩流
量为 2 158 m³/s,虽然小花河段和花高河段的平滩流量大于高艾河段和艾利河
段,但宽滩河段的主河槽淤积萎缩更快。

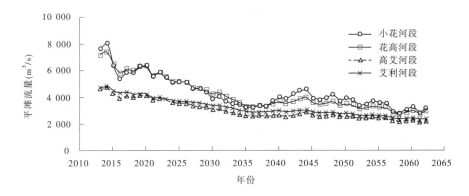

图 10-21　方案 1-3 黄河下游各河段的平滩流量变化

10.2.3.2　方案 2-3

方案 2-3 是修建防护堤条件下以河道输沙为重点的配置模式,2013~2062 年黄河下游各河段不同配置方式的年均水沙量见表 10-14,不同时期方案 2-3 黄河下游各种配置方式的年均沙量对比见图 10-22。2013~2062 年黄河下游年平均引水引沙量为 1.002 亿 t,滩区放淤沙量为 0,挖沙固堤沙量为 0.308 亿 t,淤筑村台沙量为 0.083 亿 t,河槽淤积沙量为 1.046 亿 t,洪水淤滩沙量为 0.581 亿 t,河道输沙入海沙量为 4.681 亿 t,河道输沙入海沙量占来沙量的 61%。

表 10-14　2013~2062 年方案 2-3 黄河下游各河段不同配置方式的年均水沙量

配置河段	引水引沙(亿 t)	滩区放淤(亿 t)	挖沙固堤(亿 t)	村台淤筑(亿 t)	河槽冲淤(亿 t)	洪水淤滩(亿 t)	河道输沙(亿 t)	输水量(亿 m³)	引水量(亿 m³)	最小平滩流量(m³/s)
小花河段	0.092	0	0.010	0.001	0.275	0.188	7.135	268.08	4.69	3 267
花高河段	0.210	0	0.021	0.049	0.378	0.210	6.266	256.23	11.85	3 253
高艾河段	0.204	0	0.052	0.023	0.161	0.066	5.760	229.43	26.80	2 353
艾利河段	0.442	0	0.220	0.010	0.206	0.046	4.837	173.89	55.55	2 583
黄河口区	0.054	0	0.005	0	0.026	0.071	4.681	167.15	6.74	2 583
下游合计	1.002	0	0.308	0.083	1.046	0.581	4.681	167.15	105.63	2 353
沙量百分比(%)	13	0	4	1	14	8	61			

· 256 ·   河流泥沙均衡理论及其应用

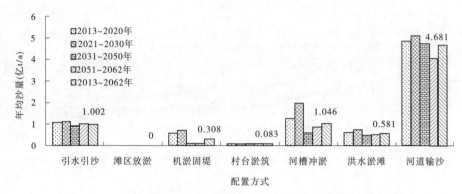

图 10-22   不同时期方案 2-3 黄河下游各种配置方式的年均沙量对比

方案 2-3 黄河下游各河段的平滩流量变化见图 10-23,由于水沙系列 3 的来沙多,黄河下游主河槽淤积萎缩,修建防护堤条件下各河段平滩流量仍然减小,但平滩流量大于无防护堤条件方案 1-3,黄河下游的平滩流量由 2013 年的 4 732 m³/s 减小到 2062 年的 2 473 m³/s,下游河道最小平滩流量为 2 353 m³/s,小花河段和花高河段的平滩流量大于高艾河段和艾利河段,由于来沙多,防护堤也不能改变宽滩河段的主河槽淤积萎缩更快的状况。

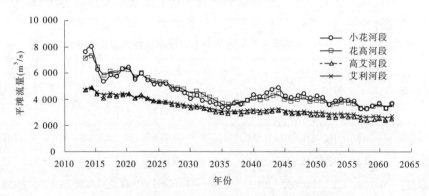

图 10-23   方案 2-3 黄河下游各河段的平滩流量变化

10.2.3.3   方案 3-3

方案 3-3 是现状河道条件下进行滩区放淤治理的配置模式,2013 ~ 2062 年黄河下游各河段不同配置方式的年均水沙量见表 10-15,不同时期方案 3-3 黄河下游各种配置方式的年均沙量对比见图 10-24。2013 ~ 2062 年黄河下游年均引水引沙量为 0.993 亿 t,滩区放淤沙量为 0.431 亿 t,挖沙固堤沙量为 0.308 亿 t,

村台淤筑沙量为 0.083 亿 t,河槽淤积沙量为 0.774 亿 t,洪水淤滩沙量为 0.641 亿 t,河道输沙入海沙量为 4.471 亿 t,河道输沙入海沙量占来沙量的 58% 。

表 10-15　2013~2062 年方案 3-3 黄河下游各河段不同配置方式的年均水沙量

配置河段	引水引沙（亿 t）	滩区放淤（亿 t）	挖沙固堤（亿 t）	村台淤筑（亿 t）	河槽冲淤（亿 t）	洪水淤滩（亿 t）	河道输沙（亿 t）	输水量（亿 m³）	引水量（亿 m³）	最小平滩流量（m³/s）
小花河段	0.092	0.033	0.010	0.001	0.253	0.205	7.106	268.08	4.69	2 934
花高河段	0.209	0.151	0.021	0.049	0.275	0.230	6.170	256.23	11.85	3 169
高艾河段	0.202	0.162	0.052	0.023	0.056	0.077	5.598	229.43	26.80	2 183
艾利河段	0.437	0.059	0.220	0.010	0.160	0.048	4.664	173.89	55.55	2 446
黄河口区	0.053	0.025	0.005	0	0.030	0.080	4.471	167.15	6.74	2 446
下游合计	0.993	0.431	0.308	0.083	0.774	0.641	4.471	167.15	105.63	2 183
沙量百分比（%）	13	6	4	1	10	8	58			

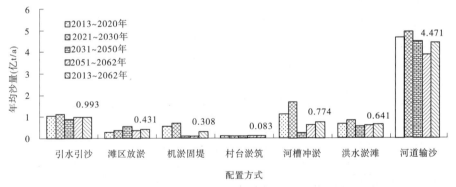

图 10-24　不同时期方案 3-3 黄河下游各种配置方式的年均沙量对比

方案 3-3 黄河下游各河段的平滩流量变化见图 10-25,由于水沙系列 3 的来沙多,黄河下游主河槽淤积,各河段平滩流量仍然减小,进行滩区放淤治理,可以改善"二级悬河"状况,主河槽淤积减少,但平滩流量小于有防护堤的方案 2-3,黄河下游的平滩流量由 2013 年的 4 796 m³/s 减小到 2062 年的 2 286 m³/s,下游河道最小平滩流量为 2 183 m³/s,出现在高艾河段,小花河段和花高河段的平滩流量大于高艾河段和艾利河段,宽滩河段的主河槽淤积萎缩更快。

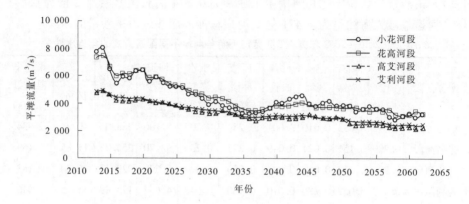

图 10-25 方案 3-3 黄河下游各河段的平滩流量变化

10.2.3.4 方案 4-3

方案 4-3 是建防护堤条件下进行滩区放淤治理的配置模式,2013～2062 年黄河下游各河段不同配置方式的年均水沙量见表 10-16,不同时期方案 4-3 黄河下游各种配置方式的年均沙量对比见图 10-26。2013～2062 年黄河下游年平均引水引沙量为 1.002 亿 t,滩区放淤沙量为 0.431 亿 t,挖沙固堤沙量为 0.308 亿 t,村台淤筑沙量为 0.083 亿 t,河槽冲淤沙量为 0.764 亿 t,洪水淤滩沙量为 0.588 亿 t,河道输沙入海沙量为 4.525 亿 t,河道输沙入海沙量占来沙量的 59%。

表 10-16 2013～2062 年方案 4-3 黄河下游各河段不同配置方式的年均水沙量

配置河段	引水引沙（亿 t）	滩区放淤（亿 t）	挖沙固堤（亿 t）	村台淤筑（亿 t）	河槽冲淤（亿 t）	洪水淤滩（亿 t）	河道输沙（亿 t）	输水量（亿 m³）	引水量（亿 m³）	最小平滩流量（m³/s）
小花河段	0.092	0.033	0.010	0.001	0.252	0.188	7.125	268.08	4.69	3 327
花高河段	0.210	0.151	0.021	0.049	0.272	0.210	6.211	256.23	11.85	3 664
高艾河段	0.204	0.162	0.052	0.023	0.047	0.066	5.656	229.43	26.80	2 378
艾利河段	0.442	0.059	0.220	0.010	0.164	0.046	4.715	173.89	55.55	2 613
黄河口区	0.054	0.025	0.005	0	0.028	0.078	4.525	167.15	6.74	2 613
下游合计	1.002	0.431	0.308	0.083	0.764	0.588	4.525	167.15	105.63	2 378
沙量百分比（%）	13	6	4	1	10	8	59			

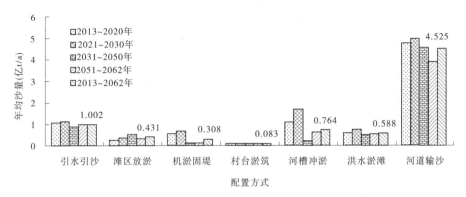

图 10-26 不同时期方案 4-3 黄河下游各种配置方式的年均沙量对比

方案 4-3 黄河下游各河段的平滩流量变化见图 10-27,由于水沙系列 3 来沙多,黄河下游主河槽淤积,各河段平滩流量基本是减小的,有防护堤的平滩流量大于无防护堤的方案 3-3,黄河下游的平滩流量由 2013 年的 4 812 m³/s 减小到 2062 年的 2 484 m³/s,下游河道最小平滩流量为 2 378 m³/s,出现在高艾河段,小花河段和花高河段的平滩流量大于高艾河段和艾利河段,宽滩河段的主河槽淤积萎缩更快。

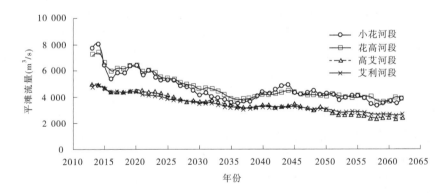

图 10-27 方案 4-3 黄河下游各河段的平滩流量变化

10.2.4 配置方案计算成果综合分析

针对 4 个基本配置方案和少、平、丰 3 个水沙系列,计算了 12 个黄河下游泥沙配置方案,2013 ~ 2062 年各方案计算结果对比见表 10-17。

表 10-17 2013～2062 年各方案计算结果对比

配置方案	来水量 (亿 m³)	来沙量 (亿 t)	引水引沙 (亿 t)	滩区放淤 (亿 t)	挖沙固堤 (亿 t)	村台淤筑 (亿 t)	河槽冲淤 (亿 t)	洪水淤滩 (亿 t)	河道输沙 (亿 t)	2013 年平滩流量 (m³/s)	2062 年平滩流量 (m³/s)
方案 1-1	248.04	3.21	0.588	0	0.308	0.083	-0.274	0.086	2.419	4 814	5 536
方案 2-1	248.04	3.21	0.595	0	0.308	0.083	-0.328	0.083	2.468	4 816	5 990
方案 3-1	248.04	3.21	0.588	0.208	0.308	0.083	-0.416	0.071	2.367	4 835	5 541
方案 4-1	248.04	3.21	0.595	0.210	0.308	0.083	-0.472	0.067	2.417	4 837	5 997
方案 1-2	262.84	6.06	0.861	0	0.308	0.083	0.481	0.383	3.945	4 666	3 300
方案 2-2	262.84	6.06	0.870	0	0.308	0.083	0.455	0.349	3.996	4 713	3 610
方案 3-2	262.84	6.06	0.861	0.354	0.308	0.083	0.250	0.389	3.815	4 792	3 310
方案 4-2	262.84	6.06	0.870	0.356	0.308	0.083	0.222	0.353	3.869	4 792	3 624
方案 1-3	272.78	7.70	0.993	0	0.308	0.083	1.054	0.632	4.631	4 667	2 275
方案 2-3	272.78	7.70	1.002	0	0.308	0.083	1.046	0.581	4.681	4 732	2 473
方案 3-3	272.78	7.70	0.993	0.431	0.308	0.083	0.774	0.641	4.471	4 796	2 286
方案 4-3	272.78	7.70	1.002	0.431	0.308	0.083	0.764	0.588	4.525	4 812	2 484

(1)来水来沙条件对黄河下游泥沙分布状况的影响较大。水沙系列 1 的黄河下游年平均来沙量比水沙系列 3 少 4.49 亿 t,水沙系列 1 的河槽年平均冲刷 0.472 亿～0.274 亿 t,2062 年的下游平滩流量可增大到 5 536～5 997 m³/s,水沙系列 3 的河槽年平均淤积 0.764 亿～1.054 亿 t,2062 年的下游平滩流量减小到 2 275～2 484 m³/s,对三个水沙系列的泥沙配置状况进行比较,少水沙系列 1 较好,丰水沙系列 3 较差。

(2)修建防护堤对增大黄河下游平滩流量有一定作用。修建防护堤的配置方案(基本配置方案 2 和 4)与无防护堤的配置方案(基本配置方案 1 和 3)比较,对于相同的水沙系列,2062 年的下游平滩流量增大 200～500 m³/s。

(3)滩区放淤治理可以改善黄河下游泥沙分布的状况。滩区放淤治理的配置方案(基本配置方案 3 和 4)与无滩区放淤治理的配置方案(基本配置方案 1 和 2)比较,滩区放淤使滩区淤沙量年平均增多 0.21 亿～0.43 亿 t,2062 年的下游平滩流量略有增大。

(4)基本配置方案 1～4 的黄河下游泥沙分布状况具有不断改善的趋势。4 个基本配置方案比较,基本方案 4 的滩区淤沙量比基本方案 1 年平均增加

0.2 亿 ~0.4 亿 t/a,主河槽年平均多冲刷或少淤积 0.2 亿 ~0.3 亿 t/a,2062 年的下游平滩流量增大 200 ~500 m³/s。

综上所述,黄河下游泥沙均衡配置方案计算结果表明,基本方案 1 ~4 的黄河下游泥沙分布状况具有不断改善的趋势,表现在下游主河槽淤积量减少,滩区淤沙量增多,下游平滩流量增大,修建防护堤对增大黄河下游平滩流量有一定作用,滩区放淤治理可以改善黄河下游泥沙分布的状况。

10.3　综合评价方法

评价泥沙配置方案不能仅仅依据平滩流量,要进一步分析黄河下游泥沙配置方案的评价指标,结合层次分析法和模糊综合评价法,提出黄河下游泥沙均衡配置方案的综合评价方法。

10.3.1　评价指标选取

黄河下游泥沙配置评价指标根据泥沙配置综合评价的 2 个评价准则和 6 个筛选原则来筛选,2 个评价准则为技术子目标评价准则和经济子目标评价准则,6 个筛选原则为科学性、系统性、层次性、独立性、定量性和可比性。需要说明的是,黄河下游泥沙问题十分复杂,影响因素众多,应抓主要矛盾,选择影响显著的参数作为评价指标,且所选指标不能重复或交叉,具有相对的独立性,黄河下游泥沙配置评价指标不宜过多,评价指标体系太复杂会导致泥沙配置方案评价困难,对于选定的评价指标,要求在定量上或者定性上可直接反映泥沙配置方案,解决黄河下游泥沙分布存在主要问题的程度。

对于黄河下游泥沙均衡配置方案评价问题,可建立如图 10-28 所示的黄河下游泥沙配置方案评价层次分析框架。最高层为黄河下游泥沙均衡配置所要达到的总目标 A,即从宏观层面上提出有利于黄河下游主河槽过流能力的长期维持、能够使入黄泥沙致灾最小且经济可行的泥沙均衡配置方案,为黄河下游治理的工程布局提供决策支持。中间层表示采取各种措施和政策来实现预定目标所涉及的准则 B,最低层为评价解决问题的指标层 P。根据黄河下游泥沙配置方案评价指标的筛选原则,技术子目标评价准则 B_1 筛选了河道平滩流量评价指标 P_Q、"二级悬河"高差评价指标 P_X 和入海排沙比评价指标 P_P 等 3 个评价指标;经济子目标评价准则 B_2 筛选了淤筑村台投入评价指标 P_{YT}、放淤固堤(包括滩区放淤和挖沙固堤)投入评价指标 P_{YFD} 和排沙入海投入(主要包括河道治理和堤防建设的投入)评价指标 P_{YP} 等 3 个评价指标。

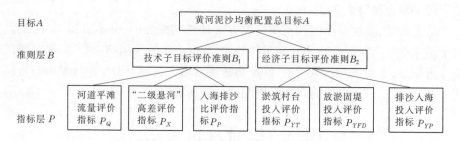

图 10-28　黄河下游泥沙配置方案评价层次分析

10.3.1.1　技术子目标评价准则的评价指标

技术子目标评价准则选取河道平滩流量、"二级悬河"高差和入海排沙比等 3 个评价指标,反映泥沙配置方案解决主河槽淤积、"二级悬河"、河道排洪输沙能力下降等问题。

1. 河道平滩流量评价指标

黄河下游河道主河槽淤积量比例偏大、淤积萎缩、过流能力下降是黄河泥沙分布不合理导致的重要问题之一,河道平滩流量是某一断面或河段的水位与滩唇平齐时所通过的流量,是反映河道主河槽过流能力的重要标志。因此,河道平滩流量指标可以作为长期维持主河槽排洪输沙过流能力及使入黄泥沙致灾最小的黄河下游泥沙均衡配置评价指标。

据研究[1,2],黄河下游今后一段时期维持主河槽过流能力的河道平滩流量约在 4 000 $\mathrm{m^3/s}$。河道平滩流量不仅由当年的水沙量和水沙过程决定,也是一定时期(前几年)的来水来沙量和水沙过程塑造作用的累积结果,理论上造床流量越大,塑造主河槽形成的平滩流量也越大,要使黄河下游平滩流量超过4 000 $\mathrm{m^3/s}$,就需要形成更大的洪峰过程[3]。黄河下游塑造与维持平滩流量约 4 000 $\mathrm{m^3/s}$ 的中水河槽,对于目前黄河下游的水沙河道条件是比较合适的。

黄河泥沙均衡配置方案的河道平滩流量通过河道水沙数学模型根据水沙过程计算确定。河道平滩流量评价指标采用相对平滩流量满足率。相对平滩流量满足率是黄河泥沙均衡配置方案中某一河段单元的实际河道平滩流量与长期维持主河槽过流能力河道平滩流量标准的百分比。河道平滩流量评价指标越大,说明配置方案维持下游中水河槽的效果越好,河道平滩流量评价指标计算公式为

$$P_Q = \frac{Q_i}{Q_p} \times 100\% \tag{10-1}$$

式中:P_Q为河道平滩流量评价指标,即相对平滩流量满足率(%);Q_i为黄河下游泥沙均衡配置方案中某一河段单元的最小平滩流量,m³/s;Q_p为长期维持主河槽过流能力河道平滩流量标准,m³/s,黄河下游长期维持主河槽过流能力的河道平滩流量标准可采用约4 000 m³/s。

2."二级悬河"高差评价指标

黄河滩区淤积量比例偏小,形成"二级悬河",出现"小水大灾"是黄河下游泥沙分布不合理导致的重要问题之一。"二级悬河"高差指标可以作为长期维持主河槽排洪输沙过流能力及使入黄泥沙致灾最小的黄河下游泥沙均衡配置评价指标。

黄河下游的悬河可分为"一级悬河"和"二级悬河","一级悬河"是相对堤外两岸地面而言的,"二级悬河"则是相对于"一级悬河"而言的[4]。一般通过挖沙固堤淤临淤背加宽加固大堤、建设标准化大堤来治理"一级悬河",由于小洪水淤滩通常泥沙淤积在滩唇附近较多,滩区低洼处泥沙淤积通常较少,大洪水淤滩通常泥沙淤积在滩唇附近较少,滩区低洼处泥沙淤积通常较多,可以认为洪水自然淤滩泥沙在滩区是基本均匀分布的,目前由于黄河上中游水库的调控,下游大洪水机遇较少,下游滩区人口众多,一般已不容许洪水自然漫滩淤滩,仅靠洪水自然漫滩淤滩已不能治理"二级悬河","二级悬河"的治理只有通过滩区综合治理,将现有黄河大堤建成标准化堤防,有计划地采取滩区人工放淤措施淤积抬高滩区和堤河,逐渐消除"二级悬河"[5]。

"二级悬河"高差评价指标采用相对"二级悬河"治理率,"二级悬河"治理主要通过计划滩区人工放淤措施淤积抬高滩区和堤河,逐渐消除"二级悬河",相对"二级悬河"治理率可以采用黄河下游泥沙均衡配置方案中某一河段滩区人工放淤沙量与该河段滩区人工放淤能力的百分比。"二级悬河"高差评价指标越大,说明配置方案治理"二级悬河"的效果越好,"二级悬河"高差评价指标计算公式为

$$P_X = \frac{H_{Fi}}{H_{Xi}} \times 100\% = \frac{H_{Fi}A_{Fi}\gamma'_s}{H_{Xi}A_{Fi}\gamma'_s} \times 100\% = \frac{W_{SFi}}{NL_{SFi}} \times 100\% \qquad (10\text{-}2)$$

式中:P_X为"二级悬河"高差评价指标,反映"二级悬河"的治理率(%);H_{Fi}为黄河下游泥沙均衡配置方案中某一河段单元的滩区人工放淤泥沙淤积厚度,m;H_{Xi}为该河段现状"二级悬河"平均高差,m;A_{Fi}为该河段滩区面积,km²;γ'_s为该河段滩区泥沙干容重,t/m³;W_{SFi}为该河段单元的滩区人工放淤沙量,亿t;NL_{SFi}为该河段滩区放淤治理"二级悬河"的泥沙配置能力,亿t。

3.入海排沙比评价指标

入海排沙比评价指标采用黄河下游入海排沙比,黄河下游入海排沙比是黄河口入海沙量与下游来沙量的百分比。入海排沙比评价指标越大,说明配置方案排沙入海的效果越好,入海排沙比评价指标计算公式为

$$P_P = \frac{W_{sh}}{W_s} \times 100\% \tag{10-3}$$

式中:P_P 为入海排沙比评价指标,即相对河口排沙比(%);W_{sh} 为黄河口入海沙量,亿 t;W_s 为黄河下游来沙量,亿 t。

黄河下游河道输沙能力下降、河口入海排沙比偏小、泥沙灾害凸现是黄河下游泥沙分布不合理导致的重要问题之一,黄河口入海的排沙比越大,反映河道排洪输沙入海能力越强,黄河泥沙处理越容易;反之,黄河口入海排沙比越小,反映河道排洪输沙入海能力越小,黄河泥沙处理越困难,入海排沙比既反映了河道排洪输沙能力,也反映了黄河泥沙处理难度。因此,入海排沙比指标可以作为长期维持主河槽排洪输沙过流能力及使入黄泥沙致灾最小的黄河泥沙均衡配置评价指标。

需要说明的是,河道平滩流量和入海排沙比评价指标是反映泥沙配置方案长期维持黄河主河槽排洪输沙过流能力的直接评价指标,河道平面形态、河道断面形态、河道纵比降等河道形态指标是反映黄河主河槽过流能力的间接指标。从评价指标的独立性原则考虑,不需要将河道平面形态、河道断面形态、河道纵比降等河道形态指标作为黄河泥沙配置评价的主要指标。“二级悬河”高差评价指标是泥沙配置方案入黄泥沙致灾最小的直接评价指标,主河槽冲淤量、滩区淤积量、滩面横比降等指标是入黄泥沙致灾最小的间接评价指标。由于河道平滩流量评价指标在一定程度上已反映了主河槽冲淤量,“二级悬河”高差评价指标也在一定程度上反映了滩区淤积量,因此从评价指标的独立性和科学性原则考虑,不需要将主河槽冲淤量、滩区淤积量和滩面横比降等指标作为黄河泥沙均衡配置评价的独立指标。

10.3.1.2　经济子目标评价准则的评价指标

经济子目标评价准则选取淤筑村台投入、放淤固堤(包括滩区放淤和挖沙固堤)投入和排沙入海投入等 3 个评价指标,反映泥沙均衡配置方案中合理的经济投入问题,经济评价指标采用相对经济投入百分比,可避免计算价格上涨变化。

1.淤筑村台投入评价指标

淤筑村台投入评价指标采用相对淤筑村台经济投入,淤筑村台投入评价指

标的计算是先计算配置方案的淤筑村台经济投入比,淤筑村台经济投入比是某一配置方案的淤筑村台经济投入量与该配置方案经济投入总量的比值,再计算淤筑村台沙量比,淤筑村台沙量比是该配置方案淤筑村台沙量与黄河下游来沙量的比值,淤筑村台投入评价指标采用该配置方案的淤筑村台沙量比与淤筑村台经济投入比的比值(百分比)。根据已有研究成果[1],由于淤筑村台要求较高,黄河下游淤筑村台的单位经济投入相对较高,为 14.57~16.70 元/t,淤筑村台投入评价指标越大,说明配置方案的淤筑村台经济投入效果越好,淤筑村台投入评价指标计算公式为

$$B_{YT} = \frac{Y_T}{Y_Z} \times 100\% \tag{10-4}$$

$$P_{YT} = \frac{B_{ST}}{B_{YT}} \times 100\% \tag{10-5}$$

式中:B_{YT} 为某一配置方案的淤筑村台经济投入比;Y_T 为该配置方案的淤筑村台经济投入量,亿元;Y_Z 为该配置方案的经济投入总量,亿元;B_{ST} 为该配置方案的淤筑村台沙量比;P_{YT} 为淤筑村台投入评价指标(%)。

2. 放淤固堤投入评价指标

放淤固堤(包括滩区放淤和挖沙固堤)投入评价指标采用相对放淤固堤经济投入,放淤固堤投入评价指标的计算是先计算配置方案的放淤固堤经济投入比。放淤固堤经济投入比是某一配置方案的滩区放淤和挖沙固堤经济投入量与该配置方案经济投入总量的比值,再计算放淤固堤沙量比。放淤固堤沙量比是该配置方案滩区放淤和挖沙固堤沙量与黄河下游来沙量的比值,放淤固堤投入评价指标采用该配置方案的放淤固堤沙量比与放淤固堤经济投入比的比值(百分比)。根据已有研究成果[1],黄河下游滩区放淤和挖沙固堤的单位经济投入相对较高,滩区放淤的单位经济投入为 10.20~17.24 元/t,挖沙固堤的单位经济投入为 14.57~16.70 元/t,放淤固堤投入评价指标越大,说明配置方案的滩区放淤和挖沙固堤经济投入效果越好,放淤固堤投入评价指标计算公式为

$$B_{YFD} = \frac{Y_F + Y_D}{Y_Z} \times 100\% \tag{10-6}$$

$$P_{YFD} = \frac{B_{SF} + B_{SD}}{B_{YFD}} \times 100\% \tag{10-7}$$

式中:B_{YFD} 为某一配置方案的滩区放淤和挖沙固堤经济投入比;Y_F 和 Y_D 分别为该配置方案的滩区放淤和挖沙固堤经济投入量,亿元;Y_Z 为该配置方案的经济投

入总量,亿元;B_{SF}和B_{SD}分别为该配置方案的滩区放淤和挖沙固堤沙量比(%);P_{YFD}为人工(机械)放淤投入评价指标(%)。

3. 排沙入海投入评价指标

排沙入海投入评价指标采用相对排沙入海经济投入(主要包括河道治理和堤防建设的投入),排沙入海投入评价指标的计算是先计算配置方案的排沙入海经济投入比。排沙入海经济投入比是某一配置方案的排沙入海经济投入量与该配置方案经济投入总量的比值,再计算排沙入海沙量比。排沙入海沙量比是该配置方案排沙入海沙量与进入黄河下游沙量的比值。排沙入海投入评价指标采用该配置方案的排沙入海沙量比与排沙入海经济投入比的比值(百分比)。根据已有研究成果[1],由于黄河入海沙量大,黄河下游排沙入海的单位经济投入相对较低,平均约为 0.93 元/t,入海投入评价指标越大,说明配置方案的排沙入海经济投入效果越好,排沙入海投入评价指标计算公式为

$$B_{YP} = \frac{Y_P}{Y_Z} \tag{10-8}$$

$$P_{YP} = \frac{B_{SP}}{B_{YP}} \times 100\% \tag{10-9}$$

式中:B_{YP}为某一配置方案的排沙入海经济投入比;Y_P为该配置方案的排沙入海经济投入量(主要包括河道治理和堤防建设的投入),亿元;Y_Z为该配置方案的经济投入总量,亿元;B_{SP}为该配置方案的排沙入海沙量比(%);P_{YP}为排沙入海投入评价指标(%)。

综上所述,遵循黄河泥沙均衡配置方案评价指标的筛选原则,根据黄河下游泥沙均衡配置的技术子目标和经济子目标两个评价准则,筛选了河道平滩流量评价指标(平滩流量满足率 P_Q)、"二级悬河"高差评价指标("二级悬河"治理率 P_X)、入海排沙比评价指标(河口排沙比 P_P)、淤筑村台投入评价指标(相对淤筑村台经济投入 P_{YT})、放淤固堤(包括滩区放淤和挖沙固堤)投入评价指标(相对放淤固堤经济投入 P_{YFD})、排沙入海投入评价指标(相对排沙入海经济投入 P_{YP})等6个评价指标,提出了各个评价指标相对值的量化方法,这些评价指标直接反映了黄河泥沙均衡配置要解决的主河槽淤积萎缩、"二级悬河"加剧、河道排洪输沙能力下降、出现"小水大灾"、入海排沙减少、泥沙灾害凸现及合理经济投入等主要问题。

10.3.2　评价指标权重

一个完整的泥沙配置评价指标体系,不仅包括合理的评价指标,还要确定各

个评价指标的重要程度——权重,可采用定性分析与定量分析相结合的层次分析法来确定各个评价指标的权重。层次分析法(Analytical Hierarchy Process, AHP)是美国匹兹堡大学 A. L. Saaty 于 20 世纪 70 年代提出的,是一种能将定性分析与定量分析相结合的系统方法,是分析多目标、多准则的复杂大系统的有力工具[6]。

采用层次分析数学方法,通过各配置层次判断矩阵计算,最终计算各评价指标对黄河泥沙配置总目标评价的权重系数。

黄河下游泥沙配置评价准则的重要性排序见表 10-18,通常认为,在黄河目前的来水来沙和治理现状条件下,黄河泥沙均衡配置首要目标是长期维持主河槽过流能力、入黄泥沙致灾最小的技术子目标,在此基础上尽可能达到配置经济可行的经济子目标。因此,对于黄河下游泥沙均衡配置的总目标,技术子目标评价准则(长期维持主河槽过流能力、入黄泥沙致灾最小)比经济子目标评价准则(经济可行)更为重要。

表 10-18　黄河下游泥沙均衡配置评价准则的重要性排序

总目标	黄河泥沙均衡配置总目标	
评价准则	技术子目标评价准则 B_1(长期维持黄河主河槽过流能力、入黄泥沙致灾最小)	经济子目标评价准则 B_2(经济可行)
评价准则排序	1	2

技术子目标的评价指标重要性排序见表 10-19,通常认为,长期维持主河槽过流能力、入黄泥沙致灾最小目标最重要的评价指标是河道平滩流量,体现了河道排洪能力;其次是入海排沙比,体现了河道输沙入海能力;最后是"二级悬河"高差,"二级悬河"是目前入黄泥沙灾害严重的具体表现,只要能长期维持较大的河道平滩流量和入海排沙比,就可以缓解"二级悬河"的危害。因此,对于技术子目标评价准则(长期维持主河槽过流能力、入黄泥沙致灾最小),河道平滩流量评价指标最重要,入海排沙比评价指标第二重要,"二级悬河"高差评价指标第三重要。

经济子目标的评价指标重要性排序见表 10-20,通常认为,淤筑村台是解决滩区群众防洪安全的直接投入,投入效果明显;排沙入海投入主要包括河道治理和堤防建设的投入,可以有效减轻黄河的洪水和泥沙灾害,由于入海沙量大,单位排沙入海的经济投入较低,排沙入海投入评价指标第二重要;放淤固堤(包括滩区放淤和挖沙固堤)经济投入较高,挖沙固堤投入是加固堤防的重要投入,滩区放淤投入是治理"二级悬河"的重要投入,但"二级悬河"难以完全消除,放淤固堤投入评价指标第三重要。以此,对于经济子目标评价准则(经济可行),淤筑村台投入评价指标排第一,排沙入海投入评价指标排第二,放淤固堤投入评价指标排第三。

表 10-19　黄河泥沙均衡配置技术子目标的评价指标重要性排序

评价准则	技术子目标评价准则 B_1(长期维持黄河主河槽过流能力、入黄泥沙致灾最小)		
评价指标	河道平滩流量评价指标 P_Q	"二级悬河"高差评价指标 P_X	入海排沙比评价指标 P_P
评价指标排序	1	3	2

表 10-20　黄河泥沙均衡配置经济子目标的评价指标重要性排序

评价准则	经济子目标评价准则 B_2(经济可行)		
评价指标	淤筑村台投入评价指标 P_{YT}	放淤固堤投入评价指标 P_{YFD}	排沙入海投入评价指标 P_{YP}
评价指标排序	1	3	2

采用层次分析数学方法,通过各层次判断矩阵计算,最终计算各具体评价指标对黄河下游泥沙均衡配置总目标评价的权重系数。

10.3.2.1　子目标评价准则 B 对于总目标 A 的评价

根据黄河泥沙均衡配置评价准则的重要性排序,对于黄河下游泥沙均衡配置的总目标,技术子目标评价准则 B_1(长期维持主河槽过流能力、入黄泥沙致灾最小)第一重要,经济子目标评价准则 B_2(经济可行)第二重要。由 9 标度法可得到评价准则 B 对于总目标 A 的评价判断矩阵,见表 10-21。

表 10-21　子目标评价准则对于总目标的评价判断矩阵

黄河泥沙均衡配置总目标 A	技术子目标评价准则 B_1	经济子目标评价准则 B_2
技术子目标评价准则 B_1	1	2
经济子目标评价准则 B_2	1/2	1

求出上述二阶正互反矩阵的最大特征值 $\lambda_{max} = 2$，这个二阶正互反矩阵为完全一致矩阵，故这个判断矩阵的一致性可接受。最大特征值对应的归一化权重系数特征向量 w 为

$$w = [0.666\ 7, 0.333\ 3] \tag{10-10}$$

对于黄河下游泥沙均衡配置总目标的评价，技术子目标评价准则 B_1（长期维持主河槽过流能力、入黄泥沙致灾最小）的权重系数为 0.666 7，经济子目标评价准则 B_2（经济可行）的权重系数为 0.333 3。

10.3.2.2　评价指标对于技术子目标评价准则 B_1 的评价

根据技术子目标的评价指标重要性排序，对于技术子目标评价准则（长期维持主河槽过流能力、入黄泥沙致灾最小），河道平滩流量评价指标最重要，入海排沙比评价指标第二重要，"二级悬河"高差评价指标第三重要。由 9 标度法可得到河道平滩流量评价指标 P_Q、"二级悬河"高差评价指标 P_X 和入海排沙比评价指标 P_P 对于技术子目标评价准则 B_1 的判断矩阵，见表 10-22。

表 10-22　具体评价指标对于技术子目标评价准则的判断矩阵表

技术子目标评价准则 B_1	评价指标 P_Q	评价指标 P_X	评价指标 P_P
评价指标 P_Q	1	3	2
评价指标 P_X	1/3	1	1/2
评价指标 P_P	1/2	2	1

求出上述三阶正互反矩阵的最大特征值 $\lambda_{max} = 3.009\ 2$，最大特征值对应的归一化权重系数特征向量 u_1 为

$$u_1 = [0.539\ 6, 0.163\ 4, 0.297\ 0] \tag{10-11}$$

对于技术子目标评价准则 B_1（长期维持主河槽过流能力、入黄泥沙致灾最小），河道平滩流量评价指标 P_Q 的权重系数为 0.539 6，"二级悬河"高差评价指标 P_X 的权重系数为 0.163 4，入海排沙比评价指标 P_P 的权重系数为 0.297 0。

10.3.2.3　评价指标对于经济子目标评价准则 B_2 的评价

根据经济子目标的评价指标重要性排序，对于经济子目标评价准则 B_2（经济可行），淤筑村台投入评价指标排第一，排沙入海投入评价指标排第二，放淤固堤投入评价指标排第三。由 9 标度法可得到淤筑村台投入评价指标 P_{YT}、放淤固堤投入评价指标 P_{YFD}、排沙入海投入评价指标 P_{YP} 对于经济子目标评价准则 B_2 的判断矩阵，见表 10-23。

表 10-23　　具体评价指标对于经济子目标评价准则的判断矩阵表

经济子目标评价准则 B_2	评价指标 P_{YT}	评价指标 P_{YFD}	评价指标 P_{YP}
评价指标 P_{YT}	1	3	2
评价指标 P_{YFD}	1/3	1	1/2
评价指标 P_{YP}	1/2	2	1

求出上述三阶正互反矩阵的最大特征值 $\lambda_{max} = 3.0092$，最大特征值对应的归一化权重系数特征向量 u_2 为

$$u_2 = [0.5396, 0.1634, 0.2970] \tag{10-12}$$

对于经济子目标评价准则 B_2（经济可行），淤筑村台投入评价指标 P_{YT} 的权重系数为 0.5396，放淤固堤投入评价指标 P_{YFD} 的权重系数为 0.1634，排沙入海投入评价指标 P_{YP} 的权重系数为 0.2970。

10.3.2.4　评价指标对于总目标层 A 的综合评价

对于黄河下游泥沙均衡配置总目标的评价，技术子目标评价准则 B_1（长期维持主河槽过流能力、入黄泥沙致灾最小）的权重系数为 0.6667，经济子目标评价准则 B_2（经济可行）的权重系数为 0.3333，即

$$w = [w_1, w_2] = [0.6667, 0.3333] \tag{10-13}$$

河道平滩流量评价指标 P_Q、"二级悬河"高差评价指标 P_X 和入海排沙比评价指标 P_P 对于总目标 A 评价的权重系数为

$$\beta_1 = w_1 u_1 = 0.6667[0.5396, 0.1634, 0.2970] = [0.3598, 0.1089, 0.1980]$$
$$\tag{10-14}$$

淤筑村台投入评价指标 P_{YT}、放淤固堤投入评价指标 P_{YFD}、排沙入海投入评价指标 P_{YP} 对于总目标 A 评价的权重系数为

$$\beta_2 = w_2 u_2 = 0.3333[0.5396, 0.1634, 0.2970] = [0.1798, 0.0545, 0.0990]$$
$$\tag{10-15}$$

可得到各评价指标对于黄河泥沙均衡配置总目标 A 评价的综合权重系数向量 β：

$$\beta = [0.3598, 0.1089, 0.1980, 0.1798, 0.0545, 0.0990] \tag{10-16}$$

对应的综合评价函数为

$$P_A = 0.3598P_Q + 0.1089P_X + 0.1980P_P + 0.1798P_{YT} +$$

$$0.054\,5P_{YFD} + 0.099\,0P_{YP} \tag{10-17}$$

对于黄河下游泥沙均衡配置总目标 A 的综合评价,河道平滩流量评价指标 P_Q 的权重系数为 0.359 8,"二级悬河"高差评价指标 P_X 的权重系数为 0.108 9,入海排沙比评价指标 P_P 的权重系数为 0.198 0,淤筑村台投入评价指标 P_{YT} 的权重系数为 0.179 8,放淤固堤投入评价指标 P_{YFD} 的权重系数为 0.054 5,排沙入海投入评价指标 P_{YP} 的权重系数为 0.099 0。6 个评价指标的权重系数的大小排序为河道平滩流量评价指标 P_Q、入海排沙比评价指标 P_P、淤筑村台投入评价指标 P_{YT}、"二级悬河"高差评价指标 P_X、排沙入海投入评价指标 P_{YP}、放淤固堤投入评价指标 P_{YFD}。

10.3.3　综合评价等级

在确定了黄河下游泥沙均衡配置的 6 个评价指标及其权重系数后,还进一步提出黄河下游泥沙均衡配置综合评价方法。由于黄河泥沙均衡配置效果评价是一个动态的相对概念,其综合评价等级指标本身具有模糊特性,采用模糊数学的模糊评价法(Fuzzy evaluation)具有明显的优势[7],配合多指标的评价指标体系进行评价,可以对黄河泥沙均衡配置效果得出一个比较全面的评价结论。因此,对黄河泥沙均衡配置效果进行评价时,用模糊评价法对评价指标进行定量化处理,通过计算配置方案的综合评价函数值,评价黄河下游泥沙均衡配置方案的综合评价等级,不失为一种合适的评价方法。黄河下游泥沙均衡配置方案的综合评价函数见式(10-17)。

由于描述被评价对象状态的各个评价指标特征值的标准或量纲不同,在作识别或划分时要先使指标采用相对值标准化,黄河泥沙均衡配置的评价指标采用相对百分比量化。根据专业知识和被评价对象的数据资料特点确定各评价指标的标准等级特征量和对应的等级值[8]。根据模糊评价法,确定黄河下游泥沙均衡配置评价指标和综合评价函数的评价等级见表 10-24,评价指标值小于 60% 为不合理,评价指标值在 60% ~ 75% 为较不合理,评价指标值在 75% ~ 90% 为中等,评价指标值在 90% ~ 100% 为较合理,评价指标值大于或等于 100% 为合理。综合评价方法是先比较综合评价函数值大小,如果综合评价函数值相同,则依次比较河道平滩流量、入海排沙比等评价指标大小。

综上所述,根据黄河下游泥沙均衡配置的技术子目标和经济子目标两个评价准则及评价指标的筛选原则,确定了黄河下游泥沙均衡配置的 6 个评价指标,提出了黄河下游泥沙均衡配置评价指标和综合评价函数的计算方法,并提出了黄河下游泥沙均衡配置方案的综合评价方法。

表 10-24　黄河下游泥沙均衡配置评价指标和综合评价函数的评价等级　　（%）

评价内容		评价等级	不合理	较不合理	中等	较合理	合理
		评价指标	1	2	3	4	5
技术子目标	河道平滩流量	评价指标 P_Q	<60	60~75	75~90	90~100	≥100
	"二级悬河"高差	评价指标 P_X	<60	60~75	75~90	90~100	≥100
	入海排沙比	评价指标 P_P	<60	60~75	75~90	90~100	≥100
经济子目标	淤筑村台投入	评价指标 P_{YT}	<60	60~75	75~90	90~100	≥100
	放淤固堤投入	评价指标 P_{YFD}	<60	60~75	75~90	90~100	≥100
	排沙入海投入	评价指标 P_{YP}	<60	60~75	75~90	90~100	≥100
方案配置效果综合评价		综合评价函数 P_A	<60	60~75	75~90	90~100	≥100

10.4　建议配置方案

本节对各种黄河下游泥沙均衡配置方案计算结果进行综合评价,提出黄河下游泥沙均衡配置的建议方案,并提出各种配置方式的泥沙配置比例和顺序。

10.4.1　配置方案评价

针对 4 个基本方案计算了 12 个优化配置方案,根据各优化配置方案的河道平滩流量、"二级悬河"高差、入海排沙比、淤筑村台投入、放淤固堤投入和排沙入海投入等 6 个评价指标值,计算优化配置方案的综合评价函数值,先比较各优化配置方案的综合评价函数值大小,对各个优化配置方案进行综合评价,综合评价函数值大的方案配置效果好。如果综合评价函数值相同,则依照综合权重系数从大到小的顺序,依次比较河道平滩流量、入海排沙比等评价指标大小,评价指标大的方案配置效果好,其中河道平滩流量评价指标值采用黄河下游最小平滩流量评价指标,"二级悬河"高差评价指标采用小花河段、花高河段、高艾河段和艾利河段 4 个河段二级悬河高差评价指标的平均值。

10.4.1.1　基本方案1综合评价

基本方案1是现状河道条件下以河道输沙为重点的配置模式,泥沙均衡配置效果综合评价见表10-25。2013~2020年、2021~2030年、2031~2050和2051~2062年4个配置时期比较,2013~2020年和2021~2030年的河道平滩流量评价指标等级为合理,2031~2050年和2051~2062年方案1-3的河道平滩流量评价指标分别为83%和72%,基本方案1不开展滩区放淤,"二级悬河"高差评价指标为0,随着来沙的增多,入海排沙比评价指标逐渐减小。在3个经济指标中,淤筑村台和放淤固堤投入评价指标较小,排沙入海投入评价指标较大,说明人工(机械)放淤的经济投入效果较差,排沙入海经济投入效果较好。2013~2020年3个水沙系列的综合评价函数分别为118%、113%和102%,综合评价等级都为合理;2021~2030年3个水沙系列的综合评价函数分别为153%、103%和84%,水沙系列1、系列2和系列3的配置效果综合评价等级分别为合理、合理和中等;2031~2050年3个水沙系列的综合评价函数分别为112%、82%和66%,综合评价等级分别为合理、中等和较不合理;2051~2062年3个水沙系列的综合评价函数分别为105%、78%和64%,综合评价等级分别为合理、中等和较不合理。3个水沙系列比较,水沙系列1的下游来沙较少,配置方案1-1的综合评价函数为120%,综合评价等级为合理;水沙系列2为平沙系列,配置方案1-2的综合评价函数为90%,综合评价等级为较合理;水沙系列3的下游来沙较多,配置方案1-3的综合评价函数为75%,综合评价等级为中等。因此,基本方案1随着来沙量的增大,黄河下游泥沙配置效果综合评价等级由合理变为中等。

表10-25　基本方案1泥沙配置效果综合评价汇总　　　　(%)

配置方案	配置时期	河道平滩流量评价 P_Q	"二级悬河"高差评价 P_X	入海排沙比评价 P_P	淤筑村台投入评价 P_{YT}	放淤固堤投入评价 P_{YFD}	排沙入海投入评价 P_{YP}	综合评价函数 P_A	综合评价等级
方案1-1	2013~2020年	150	0	69	28	27	445	118	合理
	2021~2030年	161	0	88	42	42	683	153	合理
	2031~2050年	172	0	105	16	16	260	112	合理
	2051~2062年	175	0	87	14	14	221	105	合理
	2013~2062年	167	0	92	23	22	365	120	合理

续表10-25

配置方案	配置时期	河道平滩流量评价 P_Q	"二级悬河"高差评价 P_X	入海排沙比评价 P_P	淤筑村台投入评价 P_{YT}	放淤固堤投入评价 P_{YFD}	排沙入海投入评价 P_{YP}	综合评价函数 P_A	综合评价等级
方案1-2	2013~2020年	142	0	80	25	25	407	113	合理
	2021~2030年	125	0	65	24	24	393	103	合理
	2031~2050年	112	0	92	13	13	207	82	中等
	2051~2062年	104	0	83	13	13	214	78	中等
	2013~2062年	118	0	83	17	17	278	90	较合理
方案1-3	2013~2020年	136	0	76	21	20	335	102	合理
	2021~2030年	109	0	57	18	18	294	84	中等
	2031~2050年	83	0	83	11	11	173	66	较不合理
	2051~2062年	72	0	81	12	12	193	64	较不合理
	2013~2062年	94	0	76	14	14	228	75	中等

10.4.1.2　基本方案2综合评价

基本方案2是修建防护堤条件下以河道输沙为重点的配置模式,泥沙均衡配置效果综合评价见表10-26。2013~2020年、2021~2030年、2031~2050年和2051~2062年4个配置时期比较,2013~2020年和2021~2030年的河道平滩流量评价指标等级为合理,2031~2050年和2051~2062年方案2-3的河道平滩流量评价指标分别为89%和79%,基本方案2不开展滩区放淤,"二级悬河"高差评价指标为0,随着来沙的增多,入海排沙比评价指标逐渐减小。在3个经济指标中,淤筑村台和放淤固堤投入评价指标较小,排沙入海投入评价指标较大,说明人工(机械)放淤的经济投入效果较差,排沙入海经济投入效果较好。2013~2020年3个水沙系列的综合评价函数分别为118%、114%和103%,综合评价等级都为合理;2021~2030年3个水沙系列的综合评价函数分别为155%、103%和85%,水沙系列1、系列2和系列3的配置效果综合评价等级分别为合理、合理和中等;2031~2050年3个水沙系列的综合评价函数分别为115%、84%和68%,综合评价等级分别为合理、中等和较不合理;2051~2062年3个水沙系列的综合评价函数分别为 108%、81% 和 66%,综合评价等级分别为合理、中等和较不合理。3 个水沙系列比较,水沙系列 1 的下游来沙较少,配置方案 2-1 的综合评价函数为 122%,综合评价等级为合理;水沙系列 2 为平沙系列,配置方案 2-2 的综合评价函数为 92%,综合评价等级为较合理;水沙系列 3 的下游来沙较多,配置方案 2-3 的综合评价函数为 77%,综合评价等级为中等。因此,基本方案 2 随着来沙量的增大,黄河下游泥沙配置效果综合评价等级由合理变为中等。

表 10-26　基本方案 2 泥沙配置效果综合评价汇总　　　　　（%）

配置方案	配置时期	河道平滩流量评价 P_Q	"二级悬河"高差评价 P_X	入海排沙比评价 P_P	淤筑村台投入评价 P_{YT}	放淤固堤投入评价 P_{YFD}	排沙入海投入评价 P_{YP}	综合评价函数 P_A	综合评价等级
方案 2-1	2013~2020 年	151	0	69	28	27	445	118	合理
	2021~2030 年	164	0	91	42	42	686	155	合理
	2031~2050 年	177	0	107	16	16	263	115	合理
	2051~2062 年	182	0	89	14	14	223	108	合理
	2013~2062 年	171	0	94	23	23	367	122	合理
方案 2-2	2013~2020 年	143	0	81	25	25	408	114	合理
	2021~2030 年	127	0	65	24	24	394	103	合理
	2031~2050 年	116	0	94	13	13	208	84	中等
	2051~2062 年	110	0	84	13	13	216	81	中等
	2013~2062 年	121	0	84	17	17	279	92	较合理
方案 2-3	2013~2020 年	137	0	77	21	21	336	103	合理
	2021~2030 年	112	0	58	18	18	295	85	中等
	2031~2050 年	89	0	84	11	11	174	68	较不合理
	2051~2062 年	79	0	81	12	12	193	66	较不合理
	2013~2062 年	99	0	77	14	14	229	77	中等

10.4.1.3　基本方案 3 综合评价

基本方案 3 是现状河道条件下进行滩区放淤治理的配置模式,泥沙均衡配置效果综合评价见表 10-27。2013～2020 年、2021～2030 年、2031～2050 和 2051～2062 年 4 个配置时期比较,2013～2020 年和 2021～2030 年的河道平滩流量评价指标等级为合理,2031～2050 年和 2051～2062 年方案 3-3 的河道平滩流量评价指标分别为 87% 和 74%,基本方案 3 开展滩区放淤,随着来沙的增多,"二级悬河"高差评价指标逐渐增大,入海排沙比评价指标逐渐减小。在 3 个经济指标中,淤筑村台和放淤固堤投入评价指标较小,排沙入海投入评价指标较大,说明人工(机械)放淤的经济投入效果较差,排沙入海经济投入效果较好。2013～2020 年 3 个水沙系列的综合评价函数分别为 128%、125% 和 115%,综合评价等级都为合理;2021～2030 年 3 个水沙系列的综合评价函数分别为 166%、

表 10-27　基本方案 3 泥沙配置效果综合评价汇总　　　　　　　(%)

配置方案	配置时期	河道平滩流量评价 P_Q	"二级悬河"高差评价 P_X	入海排沙比评价 P_P	淤筑村台投入评价 P_{YT}	放淤固堤投入评价 P_{YFD}	排沙入海投入评价 P_{YP}	综合评价函数 P_A	综合评价等级
方案 3-1	2013～2020 年	151	32	68	31	31	495	128	合理
	2021～2030 年	162	36	87	47	48	760	166	合理
	2031～2050 年	174	63	102	25	28	402	135	合理
	2051～2062 年	176	42	86	20	20	328	122	合理
	2013～2062 年	168	48	90	29	31	471	137	合理
方案 3-2	2013～2020 年	144	50	78	29	29	461	125	合理
	2021～2030 年	128	71	63	28	29	455	118	合理
	2031～2050 年	115	109	89	21	24	338	109	合理
	2051～2062 年	106	65	80	20	19	320	97	较合理
	2013～2062 年	120	81	80	23	25	377	111	合理
方案 3-3	2013～2020 年	138	63	74	24	25	387	115	合理
	2021～2030 年	112	87	56	22	23	351	101	合理
	2031～2050 年	87	132	79	18	21	297	95	较合理
	2051～2062 年	74	81	78	19	18	300	85	中等
	2013～2062 年	97	100	74	20	21	323	97	较合理

118%和101%,综合评价等级都为合理;2031～2050年3个水沙系列的综合评价函数分别为135%、109%和95%,综合评价等级分别为合理、合理和较合理;2051～2062年3个水沙系列的综合评价函数分别为122%、97%和85%,综合评价等级分别为合理、较合理和中等。3个水沙系列比较,水沙系列1的下游来沙较少,配置方案3-1的综合评价函数为137%,综合评价等级为合理;水沙系列2为平沙系列,配置方案3-2的综合评价函数为111%,综合评价等级为合理;水沙系列3的下游来沙较多,配置方案3-3的综合评价函数为97%,综合评价等级为较合理。因此,基本方案3随着来沙量的增大,黄河下游泥沙配置效果综合评价等级由合理变为较合理。

10.4.1.4　基本方案4综合评价

基本方案4是修建防护堤条件下进行滩区放淤治理的配置模式,泥沙均衡配置效果综合评价见表10-28。2013～2020年、2021～2030年、2031～2050和2051～2062年4个配置时期比较,2013～2020年和2021～2030年的河道平滩流量评价指标等级为合理,2031～2050年和2051～2062年方案4-3的河道平滩流量评价指标分别为93%和82%,基本方案4开展滩区放淤,随着来沙的增多,"二级悬河"高差评价指标逐渐增大,入海排沙比评价指标逐渐减小。在3个经济指标中,淤筑村台和放淤固堤投入评价指标较小,排沙入海投入评价指标较大,说明人工(机械)放淤的经济投入效果较差,排沙入海经济投入效果较好。2013～2020年3个水沙系列的综合评价函数分别为128%、126%和116%,综合评价等级都为合理;2021～2030年3个水沙系列的综合评价函数分别为168%、119%和102%,综合评价等级都为合理;2031～2050年3个水沙系列的综合评价函数分别为138%、111%和98%,综合评价等级分别为合理、合理和较合理;2051～2062年3个水沙系列的综合评价函数分别为125%、100%和88%,综合评价等级分别为合理、合理和中等。3个水沙系列比较,水沙系列1的下游来沙较少,配置方案4-1的综合评价函数为139%,综合评价等级为合理;水沙系列2为平沙系列,配置方案4-2的综合评价函数为112%,综合评价等级为合理;水沙系列3的下游来沙较多,配置方案4-3的综合评价函数为100%,综合评价等级为合理。因此,基本方案3的配置效果综合评价等级都是合理,但随着来沙量增大,综合评价函数减小。

表 10-28　　基本方案 4 泥沙配置效果综合评价汇总　　　　　（%）

配置方案	配置时期	河道平滩流量评价 P_Q	"二级悬河"高差评价 P_X	入海排沙比评价 P_P	淤筑村台投入评价 P_{YT}	放淤固堤投入评价 P_{YFD}	排沙入海投入评价 P_{YP}	综合评价函数 P_A	综合评价等级
方案4-1	2013～2020 年	152	32	68	31	31	495	128	合理
	2021～2030 年	165	37	90	47	48	764	168	合理
	2031～2050 年	179	63	105	25	28	406	138	合理
	2051～2062 年	183	42	88	20	20	330	125	合理
	2013～2062 年	173	48	92	29	31	474	139	合理
方案4-2	2013～2020 年	144	51	79	29	30	462	126	合理
	2021～2030 年	129	71	64	28	29	456	119	合理
	2031～2050 年	119	110	90	21	24	340	111	合理
	2051～2062 年	113	65	82	20	19	323	100	合理
	2013～2062 年	124	82	81	23	25	379	112	合理
方案4-3	2013～2020 年	139	63	76	24	25	389	116	合理
	2021～2030 年	115	87	57	22	23	351	102	合理
	2031～2050 年	93	132	80	18	21	297	98	较合理
	2051～2062 年	82	81	78	19	18	299	88	中等
	2013～2062 年	102	100	74	20	21	323	100	合理

10.4.2　建议配置方案

根据黄河下游泥沙均衡配置方案的综合评价结果,提出黄河下游泥沙均衡配置的建议配置方案,2013～2062 年 12 个优化配置方案的综合评价结果见表 10-29。

表 10-29　2013~2062 年 12 个优化配置方案的综合评价结果汇总　　　（%）

优化配置方案	基本方案	河道平滩流量评价 P_Q	"二级悬河"高差评价 P_X	入海排沙比评价 P_P	淤筑村台投入评价 P_{YT}	放淤固堤投入评价 P_{YFD}	排沙入海投入评价 P_{YP}	综合评价函数 P_A	综合评价等级
方案 1-1	基本方案 1	167	0	92	23	22	365	120	合理
方案 2-1	基本方案 2	171	0	94	23	23	367	122	合理
方案 3-1	基本方案 3	168	48	90	29	31	471	137	合理
方案 4-1	基本方案 4	173	48	92	29	31	474	139	合理
方案 1-2	基本方案 1	118	0	83	17	17	278	90	较合理
方案 2-2	基本方案 2	110	0	84	13	13	216	81	中等
方案 3-2	基本方案 3	120	81	80	23	25	377	111	合理
方案 4-2	基本方案 4	124	82	81	23	25	379	112	合理
方案 1-3	基本方案 1	94	0	76	14	14	228	75	中等
方案 2-3	基本方案 2	99	0	77	14	14	229	77	中等
方案 3-3	基本方案 3	97	100	74	20	21	323	97	较合理
方案 4-3	基本方案 4	102	100	74	20	21	323	100	合理

根据表 10-29 各优化配置方案的综合评价,4 个配置基本方案比较,水沙系列 1 的下游来沙较少,配置方案的综合评价函数值较大,水沙系列 3 的下游来沙较多,配置方案的综合评价函数值较小,水沙系列 2 为平沙系列,配置方案的综合评价函数值中等。只有基本方案 4 对于 3 个水沙系列的综合评价等级都是合理的,因此基本方案 4 是建议基本配置方案,即采用修建防护堤条件下进行滩区放淤治理的配置模式。

10.4.3　配置沙量比例

对于建议的基本方案 4,2013~2062 年黄河下游各种配置方式的年平均配置沙量比例见表 10-30,可见,3 个水沙系列黄河下游各种配置方式的配置沙量比例有所差别,对于水沙系列 2,2013~2062 年基本方案 4 各种配置方式的平均配置沙量比例分别为引水引沙量占 14%、滩区放淤沙量占 6%、挖沙固堤沙量占 5%、淤筑村台沙量占 1%、河槽冲淤沙量占 4%、洪水淤滩沙量占 6% 和河道输沙量占 64%。来水来沙条件对黄河下游各种配置方式的配置沙量比例影响较大。

表 10-30　2013～2062 年基本方案 4 黄河下游各种配置方式的年平均配置沙量比例（%）

配置方案	来沙量	引水引沙	滩区放淤	挖沙固堤	淤筑村台	河槽冲淤	洪水淤滩	河道输沙
方案 4-1	100	19	7	10	3	−15	2	75
方案 4-2	100	14	6	5	1	4	6	64
方案 4-3	100	13	6	4	1	10	8	59

对于黄河下游来沙较少的方案 4-1,2013～2062 年宽滩河段各种配置方式的年均沙量及其配置比例见表 10-31。2013～2062 年黄河下游年平均引水引沙量为 0.595 亿 t,其中花艾宽滩河段引水引沙量为 0.235 亿 t,占黄河下游引水引沙量的 39%;黄河下游滩区放淤沙量为 0.210 亿 t,其中花艾宽滩河段滩区放淤沙量为 0.152 亿 t,占黄河下游滩区放淤沙量的 72%;黄河下游挖沙固堤沙量为 0.308 亿 t,其中花艾宽滩河段挖沙固堤沙量为 0.073 亿 t,占黄河下游挖沙固堤沙量的 24%;黄河下游淤筑村台沙量为 0.083 亿 t,其中花艾宽滩河段淤筑村台沙量为 0.072 亿 t,占黄河下游淤筑村台沙量的 87%;黄河下游河槽冲淤沙量为 −0.472 亿 t,其中花艾宽滩河段河槽冲淤沙量为 −0.295 亿 t,占黄河下游河槽冲淤沙量的 63%;黄河下游洪水淤滩沙量为 0.067 亿 t,其中花艾宽滩河段洪水淤滩沙量为 0.004 亿 t,占黄河下游洪水淤滩沙量的 6%;黄河下游来沙量为 3.209 亿 t,艾山站河道输沙量为 2.982 亿 t,占黄河下游来沙量的 93%。

表 10-31　2013～2062 年方案 4-1 宽滩河段各种配置方式的年均沙量及其配置比例

配置河段	引水引沙 （亿 t）	滩区放淤 （亿 t）	挖沙固堤 （亿 t）	淤筑村台 （亿 t）	河槽冲淤 （亿 t）	洪水淤滩 （亿 t）	河道输沙 （亿 t）
小花河段	0.046	0.014	0.010	0.001	−0.101	0.015	3.223
花高河段	0.114	0.072	0.021	0.049	−0.169	0.005	3.131
高艾河段	0.121	0.080	0.052	0.023	−0.126	−0.001	2.982
艾利河段	0.280	0.031	0.220	0.010	−0.092	0.004	2.530
黄河口区	0.034	0.013	0.005	0	0.016	0.044	2.417
黄河下游合计	0.595	0.210	0.308	0.083	−0.472	0.067	3.209
花艾宽滩河段	0.235	0.152	0.073	0.072	−0.295	0.004	2.982
宽滩河段比例（%）	39	72	24	87	63	6	93

对于黄河下游来沙中等的方案 4-2，2013～2062 年宽滩河段各种配置方式的年均沙量及其配置比例见表 10-32。2013～2062 年黄河下游年平均引水引沙量为 0.870 亿 t，其中花艾宽滩河段引水引沙量为 0.355 亿 t，占黄河下游引水引沙量的 41%；黄河下游滩区放淤沙量为 0.356 亿 t，其中花艾宽滩河段滩区放淤沙量为 0.258 亿 t，占黄河下游滩区放淤沙量的 73%；黄河下游挖沙固堤沙量为 0.308 亿 t，其中花艾宽滩河段挖沙固堤沙量为 0.073 亿 t，占黄河下游挖沙固堤沙量的 24%；黄河下游淤筑村台沙量为 0.083 亿 t，其中花艾宽滩河段淤筑村台沙量为 0.072 亿 t，占黄河下游淤筑村台沙量的 87%；黄河下游河槽冲淤沙量为 0.222 亿 t，其中花艾宽滩河段河槽冲淤沙量为 0.038 亿 t，占黄河下游河槽冲淤沙量的 17%；黄河下游洪水淤滩沙量为 0.353 亿 t，其中花艾宽滩河段洪水淤滩沙量为 0.160 亿 t，占黄河下游洪水淤滩沙量的 45%；黄河下游来沙量为 6.060 亿 t，艾山站河道输沙量为 4.774 亿 t，占黄河下游来沙量的 79%。

表 10-32　2013～2062 年方案 4-2 宽滩河段各种配置方式的年均沙量及其配置比例

配置河段	引水引沙（亿 t）	滩区放淤（亿 t）	挖沙固堤（亿 t）	淤筑村台（亿 t）	河槽冲淤（亿 t）	洪水淤滩（亿 t）	河道输沙（亿 t）
小花河段	0.075	0.026	0.010	0.001	0.104	0.114	5.730
花高河段	0.177	0.122	0.021	0.049	0.067	0.123	5.171
高艾河段	0.177	0.136	0.052	0.023	-0.029	0.037	4.774
艾利河段	0.392	0.050	0.220	0.010	0.062	0.030	4.010
黄河口区	0.048	0.021	0.005	0	0.018	0.049	3.869
黄河下游合计	0.870	0.356	0.308	0.083	0.222	0.353	6.060
花艾宽滩河段	0.355	0.258	0.073	0.072	0.038	0.160	4.774
宽滩河段比例（%）	41	73	24	87	17	45	79

对于黄河下游来沙较多的方案 4-3，2013～2062 年宽滩河段各种配置方式的年均沙量及其配置比例见表 10-33。2013～2062 年黄河下游年平均引水引沙量为 1.002 亿 t，其中花艾宽滩河段引水引沙量为 0.414 亿 t，占黄河下游引水引沙量的 41%；黄河下游滩区放淤沙量为 0.431 亿 t，其中花艾宽滩河段滩区放淤沙量为 0.314 亿 t，占黄河下游滩区放淤沙量的 73%；黄河下游挖沙固堤沙量为 0.308 亿 t，其中花艾宽滩河段挖沙固堤沙量为 0.073 亿 t，占黄河下游挖沙固堤沙量的 24%；黄河下游淤筑村台沙量为 0.083 亿 t，其中花艾宽滩河段淤筑村台

沙量为 0.072 亿 t,占黄河下游淤筑村台沙量的 87%;黄河下游河槽冲淤沙量为 0.764 亿 t,其中花艾宽滩河段河槽冲淤沙量为 0.319 亿 t,占黄河下游河槽冲淤沙量的 42%;黄河下游洪水淤滩沙量为 0.588 亿 t,其中花艾宽滩河段洪水淤滩沙量为 0.277 亿 t,占黄河下游洪水淤滩沙量的 47%;黄河下游来沙量为 7.701 亿 t,花艾宽滩河段河道输沙量为 5.656 亿 t,占黄河下游来沙的 73%。

表 10-33　2013~2062 年方案 4-3 宽滩河段各种配置方式的年均沙量及其配置比例

配置河段	引水引沙 (亿 t)	滩区放淤 (亿 t)	挖沙固堤 (亿 t)	淤筑村台 (亿 t)	河槽冲淤 (亿 t)	洪水淤滩 (亿 t)	河道输沙 (亿 t)
小花河段	0.092	0.033	0.010	0.001	0.252	0.188	7.125
花高河段	0.210	0.151	0.021	0.049	0.272	0.210	6.211
高艾河段	0.204	0.162	0.052	0.023	0.047	0.066	5.656
艾利河段	0.442	0.059	0.220	0.010	0.164	0.046	4.715
黄河口区	0.054	0.025	0.005	0	0.028	0.078	4.525
黄河下游合计	1.002	0.431	0.308	0.083	0.764	0.588	7.701
花艾宽滩河段	0.414	0.314	0.073	0.072	0.319	0.277	5.656
宽滩河段比例(%)	41	73	24	87	42	47	73

综上所述,来水来沙条件对黄河下游各种配置方式的配置沙量比例影响较大,花艾宽滩河段的宽阔滩区是黄河下游泥沙处理的重要场所。对于建议的基本方案 4,即采用修建防护堤条件下进行滩区放淤治理的配置模式,黄河下游少、平、丰 3 个水沙系列的计算结果表明,花艾宽滩河段引水引沙量为 0.235 亿~0.414 亿 t/a,占黄河下游引水引沙量的 39%~41%;宽滩河段滩区放淤沙量为 0.152 亿~0.314 亿 t/a,占黄河下游滩区放淤沙量的 72%~73%;宽滩河段挖沙固堤沙量为 0.073 亿 t/a,占黄河下游挖沙固堤沙量的 24%;宽滩河段淤筑村台沙量为 0.072 亿 t/a,占黄河下游淤筑村台沙量的 87%。

来水来沙条件对花艾宽滩河段的河槽冲淤、洪水淤滩和河道输沙影响很大,建议的基本方案 4 对于黄河下游少、平、丰 3 个水沙系列,花艾宽滩河段河槽冲淤沙量为 -0.295 亿~0.319 亿 t/a,占黄河下游河槽冲淤沙量的 42%~63%;宽滩河段洪水淤滩沙量为 0.004 亿~0.277 亿 t/a,占黄河下游洪水淤滩沙量的 6%~47%;花艾宽滩河段河道输沙量为 2.982 亿~5.656 亿 t/a,占黄河下游来沙量的 73%~93%。

10.5　小　结

本章研究提出了黄河下游宽滩河段泥沙均衡配置的 4 个基本方案,针对黄河下游少、平、丰 3 个水沙系列,计算了 12 个优化配置方案,提出了黄河下游泥沙配置的综合评价方法,根据评价结果提出了建议配置方案。取得如下主要研究成果:

(1)结合黄河下游宽滩河段的实际情况和今后治理的具体措施,提出了 4 个配置基本方案:①基本方案 1 是现状河道条件下以河道输沙为重点的配置模式;②基本方案 2 是修建防护堤(改造生产堤)条件下以河道输沙为重点的配置模式;③基本方案 3 是现状河道条件下进行滩区放淤治理的配置模式;④基本方案 4 是修建防护堤(改造生产堤)条件下进行滩区放淤治理的配置模式。

(2)在少、平、丰 3 个水沙系列条件下,采用黄河下游泥沙均衡配置数学模型计算了 12 个优化配置方案。计算结果表明,基本方案 1 ~ 4 的黄河下游泥沙分布状况具有不断改善的趋势,表现在下游主河槽淤积量减少,滩区淤沙量增多,下游平滩流量增大,修建防护堤对增大黄河下游平滩流量有一定作用,滩区放淤治理可以改善黄河下游泥沙分布的状况。

(3)提出了黄河下游泥沙配置方案的综合评价方法。遵循黄河泥沙配置方案评价指标的筛选原则,根据黄河下游泥沙均衡配置的技术子目标和经济子目标两个评价准则,筛选了河道平滩流量、"二级悬河"高差、入海排沙比、淤筑村台投入、放淤固堤(包括滩区放淤和挖沙固堤)投入和排沙入海投入(主要包括河道治理和堤防建设的投入)等 6 个评价指标,这些评价指标直接反映了黄河下游泥沙均衡配置要解决的主河槽淤积、"二级悬河"、河道排洪输沙能力下降及合理经济投入等主要问题。提出了黄河下游各个评价指标和综合评价函数的计算方法及泥沙配置方案的综合评价方法。

(4)根据各优化配置方案的综合评价结果,推荐了黄河下游泥沙配置的建议方案。基本方案 4 对于 3 个水沙系列的综合评价等级都是合理的,基本方案 4 是建议配置基本方案,即采用建防护堤(改造生产堤)条件下进行滩区放淤治理的配置模式,但来水来沙条件对黄河下游各种配置方式的配置沙量比例影响较大。

(5)计算了黄河下游宽滩河段各种配置方式的年均沙量及其配置比例。建议的基本方案 4 对于黄河下游少、平、丰 3 个水沙系列,宽滩河段引水引沙量为

0.235 亿 ~0.414 亿 t/a,占黄河下游引水引沙量的 39% ~41%;宽滩河段滩区放淤沙量为 0.152 亿 ~0.314 亿 t/a,占黄河下游滩区放淤沙量的 72% ~73%;宽滩河段挖沙固堤沙量为 0.073 亿 t/a,占黄河下游挖沙固堤沙量的 24%;宽滩河段淤筑村台沙量为 0.072 亿 t/a,占黄河下游淤筑村台沙量的 87%。宽滩河段的宽阔滩区是黄河下游泥沙处理的重要场所。

(6)来水来沙条件对黄河下游宽滩河段的河槽冲淤、洪水淤滩和河道输沙影响很大。建议的基本方案 4 对于黄河下游少、平、丰 3 个水沙系列,宽滩河段河槽冲淤沙量为 -0.295 亿 ~0.319 亿 t/a,占黄河下游河槽冲淤沙量的 42% ~63%;宽滩河段洪水淤滩沙量为 0.004 亿 ~0.277 亿 t/a,占黄河下游洪水淤滩沙量的 6% ~47%;艾山站河道输沙量为 2.982 亿 ~5.656 亿 t/a,占黄河下游来沙量的 73% ~93%。

(7)黄河下游治理必须多措施并举,建议采用在修建防护堤(改造生产堤)条件下进行滩区放淤治理的泥沙配置模式,结合小浪底水库水沙调控,通过河道输沙、河槽冲淤、滩区放淤、洪水淤滩、挖沙固堤、引水引沙、淤筑村台等多种方式均衡配置泥沙,塑造和维持黄河下游均衡稳定的输水输沙通道。

参 考 文 献

[1] 胡春宏,安催花,陈建国,等. 黄河泥沙优化配置[M]. 北京:科学出版社,2012.
[2] 胡春宏,陈建国,郭庆超,等. 塑造和维持黄河下游中水河槽措施研究[J]. 水利学报,2006(4):381-388.
[3] 陈绪坚,韩其为,方春明. 黄河下游造床流量的变化及其对河槽的影响[J]. 水利学报,2007(1):15-22.
[4] 黄河水利委员会. 黄河下游"二级悬河"成因及治理对策[M].郑州:黄河水利出版社,2003.
[5] 高季章,胡春宏,陈绪坚. 论黄河下游河道的改造与"二级悬河"的治理[J]. 中国水利水电科学研究院学报,2004(1):8-18.
[6] 吴祈宗. 运筹学与最优化方法[M]. 北京:机械工业出版社,2003.
[7] 海热提,王文兴. 生态环境评价、规划及管理[M]. 北京:中国环境出版社,2004.
[8] 李士勇. 工程模糊数学及其应用[M]. 哈尔滨:哈尔滨工业大学出版社,2004.